基于虚土桩法的桩纵向振动理论

吴文兵　王　宁　王奎华　著

科学出版社

北　京

内 容 简 介

桩的振动理论是桩基础抗震减震设计、动力测试和可打入性分析的理论基础,本书结合作者近年来在该领域的研究成果,系统介绍考虑桩侧土-桩-桩端土耦合条件下桩纵向振动理论的建立、解答及其应用。本书首先提出虚土桩法来严格模拟桩与桩端土的相互作用,在此基础上对均质地基、成层地基、径向非均质地基、横观各向同性地基、三维轴对称地基中的桩纵向振动理论开展系统研究,通过考虑桩端动应力扩散模式进一步对虚土桩的设置形式开展研究,并对虚土桩法用于分析新桩型的动力响应进行探索。本书内容系统、新颖、实用性强,使读者能够快速而深入地理解桩基振动理论的相关问题。

本书可供从事岩土工程、工程抗震领域的教学、科研人员参考使用,也可作为高等院校土木工程、水利工程、桥梁工程、港口工程等相关专业研究生和本科生的参考教材。

图书在版编目(CIP)数据

基于虚土桩法的桩纵向振动理论/吴文兵,王宁,王奎华著.—北京:科学出版社,2017.12

ISBN 978-7-03-056298-2

Ⅰ.①基⋯ Ⅱ.①吴⋯ ②王⋯ ③王⋯ Ⅲ.①桩基础-垂直振动 ②桩基础-径向振动 Ⅳ.①TU473.1

中国版本图书馆 CIP 数据核字(2018)第 001771 号

责任编辑:杨光华 何 念 / 责任校对:董艳辉
责任印制:彭 超 / 封面设计:苏 波

科 学 出 版 社 出版

北京东黄城根北街 16 号
邮政编码:100717
http://www.sciencep.com

武汉中科兴业印务有限公司印刷
科学出版社发行 各地新华书店经销

*

开本:787×1092 1/16
2017 年 12 月第 一 版 印张:12
2017 年 12 月第一次印刷 字数:287 000
定价:78.00 元
(如有印装质量问题,我社负责调换)

前　言

桩基础因其具有承载力高、变形量小、抗震和抗液化能力强及适用范围广等优点,已成为工业与民用建筑、交通、桥梁、水利、港口及近海钻采平台等基本工程建设各个领域采用最为广泛的基础形式。桩基工程问题因此也成为各相关学科研究的热点,而桩基础在动荷载作用下的动态特性研究一直是桩基工程中面临的重要课题。桩的动态特性研究即桩的振动理论研究是以桩基础在机械动力荷载、地震荷载、波浪往复荷载、风荷载、交通荷载及人工激振等动力荷载作用下的桩土体系动态特性和响应为研究对象的,其主要目的是为桩基础抗震减震设计及桩的动态测试方法提供理论依据。

自 1967 年 Baranov 对简谐荷载作用下埋置刚体基础的纵向振动特性研究起,20 世纪 70 年代后 Novak 及其合作者开始了单桩在简谐荷载作用下纵向和扭转振动问题的系统研究。在随后的 40 多年中,桩的振动理论研究在多个领域得到了较为全面且快速的发展,其研究范围涉及从频域响应到时域响应、从单桩到群桩、从纵向振动到扭转和横向振动、桩侧土从线性到非线性、从单层均质到多层非均质、从各向同性到各向异性(横观各向同性)、从弹性到黏弹性、外荷载从简谐稳态激振到瞬态激振等多个分支领域。解析法、半解析法、有限元法及边界元法等各种解析的和数值的求解方法也被广泛应用。在桩侧土对桩作用的处理上,从比较简单的动态 Winkler 模型,到平面应变模型,再到不考虑桩侧土体径向位移的桩土耦合模型,进一步发展到考虑桩侧土三维波动效应的严密耦合模型及均质弹性半空间连续介质与有限长杆件动力耦合作用模型等。相比之下,由于对桩与桩端土动力相互作用问题建立严格耦合模型的难度较大,桩端土对桩振动特性的影响研究显得非常薄弱。现有的桩与桩端土动力相互作用模型主要有动态 Winkler 模型、固定边界和自由边界模型、虚拟杆与弹性半空间叠加模型等,这些模型均无法考虑桩尖以下土层的成层性因素、持力层厚度、桩尖土体受施工扰动及桩端沉渣等因素的影响。基于此,我们提出了虚土桩法来模拟桩与桩端土的动力相互作用,并基于虚土桩法系统研究了复杂工况下圆截面实心桩、管桩、楔形桩、静钻根植桩等桩型的纵向和扭转振动问题,取得了一系列创新研究成果。研究结果表明,虚土桩法可以实现桩与桩侧土、桩端土的完全耦合,能考虑桩端以下岩土体的非均匀性(成层性)、桩端沉渣等因素的影响,且虚土桩法还可以描述竖向静荷载作用下成层地基中单桩沉降随时间发展的过程。因此,虚土桩法在桩的动、静态特性分析方面有着明显的优势,是一个具有广阔应用前景的理论模型。

本书通过解析方法对基于虚土桩法的桩纵向振动理论进行系统研究。本书力求保证理论体系的完整性,又兼顾理论服从实践的宗旨。本书共分八章,主要内容包括:绪论,均质地基中基于虚土桩法的桩纵向振动理论,成层地基中基于虚土桩法的桩纵向振动理论,径向非均质地基中基于虚土桩法的桩纵向振动理论,横观各向同性地基中基于虚土桩法的桩纵向振动理论,三维轴对称地基中基于虚土桩法的桩纵向振动理论,考虑桩端应力扩散时基于虚土桩法的桩纵向振动理论,基于虚土桩法的静钻根植桩纵向振动理论。这些内容对于深入理解桩土动力相互作用具有重要的意义。

中国地质大学(武汉)工程学院为我创造了良好的科研环境和学术氛围,在此对学院表示感谢。本书得到了国家自然科学基金(50879077,51309207,51678547)、中国博士后科学基金面上项目(2012M521495,2016M600711)、中国博士后科学基金特别资助项目(2013T60759、2017T100664)、岩土钻掘与防护教育部工程研究中心开放基金(201402)和中国地质大学(武汉)第六批摇篮计划(CUGL150411)的资助,在此表示感谢。感谢课题组成员在理论研究与试验研究中给予的帮助和指导。感谢蒋国盛、段隆臣、窦斌、M. H. El Naggar、梅国雄、黄生根、卢春华、向先超、张家铭、郑明燕、李粮纲、段新胜、张智卿、杨冬英、阚仁波、吕述晖、罗永健、刘凯、李振亚、高柳、梁荣柱等为本书所提的宝贵建议和意见。感谢我的博士生刘浩、官文杰、李立辰、宗梦繁和硕士生杨松、田乙、邢康宇、张凯顺在本书出版过程中所做的校对工作。感谢岳父、岳母、爱人和两个孩子对我的支持!

本书是关于桩基动力学方面的理论专著,书中的内容为作者多年来研究成果的总结。由于作者水平有限,书中不足之处在所难免,恳请读者批评指正。

吴文兵

2017 年 9 月

目　　录

第1章 绪 论

1.1 引 言

桩基础是既古老而又常见的深基础形式,桩的作用是利用自身远大于土体的刚度将上部结构物的荷载传递到桩侧土及桩端较坚硬、压缩性小的土或岩石中,从而达到减少沉降、使建(构)筑物满足正常使用功能及抗震等要求。桩基由于具有承载力高、沉降及差异沉降小、稳定性好、抗震和抗液化能力强、适用范围广等优点,目前已广泛应用于工业与民用建筑、桥梁、港口、船坞、水利枢纽、近海钻采平台、高耸与高重建(构)筑物及动力基础等基础工程中。除了桩基大规模的使用外,随着我国基本建设事业的蓬勃发展,许多新桩型如超长桩、大直径预应力混凝土管桩、大直径钢管桩、挤扩支盘桩(DX 桩)、咬合桩、预应力竹节管桩等也不断涌现出来。因此,为适应日益快速增长的经济和基础建设发展的需要,对桩基础在各种不同动力荷载(纵向、横向、扭转等动力荷载)作用下各类型桩振动特性进行研究在桩基础抗震、减震设计及桩的各种动态测试方法中具有十分重要的理论意义和工程使用价值。

桩的动态特性研究即桩的振动理论研究是以桩基础在机械动力荷载、地震荷载、波浪往复荷载、风荷载、交通荷载及人工激振等动力荷载作用下的桩土体系动态特性和响应为研究对象的。对桩基振动理论的系统研究可追溯到 Baranov[1] 对简谐荷载作用下埋置刚性基础的纵向振动特性研究,随后的几十年中,经过几代国内外学者的共同努力,桩的振动理论得到了迅猛发展且渐成理论体系。同时,对于各类桩型,不管采用何种施工方法,都不可避免地出现缩颈、夹泥、混凝土离析或断裂等施工质量问题,这些质量问题不同程度地影响着桩的承载力,威胁到工程的安全,同时桩基工程的隐蔽性,增大了检测的难度,迫使设计人员和研究工作者不断加大对桩基抗震减震设计与桩基动态测试方法的研究力度。从构建理论体系和服务工程实践两个方向出发,国内外学者针对桩的振动特性开展了大量研究工作,逐渐形成了地基基础学科的一个分支——桩基动力学。

本章首先对桩-桩侧土动力相互作用模型、桩-桩端土动力相互作用模型的研究进展做一个扼要回顾,然后重点阐述虚土桩法的核心思想及优点,最后简要介绍本书主要内容。

1.2 桩-桩侧土动力相互作用模型研究现状

由于桩土动力相互作用问题的复杂特性,学者在研究桩土系统在各类动力荷载作用下的动力特性时往往会针对具体实际工况提出一些近似假设,进而由浅入深地对复杂桩土系统振动问题进行求解分析。迄今为止,这方面的工作已有很大发展并已经取得了大量的研究成果,这些研究成果可以从不同角度进行分类,从桩-桩侧土动力相互作用模型方面来看,主要有 Winkler 理论模型、平面应变模型、三维连续介质模型、有限元及边界元数值模型等。众多学者共同努力,采用这些模型由简单到复杂逐步揭示了桩土动力相互作用的机理。下面分别对这四类桩-桩侧土动力相互作用模型进行详细阐述。

1.2.1　Winkler 理论模型

　　Winkler 理论模型将桩看成埋置于土介质中的梁,将桩侧土对桩的动力阻抗用连续分布且相互独立的弹簧和阻尼器代替,由于该模型简便实用,且物理概念清楚,它已经在工程实践中得到了广泛应用。纵观前人研究成果,可以看出 Winkler 理论模型具有以下几个优点:①采用 Winkler 理论模型得到的结果与严格解和数值解吻合得较好;②计算工作量小;③采用合理的桩-桩相互作用模型,可拓展到群桩动力响应问题;④可以考虑土体纵向成层及径向非均质特性甚至土体的非线性性质。基于 Winkler 理论模型的常见桩土动力相互作用计算模型如图 1.1 所示。

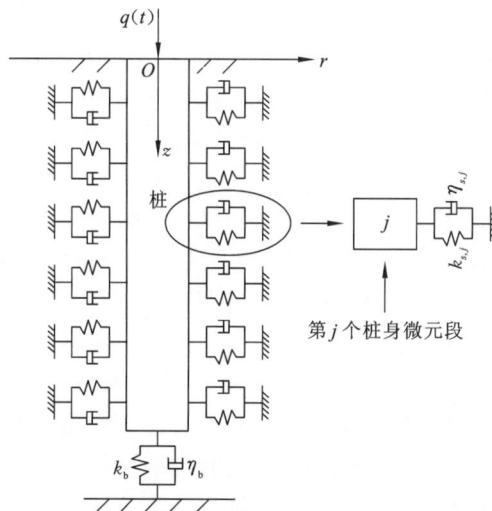

图 1.1　基于 Winkler 理论模型的桩土动力相互作用计算模型
$q(t)$为桩顶纵向激振力;k_b为桩端土黏弹性支承的弹性系数;η_b为桩端土黏弹性支承的阻尼系数;
$k_{s,j}$为 Winkler 理论模型的弹性系数;$\eta_{s,j}$为 Winkler 理论模型的阻尼系数;
r为径向坐标,向外为正;z为纵向坐标,向下为正;O为坐标原点

　　现有研究成果中的 Winkler 理论模型已经相当丰富,从线性模型到非线性模型,从单个弹簧和阻尼并联模型到复合的多个 Voigt 体串联模型,模拟的工况也越来越复杂。Novak 等[2]采用 Winkler 理论模型将土体对刚性基础的纵向剪切力用一个复杂的包含一部分土体性质的剪切复刚度作用代替。随后,Novak[3-4]采用广义的 Winkler 理论模型,在频域内分析了桩基纵向和水平向振动特性,并给出了 Winkler 模型中弹性系数和阻尼系数的经验计算方法。Novak 等[5]结合 Winkler 理论模型采用矩阵刚度法详细研究了频

域内黏弹性桩纵向及横向振动阻抗，并通过现场试验初步验证了 Winkler 理论模型的精度。进一步，Nogami 等[6-8]把 Novak 等频域内的解答延伸到时域，采用三个 Voigt 体串联来综合考虑桩侧土体均匀及非均匀特性，分别详细研究了横向荷载作用下基桩的弯曲响应。在上述线性 Winkler 理论模型的基础上，Nogami 等[9-10]提出了一种可用来分析桩侧土非线性行为、桩土界面在大位移条件下相对位移和分离及循环荷载作用下土力学行为的非线性 Winkler 理论模型。El Naggar 等[11-14]针对瞬态动力荷载和简谐荷载作用下桩的水平振动问题，提出了可以考虑桩侧土体非线性、桩土界面变形非连续性、由各种阻尼产生的能量耗散及荷载比等因素对桩基动力响应影响的非线性 Winkler 理论模型。Rojas 等[15]提出了可以模拟桩尖、桩轴的应力和变形及由荷载传递和各土层刚度变化引起的径向和轴向土应力增加等力学特性的非线性动力 Winkler 理论模型，但各单元参数取值还有待深入研究。王奎华等将桩侧土对桩的作用简化为单个 Voigt 体，详细研究了完整桩及缺陷桩受纵向振动荷载作用下的振动问题[16-19]。在此基础上，王奎华等采用广义 Voigt 模型模拟桩侧土对桩的动力作用，详细研究了成层黏弹性地基中黏弹性桩的纵向振动问题[20-21]。近年来，Matlock 等[22]、Velez 等[23]、Randolph[24]、Liao 等[25]、Wang 等[26]、蒯行成等[27-28]、李炳求等[29]、李耀庄等[30]、刘东甲[31-33]、王腾等[34-36]、王腾[37]、王宏志等[38]、栾茂田等[39]、孔德森等[40]、周绪红等[41]、刘忠等[42]、王海东等[43]、吴志明等[44]、吴鹏[45]、Wang 等[46]众多学者也在多种不同工况下采用 Winkler 理论模型对桩的纵向和横向振动特性开展了全面的研究，并取得了丰硕的成果，不断地完善了 Winkler 理论模型。

1.2.2　平面应变模型

平面应变模型（计算简图如图 1.2 所示）是在 Winkler 理论模型基础上发展起来的，该模型将桩侧土体沿纵向划分为一系列无穷薄的土层，各土层之间相互独立，土体中位移、应力分量沿纵向深度的变化可以忽略，进而用桩侧土的复刚度代替 Winkler 理论模型中的弹簧和阻尼对桩土振动特性进行分析。Baranov[1]首次采用平面应变土体模型研究了稳态纵向和水平荷载作用下刚性埋置基础的振动问题，随后众多学者采用平面应变模型对多种工况的桩土振动问题进行了更加深入的研究。Novak 等[47]采用平面应变土体模型详细地研究了扭转荷载作用下埋置刚性基础的振动特性，并给出了桩侧土体扭转阻抗的解析表达式。随后，Novak 等[48-51]采用平面应变模型进一步研究了桩侧土体在滞回阻尼材料情况下桩-土耦合振动问题的频域响应及时域响应。平面应变模型忽略了纵向土层之间的相互联系，从而在理论求解上比较简单，避免了繁杂的公式推导，如果对桩侧土体采用黏弹性、弹性或者弹塑性模型，可以初步反映土体的波动效应和几何阻尼，因此，平面应变模型受到了越来越多的关注和研究。Nogami 等[6,8]、El Naggar 等[52-53]、Veletsos 等[54-55]、Han 等[56]、Vaziri 等[57]、Han 等[58-59]、Militano 等[60]、燕彬等[61]、栾茂田等[62]、王海东等[63-64]、尚守平等[65]、王奎华等[66-67]、杨冬英等[68-69]、Chen 等[70]、Yang 等[71-72]、刘林超等[73]、吴文兵等[74-78]、Wu 等[79-81]、Liu 等[82]众多学者先后采用平面应变模型对纵向成层、径向非均质地基中各类桩型与土的相互作用系统在纵向荷载及扭转荷载作用下的振动问题进行了深入而广泛的研究，取得了丰富的成果。

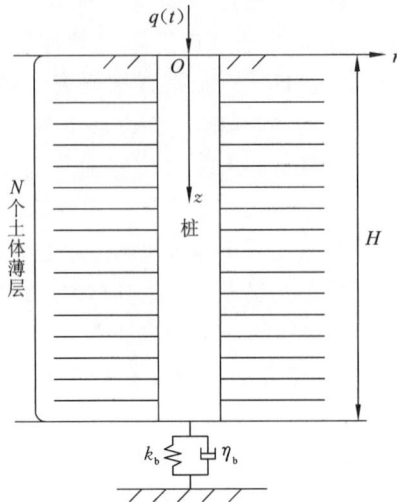

图 1.2　平面应变模型的计算简图

H 为桩长

尽管已有的平面应变模型能较方便地用来分析各种振动荷载作用下(纵向、扭转、水平、摇摆)桩的振动问题,且具有一定的理论基础,经实践和试验验证也具有一定的适用性,但平面应变模型并未考虑桩侧土体应力、位移分量沿纵向深度的变化,忽略了各土层层间联系和土层沿纵向连续等重要特性,即忽略了桩侧土体的三维波动效应、桩-桩侧土之间的三维耦合作用,假设条件与工程实际存在较大近似,理论上不够严密,采用平面应变模型及其演化的模型来分析桩土系统振动特性必定存在一定的误差。

1.2.3　三维连续介质模型

三维连续介质模型是将桩侧土体视为三维连续体,在一定的简化假定下,利用最基本的弹性动力学及波动力学原理,对各种振动荷载作用下的桩土耦合振动问题进行解析及半解析求解。连续介质模型一方面能较好地考虑桩土之间的动力耦合作用,另一方面可以考虑土体几何阻尼和材料阻尼对弹性剪切波向径向远处传播的影响,模型更加接近实际工况。

Nogami 等[83-84]、Novak 等[85]率先采用考虑土体竖向波动效应的三维轴对称连续介质模型系统研究了桩土纵向及水平耦合振动问题,在求得土体振动模态特性及阻抗因子后,以小变形条件下桩土接触面的位移连续考虑桩土耦合作用,采用分离变量法等数学方法得到了桩顶位移频域响应及复刚度的解析解。在此基础上,Nogami[86]把对单桩振动问题的研究扩展到了群桩基础,获得了群桩基础的动力响应特性。但由于该方法事先假定桩振动模态形式,桩顶边界条件不能满足,土体边界条件也单一,不能适应多种土体边界模型,且该理论只能用于频域,应用有很大的局限性。Zeng 等[87]基于 Biot 三相弹性动力固结理论,采用 Hankel 变换、Fredholm 积分方程等方法研究了均质多孔半空间弹性介质中稳态纵向荷载作用下圆截面弹性桩的响应问题,得出了饱和均质土体中桩动力响应的理论解。最近 20 年,关于三维连续介质模型土体中桩土耦合振动问题的研究迎来了一个高峰期。Senjuntichai 等[88-90]、Rajapakse 等[91-92]、Das 等[93]、Chen 等[94]、Wang 等[95]、Zhou 等[96-97]、胡昌斌等[98-101]、李强等[102-104]、Chau 等[105]、王奎华等[106]、阙仁波等[107-109]、周铁桥等[110]、Lu 等[111]、Cai 等[112]、张智卿等[113-115]、Guo 等[116]、尚守平等[117]、余俊等[118]、Wang 等[119]、尚守平等[120]、Wang 等[121-122]、杨骁等[123-124]、Shahmohamadi 等[125]、刘林超等[126]、王小岗[127-128]、Wu 等[129-132]、Wang 等[133]、Lü 等[134-135]、Li 等[136-137]国内外众多学者采用积分变换、分离变量法、积分方程、变分原理及格林函数等方法先后研究了单相、饱和土体中弹性及黏弹性桩在各种激振荷载作用下的响应问题,使三维连续介质模型不断完善,接近工程实际。

尽管基于三维连续介质模型来研究桩基动力学问题已经取得了丰硕的成果,但考虑到求解中数值结果的收敛范围及数值计算的复杂性,此类方法仅适用于一定范围内桩的动力问题。因此,仍有许多基本理论、数值模拟方法及工程应用等问题值得进行更深入的研究。

1.2.4 有限元及边界元数值模型

随着计算机技术的飞速发展,用来分析桩土动力相互作用的数值模型也得到了快速发展。现有研究成果中较为常见的数值模型有有限元和边界元数值模型,这两种数值模型最大的特点就是可以考虑桩侧土体的非均质及非线性、桩土界面的不连续条件、各种形式竖向振动荷载及群桩等复杂的桩土系统动力响应问题。例如,Blaney[138]利用轴对称有限元法对桩的振动特性进行了三维分析,Banerjee 等[139]应用边界元法研究了单桩和群桩的纵向和水平振动问题,Kuhlemeyer[140-141]基于边界元和有限元理论对均质土中桩-土动力相互作用进行了分析,Angelides 等[142]利用发展的非线性有限元程序对桩土动力相互作用特性进行了研究,Sen 等[143]利用边界元研究了非均质土中单桩和群桩受纵向与横向动力荷载时的动力特性。此后,Gazetas 等[144-145]、Kaynia 等[146]、Lei 等[147]、赵振东等[148]、Kattis 等[149]、Maeso 等[150]、Maheshwari 等[151]、Tahghighi 等[152]、Padron 等[153]、Yesilce 等[154]、Lü 等[155]众多学者以各种数值计算方法包括有限元、边界元或者边界元-有限元结合的方式对各类非均质土中的桩基振动进行了研究。

利用数值计算方法研究各种激振荷载作用下桩的动力响应,采用的模型越来越理想,但是,该方法仍无法做到和实际工程情况完全一致。在边界处理上,数值模型通常人为假定一个人工边界,从而导致边界上存在能量反射,极易引起计算误差;另外,要很好地模拟桩土耦合作用,尤其是模拟非均质地基中群桩动力响应问题,既要处理复杂边界条件又要细分单元,计算量极大,某种程度上这些都增加了数值计算实施的难度。

1.3 桩-桩端土动力相互作用模型概述

纵观桩振动理论研究的发展历程,可以看出,解析和半解析理论研究一直占据桩基振动理论研究的主线,而其进展主要表现在两方面:一是桩与桩侧土相互作用模型方面,从比较简单的动态 Winkler 模型,到平面应变模型,再到不考虑桩侧土体径向位移的桩土耦合模型,进一步发展到考虑桩侧土三维波动效应的严密耦合模型及均质弹性半空间连续介质与有限长杆件动力耦合作用模型;二是桩侧土体自身的物理力学性质方面,从将土体作为单相线弹性材料、线性黏弹性材料、分数导数黏弹性材料到单相非线性、弹塑性材料,进一步发展到将土作为两相的饱和介质材料和三相的非饱和介质材料,从将桩侧土作为均质各向同性材料,发展到非均质、各向异性材料。可以说,在桩与桩侧土的动力相互作用方面,已有的理论研究已相当广泛而深入,采用的模型及所考虑的桩侧土各种参数因素也比较全面。

由于对桩-桩端土动力相互作用问题建立严格耦合模型的难度较大,相比之下,关于桩端土对桩振动特性的影响研究显得非常薄弱。但正如桩的承载力由桩、桩侧土、桩端土共同决定一样,桩的振动特性也是由桩自身、桩侧土和桩端土体共同控制的,且端承比例越高,桩端土的影响程度越大。很多研究成果也已表明,桩端土的支承条件对桩土系统的动力特性有着重要的影响。例如,桩端土的支承刚度直接决定了桩顶的纵向及扭转共振频率(而该参数受桩侧土影响却很小),也直接控制了桩顶时域反射波曲线上桩尖反射的特征和形状(图 1.3)。桩顶共振频率是桩基础抗震减震设计的重要参数(如上部结构的自振频率与桩顶共振频率重复或接近就可能出现共振破坏),桩尖反射波信号在桩的完整性检测及缺陷定量化反演中起着重要作用。同时桩端土阻尼对桩顶幅频响应幅值和桩尖反射信号幅值也有较大的影响。因此,很多情况下,桩端土会成为桩振动特性的主要控制因素,研究并准确反映其影响,对正确了解桩的动、静态特性均是非常重要的,也只有这样才能进一步提高桩基振动理论的实用价值。

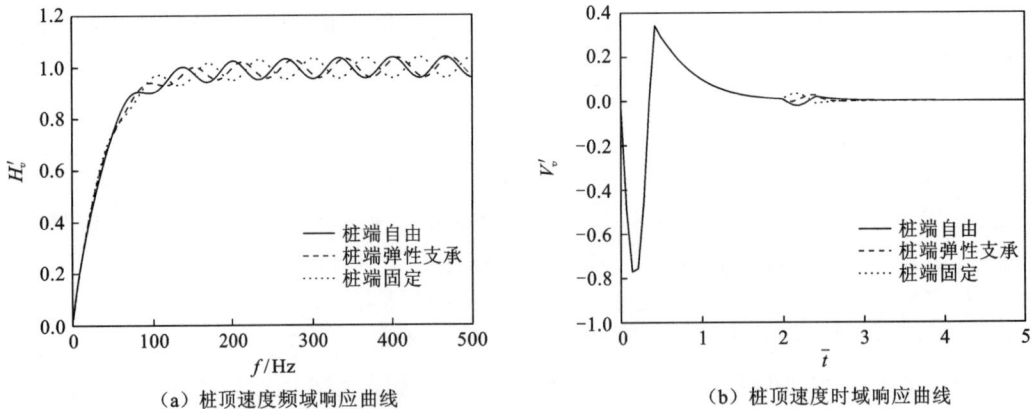

（a）桩顶速度频域响应曲线　　　　　　　　（b）桩顶速度时域响应曲线

图 1.3　桩端土支承刚度对桩顶动力响应的影响示意图

H'_v 为桩顶速度频域响应函数;V'_v 为桩顶无量纲速度时域响应函数;f 为桩顶激振力的频率;$\bar{t}$ 为无量纲时间

在目前已有的理论中,桩端土对桩的动力作用模型和处理方式有以下几种:①采用简化的动态 Winkle 模型,即桩端土体对桩的作用用分布式线性弹簧和阻尼器并联来代替(如 Lysmer 等[156]、Nogami 等[6]、Randolph 等[157]、Liao 等[25]、Wang 等[26]、王奎华等[16-17,21]、王奎华[18-20]、王宏志等[38]、王腾等[34-36]、王海东等[43]、吴志明等[44]、Wang

等[46]、Wu 等[80-81]),其参数(弹性系数和阻尼系数)只能根据经验来取常数值,与常规的土参数缺乏联系,无法考虑桩端土与桩的实际动力耦合作用及桩端土体的三维波动效应,可见这种简化模型在理论上存在较大的近似,难以反映桩端土的实际作用。②桩端土对桩尖的作用用非线性的分布式弹簧和阻尼器并联来代替(如 Militano 等[60]、Gazetas 等[144-145]、燕彬等[61]),一般表示成复阻抗函数的形式,其实部和虚部的取值通过均质弹性半空间表面刚性圆盘振动理论计算得到。这种方法相比于第①种处理方式有了一定的进步,但其缺陷是没有考虑桩长范围内土体(即桩侧土体)与桩端土的相互作用影响,也无法考虑桩尖以下土层的成层性因素、持力层厚度及桩尖土体受施工扰动或桩端沉渣等因素的影响,因此,这种方法在理论上也比较粗略,与工程实际情况相差仍然很大。③将桩端边界假设为固定边界或自由边界(如 Novak 等[49,85]、Nogami 等[83-84]、李强等[102,104]、栾茂田等[62]、张智卿等[113-115]、尚守平等[65,117,120]、余俊等[118]、刘林超等[73]、Wu 等[129]),一般对嵌岩桩采用固定边界,对纯摩擦桩采用自由边界。这种处理方式对于嵌岩桩和纯摩擦桩这两种特殊桩型是比较适合的,但对于更加常见的摩擦端承桩和端承摩擦桩都是不适用的。④均质弹性半空间土介质叠加虚拟杆处理方法。早在 1969 年、1970 年,Muki 等[158,159]在研究竖向静荷载作用下均质弹性半空间介质中有限长杆件的变形时,利用均质弹性半空间介质与虚拟桩(将实体桩材料参数中减去土参数部分所得到的新参数的桩)的叠加方法进行求解,避免了假设桩端的弹性支承条件问题。1999 年以后,Militano 等[60]、Zeng 等[87]、Chen 等[94]、Wang 等[95]、Senjuntichai 等[90]、Cai 等[112]、Lu 等[111]、Wang 等[119]、Zhou 等[96-97]将这一叠加方法拓展到多孔饱和介质(土)中桩的振动问题研究,采用积分方程方法来求解稳态简谐荷载作用下饱和均质半空间中等截面均匀杆件(桩)纵向振动问题,同样通过弹性半空间介质中叠加虚拟杆避开了桩端土对桩的支承问题,但该方法在数学上并不严密,同时它仅适用于基岩埋深无限大,且整个覆盖层土体性质完全均匀时,均匀截面阻抗桩的振动问题,同样也不能考虑桩尖以下土层的成层性因素、持力层厚度及桩尖土体受施工扰动或桩端沉渣等因素的影响,由于其限制条件较多,因此它仍存在很大的应用局限性。

综上所述,在桩端土对桩的动力作用方面,已有的模型和处理方法都还存在较大缺陷与明显不足,不能适应工程应用的要求,因此急需寻找新的更加有效、更加实用的模型和计算方法来解决或改善这些问题。

1.4 虚土桩法的提出及本书内容

1.4.1 虚土桩法的提出

虚土桩法是为了研究桩端土对桩的动力作用而提出的一种新方法,该方法的基本思路是:把桩身以下正下方(即桩横截面投影范围内)桩端至基岩之间的土体看成"土桩"(即所谓虚土桩,其参数取实际土层的参数,而其变形按类似于桩的平面变形假定,鉴于基岩变形很小,基岩顶面作为刚性边界),根据实际土层成层性情况及桩端是否有沉渣或是否受到挤密作用而把虚土桩分为若干段(图 1.4)。相关耦合条件如下:桩与桩侧土完全连续接触,虚土桩与其周围土也是完全连续接触,桩端与虚土桩交界面及虚土桩各段交界面之间也是完全连续接触。对于桩身部分按照桩的振动理论进行求解,对于虚土桩部分,采用类似于普通桩身平面变形的假设,建立各层(段)动力平衡方程后按类似于桩的方法求解。陈嘉熹[160]、杨冬英等[161]对虚土桩法的可行性进行了初步探讨。随后,吴文兵等[162]利用虚土桩法求解了半空间地基上刚性圆板的垂直振动问题,并将虚土桩法的解与现有精确解进行对比分析,验证了虚土桩法具有比较高的精度。

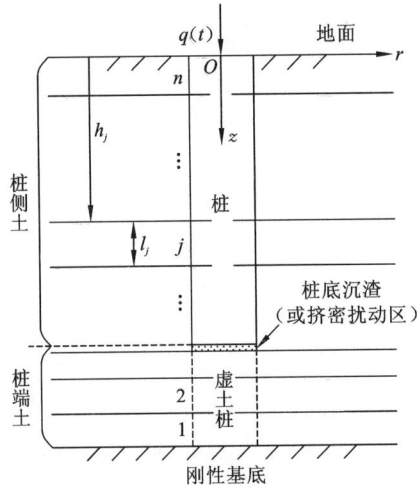

图 1.4　虚土桩法的计算简图

h_j 为第 j 层土体顶面深度;l_j 为第 j 层土体厚度;$1,2,\cdots,j,\cdots,n$ 为分段代号

　　虚土桩法具有如下优点:①桩与桩侧土、桩端土完全耦合,充分考虑了三者的动力耦合作用,是一个比较严格的理论计算模型;②可充分考虑桩端以下岩、土体的非均匀性(成层性)影响;③可以模拟桩端沉渣或桩端土挤密等施工效应的影响;④可以考虑基岩埋置深度的影响(如果基岩埋置深度非常大,且土质均匀,其结果将可以退化为均质弹性半空间中有限长桩的解);⑤可以利用桩顶传递函数和恒荷载的卷积,求得考虑土体固结效应时,竖向静荷载作用下成层地基中单桩沉降随时间发展的过程。进一步地,利用叠加原理可求得上述条件下群桩基础沉降随时间发展的过程,因此可望得到一种新的桩基础沉降计算方法。目前已有的解析和半解析沉降计算方法[包括单桩沉降计算的荷载传递法、剪切位移法、弹性理论法、分层总和法,以及计算群桩沉降的等代墩基法、明德林-盖得斯法、弹性理论法、现行《建筑桩基技术规范》(JGJ 94—2008)推荐方法等],均不能同时考虑桩、桩侧土、桩端土的耦合效应,桩端土成层性,桩端沉渣(或桩端土挤密效应),特别是地基土固结效应的影响,也无法得到桩基础沉降随时间发展的过程,因此现有沉降计算方法还不能完全满足工程实践的需要。而采用虚土桩法计算桩基础沉降,不仅其模型比较严密,而且可以考虑桩侧土和桩端土的固结效应,因此这一方法将有可能给桩基础沉降计算(特别是弹性理论法)带来重要变革。由此可见,虚土桩法在桩的动、静态特性分析方面有着明显的优势,并具有广阔的工程应用前景。

1.4.2 本书内容

本书总结我们近年来在桩的振动理论领域的主要研究成果,概括来说其理论体系的主线是:以单层地基中桩纵向振动基本解为基础,进而综合考虑桩侧土、桩端土的成层性、土层受成桩效应引起的扰动效应、土的各向异性、土的三维波动效应、桩端动应力扩散效应及静钻根植桩的施工效应,得到能够严格考虑复杂工况下桩-桩侧土-桩端土完全耦合的桩土动力相互作用模型及理论解。这些模型和理论解对于深入理解桩土纵向耦合振动机理,指导桩基础防震减震设计及基桩动力测试,具有非常重要的意义。

本书的主要内容如下:

(1) 桩土动力相互作用模型研究现状。从桩-桩侧土动力相互作用模型和桩-桩端土动力相互作用模型入手,详细介绍了桩振动理论的主要研究成果。针对现有桩-桩端土动力相互作用模型的不足,提出虚土桩法的核心思想。

(2) 均质地基中基于虚土桩法的桩纵向振动理论。假定土层为各向同性的单相线性黏弹性体并考虑其竖向波动效应,建立均质地基中桩-桩侧土、桩-桩端土严格耦合的动力相互作用模型,通过解析方法求解得到桩顶频域响应的解析解及半正弦脉冲激励作用下桩顶速度时域响应的半解析解,并对不同桩身设计参数时桩端土厚度对桩顶动力响应的影响加以研究。

(3) 成层地基中基于虚土桩法的桩纵向振动理论。考虑桩侧土及桩端土的层状性状,建立任意层地基中黏弹性桩与土耦合振动的定解问题,利用分离变量法、积分变换及阻抗函数递推特性,通过解析方法得到桩顶动力响应的理论解。基于理论解,讨论成层桩端土性质、桩端沉渣对桩顶动力响应的影响。

(4) 径向非均质地基中基于虚土桩法的桩纵向振动理论。综合考虑土体纵向成层及径向非均质特性,基于土层剪切复刚度递推特性及阻抗函数递推特性,通过解析方法求解得到桩顶频域响应解析解及桩顶速度时域响应半解析解。分析桩侧土施工扰动效应、桩端土挤密效应对桩顶动力响应的影响,并分析任意段变阻抗桩的动力响应规律。

(5) 横观各向同性地基中基于虚土桩法的桩纵向振动理论。将土体作为横观各向同性材料,结合横观各向同性材料的本构方程及单相弹性土介质的运动方程,推导出考虑土体竖向位移及其黏弹性性质的土体动力控制方程,进一步建立横观各向同性地基中桩土耦合振动的定解问题,通过解析方法求解得到桩顶动力响应的理论解。基于所得解,讨论桩侧土及桩端土各向异性对桩顶动力响应的影响。

(6) 三维轴对称地基中基于虚土桩法的桩纵向振动理论。以三维轴对称土体振动模型为基础,同时考虑土体的径向和竖向振动,对三维波动效应下的虚土桩模型进行构建,并对均质地基土中单桩的纵向振动特性进行研究。通过研究桩身的动力特性,进而比较三维连续模型与平面应变模型的差异,对三维轴对称体系下虚土桩法的合理性进行论证。考虑桩端土存在不同分层的情况,研究软夹层和硬夹层等对桩身刚度的影响。

(7) 考虑桩端应力扩散时基于虚土桩法的桩纵向振动理论。根据 Mindlin 地基应力解得到虚土桩的扩散边界,从不同角度判断虚土桩扩散边界的适用性。应用合理的虚土桩模型组建桩侧土、桩端土与桩身同时耦合的振动体系,通过 Laplace 变换和卷积定理等,求到任意激振力作用下桩体振动频域响应的解析解和时域响应的半解析解。通过分析不同因素对桩体振动特性的影响,以及与不同模型间的对比,分析该虚土桩模型的可行性和适用性。利用虚土桩法对端承桩桩端沉渣的危害进行了实例拟合和反演分析。

(8)基于虚土桩法的静钻根植桩纵向振动理论。通过分析静钻根植竹节桩的成桩机理和施工工艺,确定了该种桩型与土体相互作用的动力数学理论模型。根据其数学模型的特点,引入径向非均质理论,并基于虚土桩法,对具有竹节形态的静钻根植桩进行了动力响应求解。讨论了包括竹节和桩侧硬化水泥土等在内的因素对静钻根植桩桩顶频域和时域响应的影响。最后通过与实际工程数据拟合对比,反演了水泥土的硬化规律。

第2章 均质地基中基于虚土桩法的桩纵向振动理论

2.1 引 言

桩基础的使用有着悠久的历史,早在史前的建筑活动中,人类远祖就已经在湖泊和沼泽地带采用木桩来支承房屋。随着近代工业技术和科学技术的发展,桩的材料、种类和桩基型式都有了很大的发展。按桩的性状和竖向受力情况,可分为端承型桩和摩擦型桩两大类。端承型桩是指桩顶竖向荷载由桩侧阻力和桩端阻力共同承受,但桩端阻力分担荷载较多的桩,其桩端一般进入中密以上的砂类、碎石类土层,或位于中等风化、微风化及新鲜基岩顶面。摩擦型桩是指桩顶竖向荷载由桩侧阻力和桩端阻力共同承受,但桩侧阻力分担荷载较多的桩。

本章主要针对基岩埋深较大、桩尖未打到基岩深度且桩侧土体和桩端以下土层总体比较均匀的地基中桩土纵向耦合振动问题进行研究,这时由于桩端没有明显的持力层,属于摩擦型桩的情况。假定桩侧土为各向同性的单相线性黏弹性材料,并考虑桩侧土体的竖向位移,采用分离变量法和积分变换等方法严格推导得到均质地基中基于虚土桩法的桩顶频域响应解析解,然后通过卷积定理和 Fourier 逆变换,求得半正弦脉冲激励作用下桩顶速度时域响应半解析解。基于所得解,详细讨论不同桩身设计参数时桩端土性质对桩顶动力响应的影响。

2.2 桩土耦合振动的定解问题

2.2.1 计算简图与基本假设

本章研究的是均质各向同性黏弹性地基中考虑土体竖向位移时桩土纵向耦合振动问题。桩土系统动力相互作用的计算简图如图 2.1 所示,桩长为 H^p,桩身截面半径为 r_0,桩顶作用有任意激振力 $q(t)$,桩侧土层厚度为 H,其中桩端土厚度(虚土桩长度)为 H^s,f_j 为第 j 层土体对流段桩身的侧摩阻力;z 为纵向坐标,向下为正;r 为径向坐标,向外为正。根据桩、虚土桩桩身材料性质的差异,以桩端为界将虚土桩与桩分别编号为 1、2。

假设下列条件成立:

(1)桩侧土为均质、各向同性的单相线性黏弹性材料,土体材料阻尼为黏性阻尼,阻

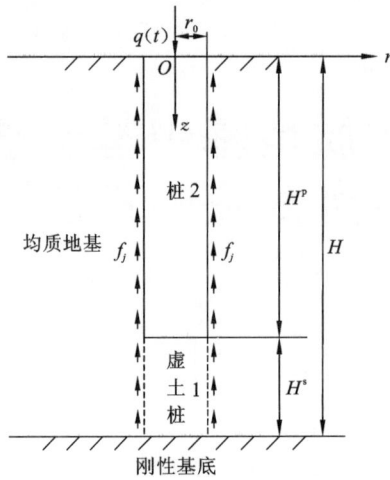

图 2.1　桩土系统动力相互作用示意图

尼力与应变率成正比,比例系数为 η^s;

(2) 土层上表面为自由边界,无正应力、剪应力,土层底部为刚性支承边界;

(3) 桩土系统纵向振动时,考虑桩侧土竖向波动效应,桩侧土径向位移可忽略;

(4) 桩及虚土桩均为完全弹性、竖直、圆形均匀截面桩,桩与虚土桩交界面处应力应变连续;

(5) 桩土系统振动为小变形振动,桩(虚土桩)与桩侧土完全连续接触。

2.2.2　桩土耦合振动控制方程

取土体中任意一点的纵向振动位移为 $w = w(r,z,t)$,根据黏弹性动力学理论,考虑土体纵向位移,建立轴对称黏弹性土体动力平衡方程如下:

$$(\lambda^s + 2G^s)\frac{\partial^2 w}{\partial z^2} + G^s\left(\frac{1}{r}\frac{\partial w}{\partial r} + \frac{\partial^2 w}{\partial r^2}\right) + \eta^s\frac{\partial}{\partial t}\left(\frac{\partial^2 w}{\partial z^2}\right) + \eta^s\frac{\partial}{\partial t}\left(\frac{1}{r}\frac{\partial w}{\partial r} + \frac{\partial^2 w}{\partial r^2}\right) = \rho^s\frac{\partial^2 w}{\partial t^2}$$

(2.1a)

式中:λ^s、G^s 为土体 Lame 常数。且有

$$\lambda^s = E^s\mu^s/[(1+\mu^s)(1-2\mu^s)], G^s = \rho^s(V^s)^2 \tag{2.1b}$$

其中:E^s 为土体的弹性模量;μ^s 为土体的泊松比;V^s 为土体的剪切波速;η^s 为土体的黏性阻尼系数;ρ^s 为土体的密度。

根据黏弹性力学理论,可以得到土体中任意一点剪应力 $\tau_{rz}^s = \tau_{rz}^s(r,z,t)$ 如下:

$$\tau_{rz}^s = G^s\frac{\partial w}{\partial r} + \eta^s\frac{\partial^2 w}{\partial t\partial r} \tag{2.2}$$

令 $u_j = u_j(z,t)$ 为桩(虚土桩)身质点纵向振动位移,根据 Euler-Bernoulli 杆件理论,可得桩(虚土桩)作纵向振动的控制方程如下:

$$E_j^p A_j^p\frac{\partial^2 u_j}{\partial z^2} - m_j^p\frac{\partial^2 u_j}{\partial t^2} - f_j = 0, \quad j = 1,2 \tag{2.3}$$

式中：E_j^p、A_j^p 和 m_j^p 分别为桩（虚土桩）的弹性模量、桩身截面面积及单位长度质量；$f_j = 2\pi r_0 \tau_{rz}^s(r_0,z,t)$，当 $j=1$ 时为对应的虚土桩参数（即对应的桩端土参数），当 $j=2$ 时为对应的桩参数。

结合假设条件，建立桩土系统边界条件和初始条件如下。

1）土层的边界条件

土层顶面：
$$\left.\frac{\partial w}{\partial z}\right|_{z=0} = 0 \tag{2.4a}$$

土层底面：
$$w|_{z=H} = 0 \tag{2.4b}$$

水平无穷远处：
$$\sigma(\infty,z) = 0, \quad w(\infty,z) = 0 \tag{2.4c}$$

式中：σ 为土体无穷远处的正应力。

2）桩顶、虚土桩端及桩与虚土桩分界处的边界条件

$$\left.\frac{\partial u_2}{\partial z}\right|_{z=0} = -\frac{q(t)}{E_1^p A_1^p} \tag{2.5a}$$

$$u_1|_{z=H} = 0 \tag{2.5b}$$

$$u_1|_{z=H^p} = u_2|_{z=H^p} \tag{2.5c}$$

$$\left. E_1^p A_1^p \frac{\partial u_1}{\partial z}\right|_{z=H^p} = \left. E_2^p A_2^p \frac{\partial u_2}{\partial z}\right|_{z=H^p} \tag{2.5d}$$

3）桩土接触面上的边界条件

$$w(r_0,z,t) = u_j(z,t), \quad j=1,2 \tag{2.6}$$

4）桩土系统的初始条件

土层部分：
$$w|_{t=0} = 0, \quad \left.\frac{\partial w}{\partial t}\right|_{t=0} = 0, \quad \left.\frac{\partial^2 w}{\partial t^2}\right|_{t=0} = 0 \tag{2.7a}$$

桩（虚土桩）身部分：
$$u_j|_{t=0} = 0, \quad \left.\frac{\partial u_j}{\partial t}\right|_{t=0} = 0 \tag{2.7b}$$

基本方程式（2.1a）、式（2.3）结合边界条件式（2.4）~ 式（2.7）构成考虑土体竖向波动效应时桩土纵向耦合振动的定解问题。

2.3　定解问题的求解

根据土与结构相互作用理论，上述定解问题可分为两步来求解：第一步对土层振动问题进行求解，在得到土层任意点的位移和应力之后，通过剪切复刚度将土体动应力传递给桩（虚土桩），进而得到桩（虚土桩）的振动控制方程；第二步对桩（虚土桩）的振动问题进行求解。

2.3.1　土层振动问题

令 $W(r,z,s)$ 为 $w(r,z,t)$ 的 Laplace 变换形式，结合初始条件式（2.7a），对土层动力

平衡方程式(2.1a)进行 Laplace 变换可得

$$(\lambda^s + 2G^s + \eta^s \cdot s)\frac{\partial^2 W}{\partial z^2} + (G^s + \eta^s \cdot s)\left(\frac{1}{r}\frac{\partial W}{\partial r} + \frac{\partial^2 W}{\partial r^2}\right) = \rho^s s^2 W \qquad (2.8)$$

式中:$W(r,z,s) = \int_0^{+\infty} w(r,z,t)\mathrm{e}^{-st}\,\mathrm{d}t$;$s$ 为 Laplace 变换常数。

根据式(2.8)的表达形式,对其采用分离变量法进行求解,令 $W(r,z,s) = R(r)Z(z)$,并代入式(2.8)化简可得

$$(\lambda^s + 2G^s + \eta^s \cdot s)\frac{1}{Z(z)}\frac{\partial^2 Z(z)}{\partial z^2} + (G^s + \eta^s \cdot s)\frac{1}{R(r)}\left[\frac{1}{r}\frac{\partial R(r)}{\partial r} + \frac{\partial^2 R(r)}{\partial r^2}\right] = \rho^s s^2 \quad (2.9)$$

由于式(2.9)左边的第一项和第二项分别为关于纵向和径向的微分式,因此可将其分离为两个常微分方程:

$$\frac{\mathrm{d}^2 R(r)}{\mathrm{d}r^2} + \frac{1}{r}\frac{\mathrm{d}R(r)}{\mathrm{d}r} - \xi^2 R(r) = 0 \qquad (2.10)$$

$$\frac{\mathrm{d}^2 Z(z)}{\mathrm{d}z^2} + \beta^2 Z(z) = 0 \qquad (2.11)$$

式中 β、ξ 为常数,且满足如下关系式:

$$\xi^2 = \frac{(\lambda^s + 2G^s + \eta^s \cdot s)\beta^2 + \rho^s s^2}{G^s + \eta^s \cdot s} \qquad (2.12)$$

式(2.10)、式(2.11)分别为一个 Bessel 方程和二阶常微分方程,可分别得到通解如下:

$$R(r) = AK_0(\xi r) + BI_0(\xi r) \qquad (2.13)$$

$$Z(z) = E\sin(\beta z) + F\cos(\beta z) \qquad (2.14)$$

式中:$I_0(\cdot)$、$K_0(\cdot)$ 分别为零阶第一类、第二类虚宗量 Bessel 函数;A、B、E 和 F 为由边界条件确定的待定系数。

由式(2.13)、式(2.14)可以得到土体位移 $W(r,z,s)$ 的表达式如下:

$$W(r,z,s) = [AK_0(\xi r) + BI_0(\xi r)][C\sin(\beta z) + D\cos(\beta z)] \qquad (2.15)$$

由虚宗量 Bessel 函数的性质可知:当 $r \to \infty$ 时,$I_0(\cdot) \to \infty$,$K_0(\cdot) \to 0$,结合边界条件(2.4c)可以得到 $B = 0$。由边界条件(2.4a)可以得到 $E = 0$。对边界条件(2.4b)进行 Laplace 变换,并将式(2.15)代入可得

$$\cos(\beta H) = 0 \qquad (2.16)$$

由式(2.16)可得特征值 β 的 n 个解为 $\beta_n = \frac{\pi}{2H}(2n-1)$,$n = 1,2,3,\cdots$,并将其代入式(2.15)可得 $W(r,z,s)$ 的最终形式如下:

$$W(r,z,s) = \sum_{n=1}^{\infty} A_n K_0(\xi_n r)\cos(\beta_n z) \qquad (2.17)$$

式中:A_n 为一系列由边界条件决定的待定系数,反映桩土振动各模态的振动耦合作用;ξ_n 为当 $\beta = \beta_n$ 时可由式(2.12)确定的一系列参数。

由式(2.17)可得土层在桩侧单位面积的剪应力,表达式如下:

$$\tau_{rz}^s(r_0,z,s) = (G^s + \eta^s \cdot s)\sum_{n=1}^{\infty} A_n \xi_n K_1(\xi_n r_0)\cos(\beta_n z) \qquad (2.18)$$

式中:$K_1(\cdot)$ 为一阶第二类虚宗量 Bessel 函数。

2.3.2　桩振动问题

令 $U(z,s)$ 为 $u(z,t)$ 的 Laplace 变换形式，对式(2.3)进行 Laplace 变换，将式(2.18)代入并化简可得

$$(V_j^p)^2 \frac{\partial^2 U_j}{\partial z^2} - s^2 U_j - \frac{2\pi r_0}{\rho_j^p A_j^p}(G^s + \eta^s \cdot s) \sum_{n=1}^{\infty} A_n \xi_n K_1(\xi_n r_0) \cos(\beta_n z) = 0, \quad j = 1,2$$

$$(2.19)$$

式中：$V_j^p = \sqrt{E_j^p/\rho_j^p}$ 为桩（虚土桩）身的一维弹性纵波波速，ρ_j^p 为第 j 段桩身密度。

取 $\lambda^2 = -s^2$，可得式(2.19)齐次式的 $U_j^{\#}$ 通解为

$$U_j^{\#} = M_j \cos\left(\frac{\lambda}{V_j^p}z\right) + N_j \sin\left(\frac{\lambda}{V_j^p}z\right)$$

$$(2.20)$$

式中：M_j, N_j 为第 j 段桩解的待定系数。

根据方程式(2.19)的特征，假设其特解 U_j^* 形式如下：

$$U_j^* = \sum_{n=1}^{\infty} \phi_{jn} \cos(\beta_n z)$$

$$(2.21)$$

式中：ϕ_{jn} 为第 j 段桩解的待定系数。

将特解 U_j^* 代入式(2.19)，并求解 ϕ_{jn} 得

$$\phi_{jn} = -\frac{2\pi r_0(G^s + \eta^s \cdot s)A_n \xi_n K_1(\xi_n r_0)}{\rho_j^p A_j^p[(\beta_n V_j^p)^2 + s^2]}$$

$$(2.22)$$

联立式(2.20)、式(2.21)，可得 U_j 的解为

$$U_j = M_j \cos\left(\frac{\lambda}{V_j^p}z\right) + N_j \sin\left(\frac{\lambda}{V_j^p}z\right) + \sum_{n=1}^{\infty} \phi_{jn} \cos(\beta_n z)$$

$$(2.23)$$

根据虚土桩法的基本思想，先求得虚土桩顶的阻抗函数，然后将其作为桩的桩端支承刚度代入桩中进行分析，因此，接下来分为两步求解。

第一步：求解虚土桩桩顶位移阻抗函数。

对边界条件式(2.6)进行 Laplace 变换，并将相应的虚土桩桩身位移和桩侧土位移代入，可得

$$M_1 \cos\left(\frac{\lambda}{V_1^p}z\right) + N_1 \sin\left(\frac{\lambda}{V_1^p}z\right) + \sum_{n=1}^{\infty} \phi_{1n} \cos(\beta_n z) = \sum_{n=1}^{\infty} A_n K_0(\xi_n r_0) \cos(\beta_n z) \quad (2.24)$$

式中：M_1, N_1, ϕ_{1n} 为虚土桩解的待定系数。

根据固有函数系 $\cos(\beta_n z)$ 在 $[0, H^s]$ 上的正交性，即

$$\begin{cases} \int_0^{H^s} \cos(\beta_n z)\cos(\beta_m z)\mathrm{d}z = 0, & m \neq n \\ \int_0^{H^s} \cos(\beta_n z)\cos(\beta_m z)\mathrm{d}z \neq 0, & m = n \end{cases}$$

$$(2.25)$$

在式(2.24)两端乘以 $\cos(\beta_n z)$，然后在桩端土厚度范围 $[0, H^s]$ 上积分可得

$$\frac{M_1}{2}\left\{\frac{\sin\left[\left(\dfrac{\lambda}{V_1^p}+\beta_n\right)H^s\right]}{\dfrac{\lambda}{V_1^p}+\beta_n}+\frac{\sin\left[\left(\dfrac{\lambda}{V_1^p}-\beta_n\right)H^s\right]}{\dfrac{\lambda}{V_1^p}-\beta_n}\right\}-\frac{N_1}{2}\left\{\frac{\cos\left[\left(\dfrac{\lambda}{V_1^p}+\beta_n\right)H^s\right]-1}{\dfrac{\lambda}{V_1^p}+\beta_n}+\frac{\cos\left[\left(\dfrac{\lambda}{V_1^p}-\beta_n\right)H^s\right]-1}{\dfrac{\lambda}{V_1^p}-\beta_n}\right\}$$

$$=A_n\left\{K_0(\xi_n r_0)+\frac{2\pi r_0(G^s+\eta^s\cdot s)\xi_n K_1(\xi_n r_0)}{\rho_1^p A_1^p[(\beta_n V_1^p)^2+s^2]}\int_0^{H^s}\cos^2(\beta_n z)\mathrm{d}z\right\} \tag{2.26}$$

将式(2.26)代入式(2.23)可得虚土桩的位移幅值表达式:

$$U_1=M_1\left[\cos\left(\frac{\lambda}{V_1^p}z\right)+\sum_{n=1}^{\infty}\chi'_{1n}\cos(\beta_n z)\right]+N_1\left[\sin\left(\frac{\lambda}{V_1^p}z\right)-\sum_{n=1}^{\infty}\chi''_{1n}\cos(\beta_n z)\right] \tag{2.27}$$

式中:

$$\chi'_{1n}=\chi_{1n}\left\{\frac{\sin\left[\left(\dfrac{\lambda}{V_1^p}+\beta_n\right)H^s\right]}{\dfrac{\lambda}{V_1^p}+\beta_n}+\frac{\sin\left[\left(\dfrac{\lambda}{V_1^p}-\beta_n\right)H^s\right]}{\dfrac{\lambda}{V_1^p}-\beta_n}\right\} \tag{2.28}$$

$$\chi''_{1n}=\chi_{1n}\left\{\frac{\cos\left[\left(\dfrac{\lambda}{V_1^p}+\beta_n\right)H^s\right]-1}{\dfrac{\lambda}{V_1^p}+\beta_n}+\frac{\cos\left[\left(\dfrac{\lambda}{V_1^p}-\beta_n\right)H^s\right]-1}{\dfrac{\lambda}{V_1^p}-\beta_n}\right\} \tag{2.29}$$

$$\chi_{1n}=-\frac{\pi r_0(G^s+\eta^s\cdot s)\xi_n K_1(\xi_n r_0)}{\rho_1^p A_1^p[(\beta_n V_1^p)^2+s^2]\varphi_{1n}L_{1n}} \tag{2.30}$$

$$\varphi_{1n}=K_0(\xi_n r_0)+\frac{2\pi r_0(G^s+\eta^s\cdot s)\xi_n K_1(\xi_n r_0)}{\rho_1^p A_1^p[(\beta_n V_1^p)^2+s^2]} \tag{2.31}$$

$$L_{1n}=\int_0^{H^s}\cos^2(\beta_n z)\mathrm{d}z \tag{2.32}$$

对边界条件式(2.5b)进行 Laplace 变换,并将式(2.27)代入 Laplace 变换后的边界条件可得

$$\frac{M_1}{N_1}=-\frac{\sin\left(\dfrac{\lambda}{V_1^p}H\right)-\sum_{n=1}^{\infty}\chi''_{1n}\cos(\beta_n H)}{\cos\left(\dfrac{\lambda}{V_1^p}H\right)+\sum_{n=1}^{\infty}\chi'_{1n}\cos(\beta_n H)} \tag{2.33}$$

由位移阻抗函数的定义可得虚土桩桩顶的复阻抗函数为

$$Z_1(s)$$

$$=\frac{-E_1^p A_1^p\dfrac{\partial U_1}{\partial z}\bigg|_{z=H^p}}{U_1\big|_{z=H^p}}$$

$$=-E_1^p A_1^p\frac{-\dfrac{M_1}{N_1}\left[\dfrac{\lambda}{V_1^p}\sin\left(\dfrac{\lambda}{V_1^p}H^p\right)+\sum_{n=1}^{\infty}\chi'_{1n}\beta_n\sin(\beta_n H^p)\right]+\left[\dfrac{\lambda}{V_1^p}\cos\left(\dfrac{\lambda}{V_1^p}H^p\right)+\sum_{n=1}^{\infty}\chi''_{1n}\beta_n\sin(\beta_n H^p)\right]}{\dfrac{M_1}{N_1}\left[\cos\left(\dfrac{\lambda}{V_1^p}H^p\right)+\sum_{n=1}^{\infty}\chi'_{1n}\cos(\beta_n H^p)\right]+\left[\sin\left(\dfrac{\lambda}{V_1^p}H^p\right)-\sum_{n=1}^{\infty}\chi''_{1n}\cos(\beta_n H^p)\right]}$$

$$\tag{2.34}$$

将式(2.33)代入上式即可得到虚土桩桩顶位移阻抗函数解析式。

第二步:求解桩顶位移阻抗函数值。

桩顶位移阻抗函数的求解方法同求解虚土桩桩顶位移阻抗函数的方法,先对边界条

件式(2.6)进行 Laplace 变换,并将相应的桩身位移和桩侧土位移代入,可得

$$M_2 \cos\left(\frac{\lambda}{V_2^p} z\right) + N_2 \sin\left(\frac{\lambda}{V_2^p} z\right) + \sum_{n=1}^{\infty} \phi_{2n} \cos(\beta_n z) = \sum_{n=1}^{\infty} A_n K_0(\xi_n r_0) \cos(\beta_n z) \quad (2.35)$$

式中：M_2, N_2, ϕ_{2n} 为桩解的待定系数。

根据固有函数系 $\cos(\beta_n z)$ 的正交性,在式(2.35)两端乘以 $\cos(\beta_n z)$,然后在范围 $[0, H^p]$ 上积分,可得

$$\frac{M_2}{2} \left\{ \frac{\sin\left[\left(\frac{\lambda}{V_2^p} + \beta_n\right)H^p\right]}{\frac{\lambda}{V_2^p} + \beta_n} + \frac{\sin\left[\left(\frac{\lambda}{V_2^p} - \beta_n\right)H^p\right]}{\frac{\lambda}{V_2^p} - \beta_n} \right\} - \frac{N_2}{2} \left\{ \frac{\cos\left[\left(\frac{\lambda}{V_2^p} + \beta_n\right)H^p\right] - 1}{\frac{\lambda}{V_2^p} + \beta_n} + \frac{\cos\left[\left(\frac{\lambda}{V_2^p} - \beta_n\right)H^p\right] - 1}{\frac{\lambda}{V_2^p} - \beta_n} \right\}$$

$$= A_n \left\{ K_0(\xi_n r_0) + \frac{2\pi r_0 (G^s + \eta^s \cdot s)\xi_n K_1(\xi_n r_0)}{\rho_2^p A_2^p [(\beta_n V_2^p)^2 + s^2]} \right\} \int_0^{H^p} \cos^2(\beta_n z) \, dz \quad (2.36)$$

将式(2.36)代入式(2.23)可得桩的位移幅值表达式：

$$U_2 = M_2 \left[\cos\left(\frac{\lambda}{V_2^p} z\right) + \sum_{n=1}^{\infty} \chi_{2n}' \cos(\beta_n z) \right] + N_2 \left[\sin\left(\frac{\lambda}{V_2^p} z\right) - \sum_{n=1}^{\infty} \chi_{2n}'' \cos(\beta_n z) \right] \quad (2.37)$$

式中：

$$\chi_{2n}' = \chi_{2n} \left\{ \frac{\sin\left[\left(\frac{\lambda}{V_2^p} + \beta_n\right)H^p\right]}{\frac{\lambda}{V_2^p} + \beta_n} + \frac{\sin\left[\left(\frac{\lambda}{V_2^p} - \beta_n\right)H^p\right]}{\frac{\lambda}{V_2^p} - \beta_n} \right\} \quad (2.38)$$

$$\chi_{2n}'' = \chi_{2n} \left\{ \frac{\cos\left[\left(\frac{\lambda}{V_2^p} + \beta_n\right)H^p\right] - 1}{\frac{\lambda}{V_2^p} + \beta_n} + \frac{\cos\left[\left(\frac{\lambda}{V_2^p} - \beta_n\right)H^p\right] - 1}{\frac{\lambda}{V_2^p} - \beta_n} \right\} \quad (2.39)$$

$$\chi_{2n} = -\frac{\pi r_0 (G^s + \eta^s \cdot s)\xi_n K_1(\xi_n r_0)}{\rho_2^p A_2^p [(\beta_n V_2^p)^2 + s^2]\varphi_{2n} L_{2n}} \quad (2.40)$$

$$\varphi_{2n} = K_0(\xi_n r_0) + \frac{2\pi r_0 (G^s + \eta^s \cdot s)\xi_n K_1(\xi_n r_0)}{\rho_2^p A_2^p [(\beta_n V_2^p)^2 + s^2]} \quad (2.41)$$

$$L_{2n} = \int_0^{H^p} \cos^2(\beta_n z) \, dz \quad (2.42)$$

将虚土桩桩顶阻抗函数式(2.34)作为桩端的支承刚度代入桩的方程,由边界条件式 (2.5c)、(2.5d) 可得

$$Z_1(s) = -E_2^p A_2^p \frac{-\frac{M_2}{N_2}\left[\frac{\lambda}{V_2^p}\sin\left(\frac{\lambda}{V_2^p}H^p\right) + \sum_{n=1}^{\infty}\chi_{2n}'\beta_n\sin(\beta_n H^p)\right] + \left[\frac{\lambda}{V_2^p}\cos\left(\frac{\lambda}{V_2^p}H^p\right) + \sum_{n=1}^{\infty}\chi_{2n}''\beta_n\sin(\beta_n H^p)\right]}{\frac{M_2}{N_2}\left[\cos\left(\frac{\lambda}{V_2^p}H^p\right) + \sum_{n=1}^{\infty}\chi_{2n}'\cos(\beta_n H^p)\right] + \left[\sin\left(\frac{\lambda}{V_2^p}H^p\right) - \sum_{n=1}^{\infty}\chi_{2n}''\cos(\beta_n H^p)\right]}$$

$$(2.43)$$

将式(2.43)变换可得

$$\frac{M_2}{N_2} = \frac{\left[\frac{\lambda}{V_2^p}\cos\left(\frac{\lambda}{V_2^p}H^p\right) + \sum_{n=1}^{\infty}\chi_{2n}''\beta_n\sin(\beta_n H^p)\right] + \frac{Z_1(s)}{E_2^p A_2^p}\left[\sin\left(\frac{\lambda}{V_2^p}H^p\right) - \sum_{n=1}^{\infty}\chi_{2n}''\cos(\beta_n H^p)\right]}{\left[\frac{\lambda}{V_2^p}\sin\left(\frac{\lambda}{V_2^p}H^p\right) + \sum_{n=1}^{\infty}\chi_{2n}'\beta_n\sin(\beta_n H^p)\right] - \frac{Z_1(s)}{E_2^p A_2^p}\left[\cos\left(\frac{\lambda}{V_2^p}H^p\right) + \sum_{n=1}^{\infty}\chi_{2n}'\cos(\beta_n H^p)\right]} \quad (2.44)$$

由位移阻抗函数的定义可得桩顶的复阻抗函数为

$$Z_2(s) = \frac{-E_2^p A_2^p \left.\dfrac{\partial U_2}{\partial z}\right|_{z=0}}{U_2 \big|_{z=0}} = -\frac{E_2^p A_2^p}{H^p} Z_2'(s) \qquad (2.45)$$

式中：$Z_2'(s)$ 为无量纲桩顶复阻抗函数，满足

$$Z_2'(s) = \frac{\bar{\lambda}}{\dfrac{M_2}{N_2}\left(1 + \sum_{n=1}^{\infty} \chi_{2n}'\right) - \sum_{n=1}^{\infty} \chi_{2n}''} \qquad (2.46)$$

其中：$\bar{\lambda} = \lambda T_c$ 为无量纲参数；$T_c = \dfrac{H^p}{V_2^p}$ 为应力波在桩身中传播的时间。

将式（2.44）代入式（2.45）即可得到桩顶位移阻抗函数的解析式。

由桩顶位移阻抗函数可得桩顶位移响应函数：

$$G_u(s) = \frac{1}{Z_2(s)} = -\frac{H^p}{E_2^p A_2^p \bar{\lambda}}\left[\frac{M_2}{N_2}\left(1 + \sum_{n=1}^{\infty} \chi_{2n}'\right) - \sum_{n=1}^{\infty} \chi_{2n}''\right] \qquad (2.47)$$

进一步可得到桩顶速度响应函数，为

$$G_v(s) = \frac{s}{Z_2(s)} = -\frac{sH^p}{E_2^p A_2^p \bar{\lambda}}\left[\frac{M_2}{N_2}\left(1 + \sum_{n=1}^{\infty} \chi_{2n}'\right) - \sum_{n=1}^{\infty} \chi_{2n}''\right] \qquad (2.48)$$

令 $s = \mathrm{i}\omega$（$\mathrm{i} = \sqrt{-1}$ 为虚数单位，ω 为激振圆频率，与普通频率 f 的关系为 $\omega = 2\pi f$），可得以下参数。

（1）无量纲桩顶复刚度 K_d：其实部 K 代表了真实的桩顶动刚度，反映桩土系统抵抗纵向变形的能力，虚部 C 代表动阻尼，反映应力波的能量耗散特性，将桩顶复刚度表示成复数形式如下：

$$K_d = Z_2'(\mathrm{i}\omega) = K + \mathrm{i}C \qquad (2.49)$$

（2）桩顶位移频域响应：

$$H_u(\mathrm{i}\omega) = \frac{1}{Z_2(\mathrm{i}\omega)} = \frac{H^p}{E_2^p A_2^p} H_u' \qquad (2.50)$$

式中：H_u' 为无量纲桩顶位移响应函数，为

$$H_u' = -\frac{1}{\bar{\lambda}}\left[\frac{M_2}{N_2}\left(1 + \sum_{n=1}^{\infty} \chi_{2n}'\right) - \sum_{n=1}^{\infty} \chi_{2n}''\right] \qquad (2.51)$$

（3）相位差：

$$\theta(\omega) = \arctan\left[\frac{\mathrm{Im}(H_u)}{\mathrm{Re}(H_u)}\right] \qquad (2.52)$$

（4）桩顶速度频域响应（速度导纳）：

$$H_v(\mathrm{i}\omega) = \frac{\mathrm{i}\omega}{Z_2(\mathrm{i}\omega)} = -\frac{1}{\rho_2^p A_2^p V_2^p} H_v' \qquad (2.53)$$

式中：H_v' 为无量纲桩顶速度导纳函数，为

$$H_v' = \mathrm{i}\left[\frac{M_2}{N_2}\left(1 + \sum_{n=1}^{\infty} \chi_{2n}'\right) - \sum_{n=1}^{\infty} \chi_{2n}''\right] \qquad (2.54)$$

在基桩低应变动测时,可将桩顶荷载简化为半正弦脉冲激励,即 $q(t) = Q_{\max} \sin \dfrac{\pi t}{T}$ [其中 $t \in (0, T)$,T 为脉冲宽度,$Q_{\max}$ 为半正弦脉冲激励峰值],荷载形式如图 2.2 所示,根据 Fourier 变换的性质,对桩顶荷载与桩顶速度时域响应进行卷积可得在半正弦脉冲激励作用下的桩顶时域半解析解,表达如下:

$$V(t) = q(t)^* \mathrm{IFT}[H_v(\mathrm{i}\omega)] = \mathrm{IFT}[Q(\mathrm{i}\omega) \cdot H_v(\mathrm{i}\omega)]$$

$$= -\frac{Q_{\max}}{\rho_2^{\mathrm{p}} A_2^{\mathrm{p}} V_2^{\mathrm{p}}} V_v' \tag{2.55}$$

式中:IFT 表示求 Fourier 逆变换;$Q(\mathrm{i}\omega)$ 为荷载 $q(t)$ Laplace 变换形式,V_v' 为桩顶无量纲速度时域响应,为

$$V_v' = \frac{1}{2}\int_{-\infty}^{\infty} \mathrm{i}\left[\frac{M_2}{N_2}\left(1 + \sum_{n=1}^{\infty}\chi_{2n}'\right) - \sum_{n=1}^{\infty}\chi_{2n}''\right]\frac{\overline{T}}{\pi^2 - \overline{T}^2\overline{\omega}^2} \cdot (1 + \mathrm{e}^{-\mathrm{i}\overline{\omega}\overline{T}})\mathrm{e}^{\mathrm{i}\overline{\omega}\overline{t}}\mathrm{d}\overline{\omega} \tag{2.56}$$

式中:$\overline{\omega} = T_{\mathrm{c}}\omega$ 为无量纲频率;$\overline{T}$ 为无量纲脉冲宽度因子,且有 $\overline{T} = T/T_{\mathrm{c}}$;$\bar{t}$ 为无量纲时间,且有 $\bar{t} = t/T_{\mathrm{c}}$。

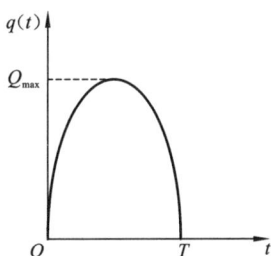

图 2.2   半正弦脉冲激振力

2.4   桩顶动力响应特性分析

在分析桩顶动力响应特性时,复杂的桩土动力相互作用可以由桩顶的位移频域响应及相频、复刚度、速度频域响应及时域响应来反映。因此,基于上述桩顶动力响应参数,本节通过积分反演结果分析不同桩身设计参数时桩端土厚度对桩顶动力响应特性的影响,其中均质地基土的计算参数如无特别说明,均取为密度 $1\,800\ \mathrm{kg/m^3}$、剪切波速 $180\ \mathrm{m/s}$、泊松比 0.4、黏性阻尼系数 $1\,000\ \mathrm{N \cdot s/m^3}$。

2.4.1   不同桩长时桩端土厚度的影响

桩长是影响桩基础承载力的重要参数之一,且现有研究表明,桩长也是影响桩土振动特性的主要参数。因此,首先讨论不同桩长时桩端土厚度对桩顶动力响应的影响。用于计算的桩身参数为:桩长分别为 $10\ \mathrm{m}$ 和 $20\ \mathrm{m}$,截面半径为 $0.5\ \mathrm{m}$,密度为 $2\,500\ \mathrm{kg/m^3}$,弹性纵波波速为 $3\,800\ \mathrm{m/s}$。定义桩身截面直径为 d,桩端土厚度 H^s 分别为 $0.5d$、$1d$、$3d$、$5d$、$10d$。

　　图2.3、图2.4反映了不同桩长时桩端土厚度对桩顶位移频域响应及相频的影响。由图2.3(a)及图2.4(a)可以看出,桩顶位移频域响应振动幅度的峰值随着激振频率的增大总体呈衰减趋势,最后趋于稳定。随着桩端土厚度的增加,桩顶位移频域响应的共振频率基本不变,但共振峰的幅值会逐渐减小,且当桩端土厚度增加到一定值之后,桩端土厚度再增大将不会对桩顶位移频域响应产生影响。由图2.3(b)及图2.4(b)可以看出,桩顶位移相频随着激振频率的增大呈现出稳态振荡趋势,且随着桩端土厚度的增加,共振频率基本不变,共振峰幅值逐渐减小。当桩端土厚度增加到一定值之后,桩端土厚度再增大将不会对桩顶位移相频产生影响。对比图2.3(a)和图2.4(a)及图2.3(b)和图2.4(b)可以看出,随着桩长的增大,桩顶位移频域响应及相频的共振频率基本不变,但共振峰的幅值明显减小,且桩越长,桩端土厚度变化对共振峰幅值的影响幅度越小,桩土动力响应对桩端土层的影响深度越浅。

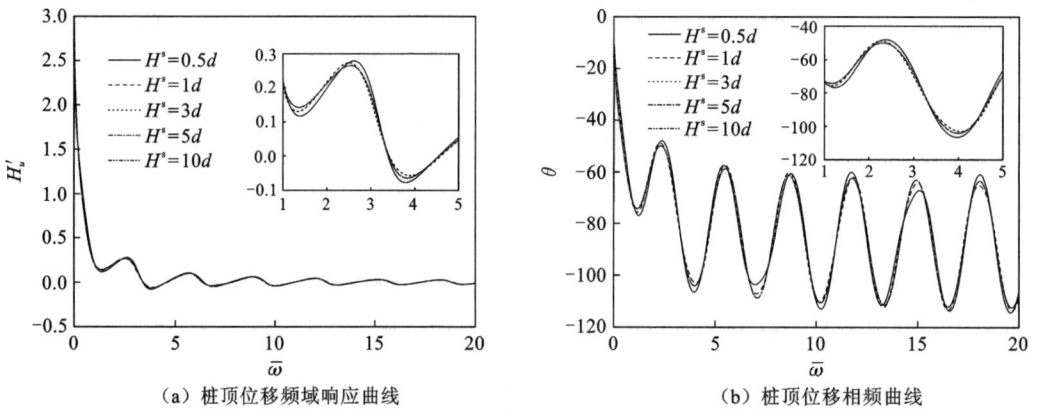

（a）桩顶位移频域响应曲线　　　　　　　（b）桩顶位移相频曲线

图 2.3　不同桩长时桩端土厚度对桩顶位移频域响应及相频的影响（$H^p = 10$ m）

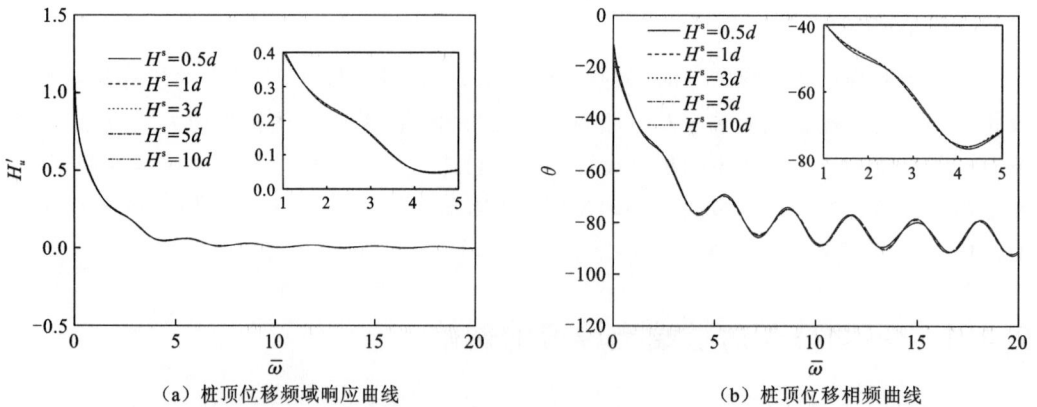

（a）桩顶位移频域响应曲线　　　　　　　（b）桩顶位移相频曲线

图 2.4　不同桩长时桩端土厚度对桩顶位移频域响应及相频的影响（$H^p = 20$ m）

　　图2.5、图2.6反映了不同桩长时桩端土厚度对桩顶复刚度的影响。由图可以看出,随

着桩端土厚度的增大,动刚度曲线和动阻尼曲线均逐渐接近,说明桩端较浅的土层对桩顶复刚度有影响,超过一定厚度范围后,这种影响可忽略。在动力基础设计关注的低频范围内还可以看出,随着桩端土厚度的增大,动刚度逐渐减小,动阻尼逐渐增大。对比图 2.5(a) 和图 2.6(a) 及图 2.5(b) 和图 2.6(b) 可以看出,桩越长,动刚度和动阻尼多阶共振峰的幅值均越小,但在动力基础设计关注的低频范围内,随着桩长的增大,动刚度和动阻尼均逐渐增大,但桩越长,动刚度和动阻尼变化的幅度越小。

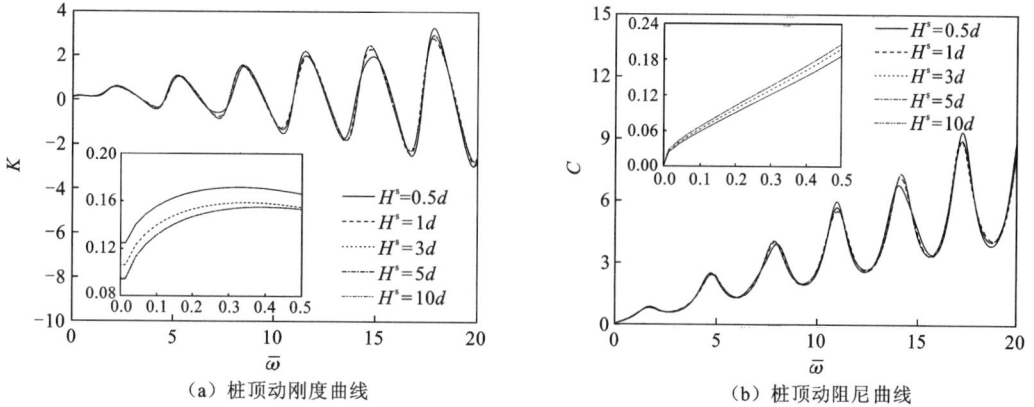

图 2.5 不同桩长时桩端土厚度对桩顶复刚度的影响($H^p = 10$ m)

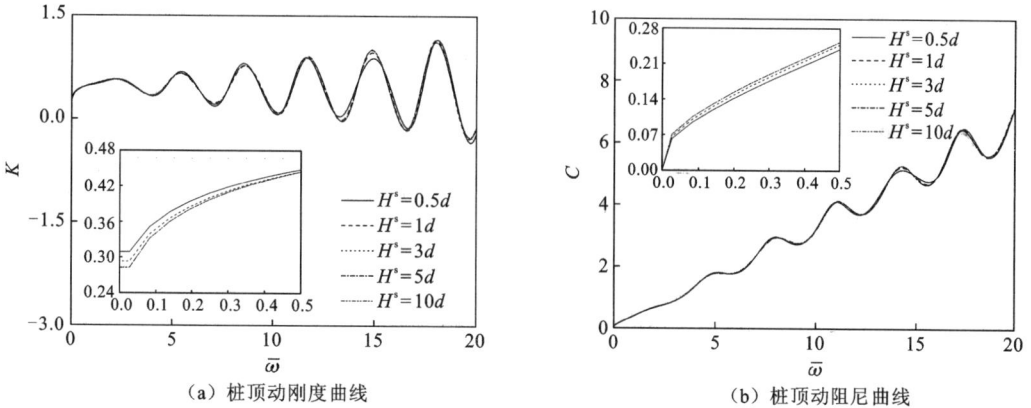

图 2.6 不同桩长时桩端土厚度对桩顶复刚度的影响($H^p = 20$ m)

图 2.7、图 2.8 反映了不同桩长时桩端土厚度对桩顶速度响应的影响。由图 2.7(a) 及图 2.8(a) 可以看出,当桩端土厚度在一定范围内时,速度频域响应曲线具有一定的振荡性质,振幅变化不规律。当桩端土厚度增大到一定值之后,速度频域响应曲线基本趋于一致。由图 2.7(b) 和图 2.8(b) 可以看出,随着桩端土厚度的增大,桩顶速度时域响应曲线也趋于一致,且桩越短,桩端土层受桩土振动的影响深度越深。但当桩端土厚度较小时,二次桩尖反射信号之前会出现来自基岩的反向反射信号,且桩越短,这种反向反射信号越明显。

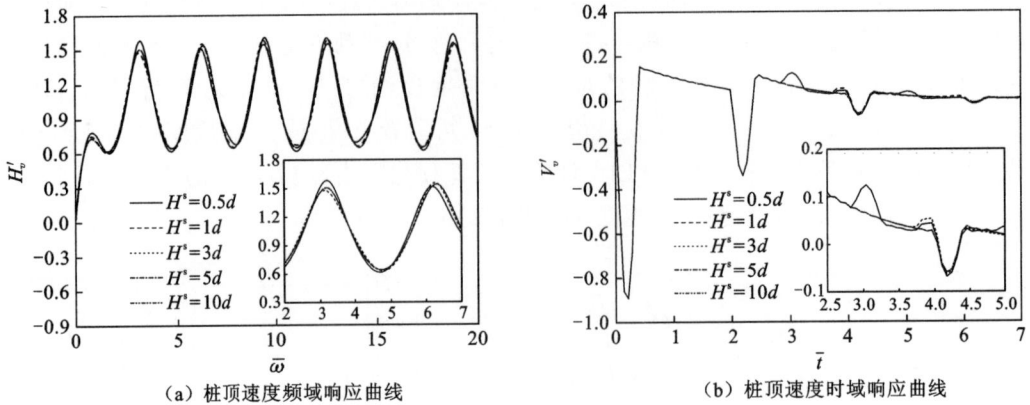

（a）桩顶速度频域响应曲线　　　　　　　　（b）桩顶速度时域响应曲线

图 2.7　不同桩长时桩端土厚度对桩顶速度响应的影响（$H^p = 10$ m）

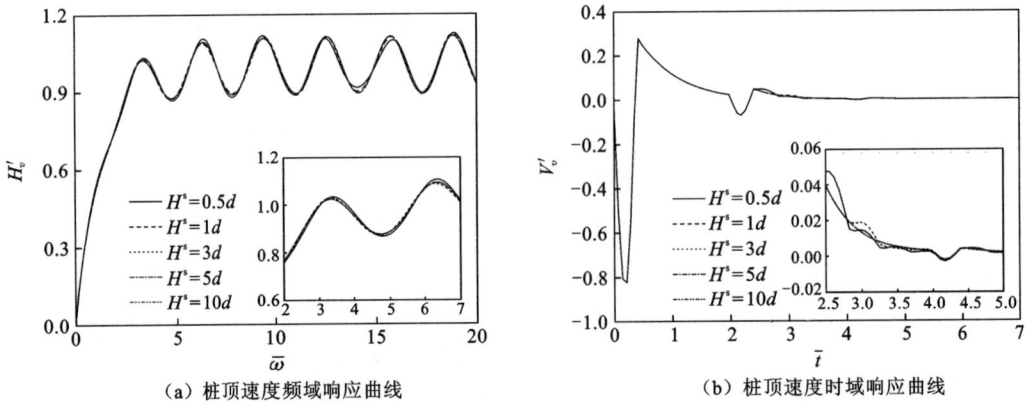

（a）桩顶速度频域响应曲线　　　　　　　　（b）桩顶速度时域响应曲线

图 2.8　不同桩长时桩端土厚度对桩顶速度响应的影响（$Hp = 20$ m）

2.4.2　不同桩径时桩端土厚度的影响

讨论不同桩径时桩端土厚度对桩顶动力响应的影响。用于计算的桩身参数为：桩长为 15 m，截面半径分别为 0.3 m 和 0.5 m，密度为 2 500 kg/m³，弹性纵波波速为 3 800 m/s。桩端土厚度 H^s 分别为 0.5d，1d，3d，5d，10d。

图 2.9、图 2.10 反映了不同桩径时桩端土厚度对桩顶位移频域响应及相频的影响。由图可以看出，当桩径较小时，桩端土厚度变化对桩顶位移频域响应及相频的影响较小，基本可忽略。但当桩径较大时，随着桩端土厚度的增大，桩顶位移频域响应及相频的各阶共振峰的幅值均逐渐减小，当桩端土厚度增大到一定值之后，桩端土厚度再增大将不会对桩顶位移频域响应及相频产生影响。

图 2.11、图 2.12 反映了不同桩径时桩端土厚度对桩顶复刚度的影响。由图可以看出，在动力基础设计关注的低频范围内，桩径较小时，随着桩端土厚度的增大，动刚度逐渐

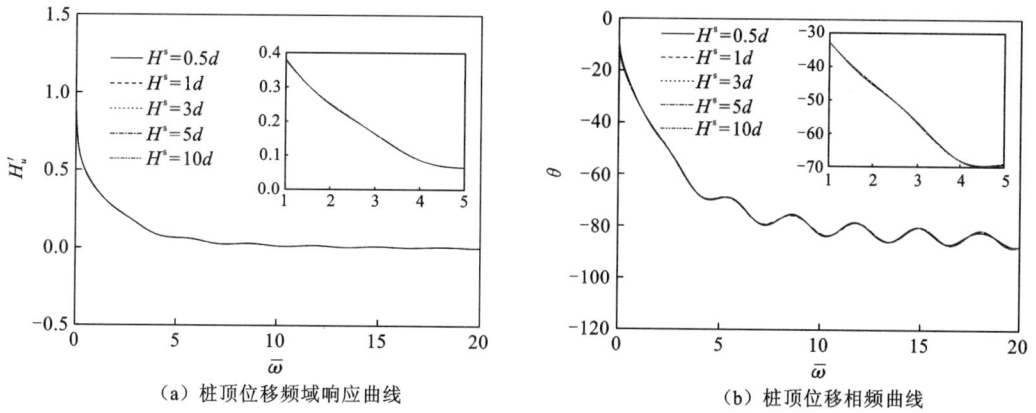

（a）桩顶位移频域响应曲线　　　　　　　（b）桩顶位移相频曲线

图 2.9　不同桩径时桩端土厚度对桩顶位移频域响应及相频的影响（$r_0 = 0.3$ m）

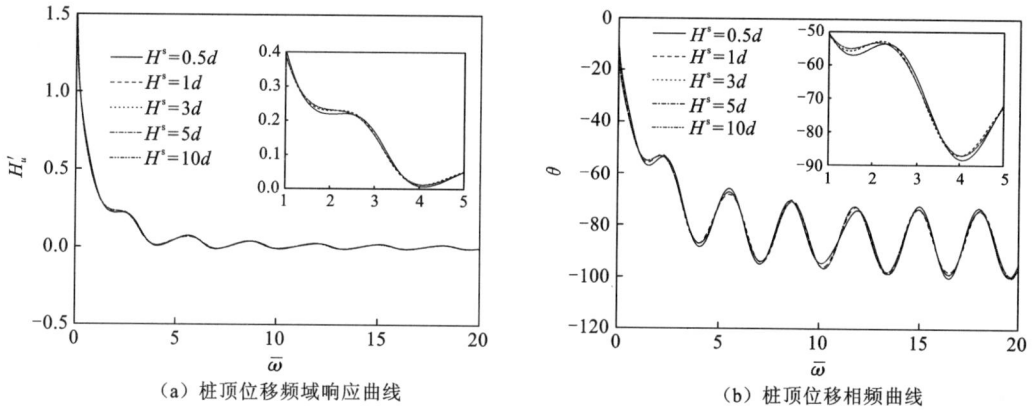

（a）桩顶位移频域响应曲线　　　　　　　（b）桩顶位移相频曲线

图 2.10　不同桩径时桩端土厚度对桩顶位移频域响应及相频的影响（$r_0 = 0.5$ m）

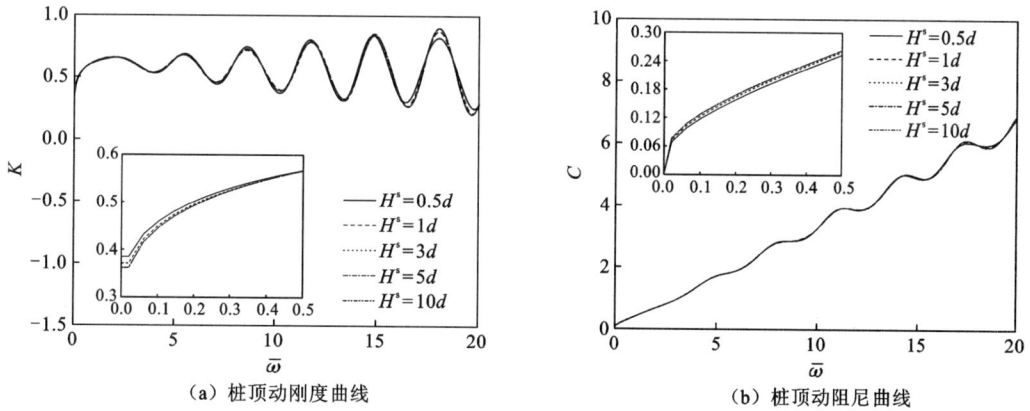

（a）桩顶动刚度曲线　　　　　　　　（b）桩顶动阻尼曲线

图 2.11　不同桩径时桩端土厚度对桩顶复刚度的影响（$r_0 = 0.3$ m）

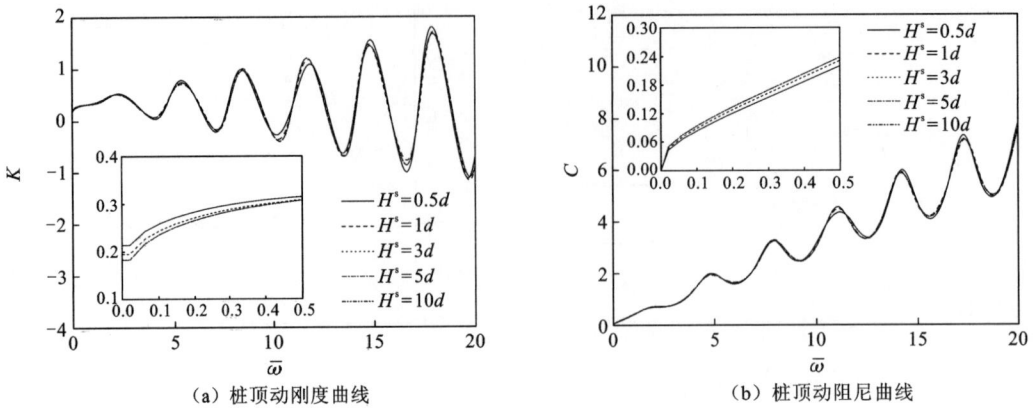

(a) 桩顶动刚度曲线　　　　　　　　　(b) 桩顶动阻尼曲线

图 2.12　不同桩径时桩端土厚度对桩顶复刚度的影响（$r_0 = 0.5$ m）

减小，动阻尼逐渐增大，但两者的变化幅度均较小，且当桩端土厚度增大到一定值之后，动刚度和动阻尼将不再受到桩端土厚度继续增大的影响。当桩径较大时，动刚度和动阻尼随着桩端土厚度增大的变化规律与桩径较小时一致，但变化幅度要比桩径较小时的变化幅度大。并且能看出，动刚度和动阻尼多阶共振峰的幅值随着桩径的增大而增大，但在动力基础设计关注的低频范围内，随着桩径的增大，动刚度和动阻尼均减小。

　　图 2.13、图 2.14 反映了不同桩径时桩端土厚度对桩顶速度响应的影响。由图 2.13(a) 及图 2.14(a) 可以看出，随着桩端土厚度的增大，桩顶速度频域响应曲线的共振频率基本不变，但共振峰幅值逐渐减小，且桩径越大，变化幅度越明显。当桩端土厚度增大到一定值之后，速度频域响应曲线基本趋于一致。由图 2.13(b) 和图 2.14(b) 可以看出，随着桩端土厚度的增大，桩顶速度时域响应曲线也趋于一致，且桩径越大时，桩端土层受桩土振动的影响深度越深。但当桩端土厚度较小时，二次桩尖反射信号之前会出现来自基岩的反向反射信号，且桩径越大，这种反向反射信号越明显。

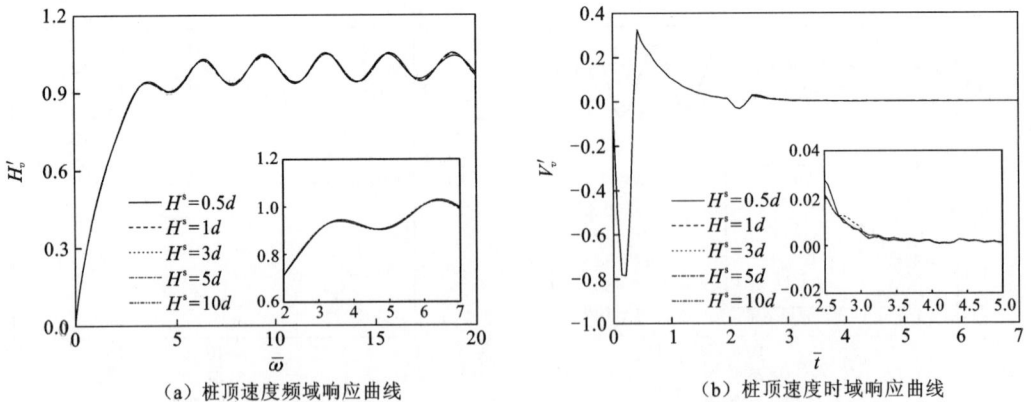

(a) 桩顶速度频域响应曲线　　　　　　　(b) 桩顶速度时域响应曲线

图 2.13　不同桩径时桩端土厚度对桩顶速度响应的影响（$r_0 = 0.3$ m）

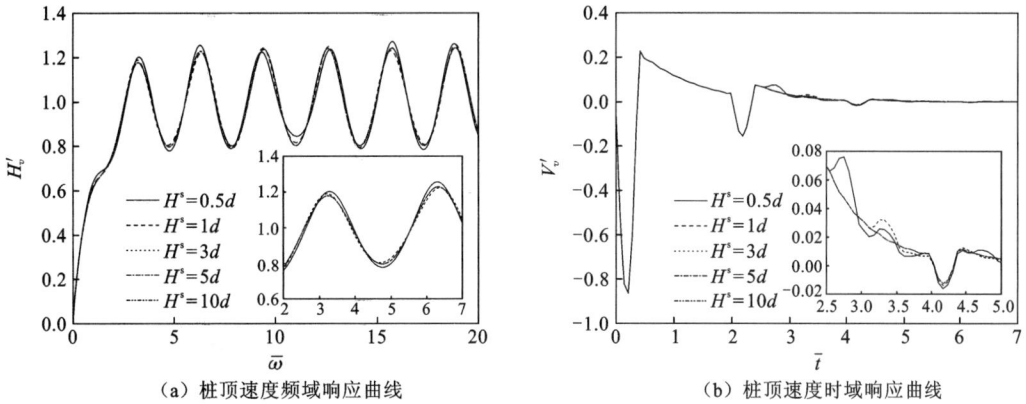

（a）桩顶速度频域响应曲线　　　　　　　　（b）桩顶速度时域响应曲线

图 2.14　不同桩径时桩端土厚度对桩顶速度响应的影响（$r_0 = 0.5$ m）

2.4.3　不同桩身波速时桩端土厚度的影响

讨论不同桩身混凝土等级时桩端土厚度对桩顶动力响应的影响,根据单因素分析原则,分析时变化桩身混凝土纵波波速来反映其等级的变化。用于计算的桩身参数为:桩长为 15 m,截面半径为 0.5 m,密度为 2 500 kg/m³,弹性纵波波速分别为 3 600 m/s 和 4 000 m/s。桩端土厚度 H^s 分别为 $0.5d$、$1d$、$3d$、$5d$、$10d$。

图 2.15、图 2.16 反映了不同桩身混凝土等级时桩端土厚度对桩顶位移频域响应及相频的影响。由图可以看出,对于不同等级的桩身混凝土,随着桩端土厚度的增大,桩顶位移频域响应及相频的共振频率基本不变,共振峰幅值逐渐变小,且当桩端土厚度大到一定值之后,桩顶位移频域响应及相频基本趋于一致。由图还可以看出,随着桩身混凝土等级的增大,桩顶位移频域响应及相频的共振频率不变,但共振峰幅值会逐渐增大,不过增幅较小。

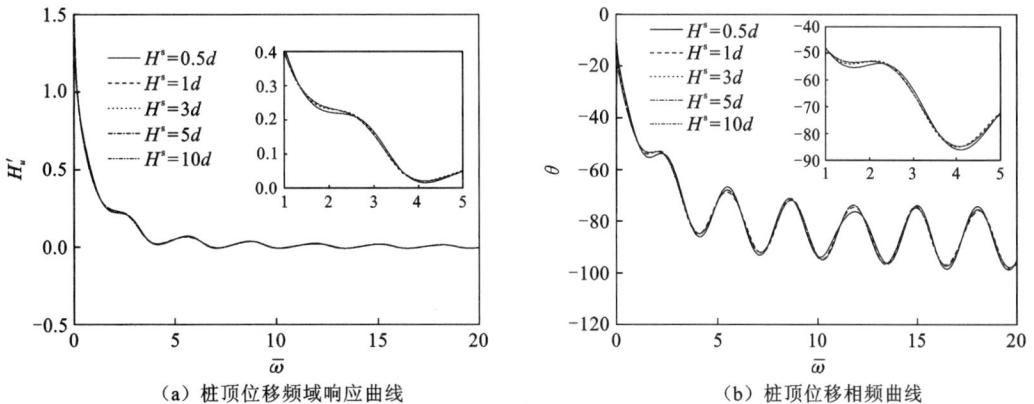

（a）桩顶位移频域响应曲线　　　　　　　　（b）桩顶位移相频曲线

图 2.15　不同桩身混凝土等级时桩端土厚度对桩顶位移频域响应及相频的影响（$V_2^p = 3\,600$ m/s）

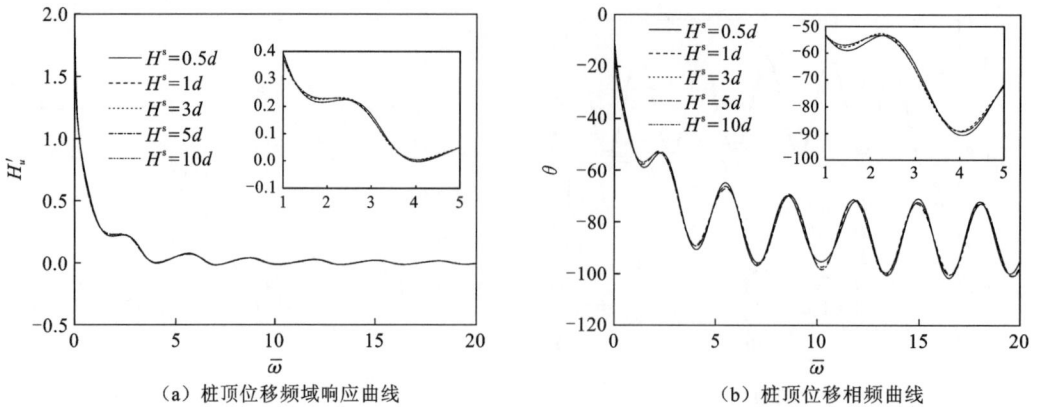

（a）桩顶位移频域响应曲线　　　　　　　（b）桩顶位移相频曲线

图 2.16　不同桩身混凝土等级时桩端土厚度对桩顶位移频域响应及相频的影响（$V_2^p = 4\,000$ m/s）

图 2.17、图 2.18 反映了不同桩身混凝土等级时桩端土厚度对桩顶复刚度的影响。由图可以看出，在动力基础设计关注的低频范围内，随着桩端土厚度的增大，动刚度逐渐减小，动阻尼逐渐增大，且当桩端土厚度增大到一定值之后，动刚度和动阻尼曲线将趋于一致。由图还可以看出，随着桩身混凝土等级的增大，动刚度曲线的共振频率基本不变，但共振峰幅值会逐渐增大，不过增幅较小。随着桩身混凝土等级的增大，动阻尼曲线的共振频率和共振峰幅值均基本不变。

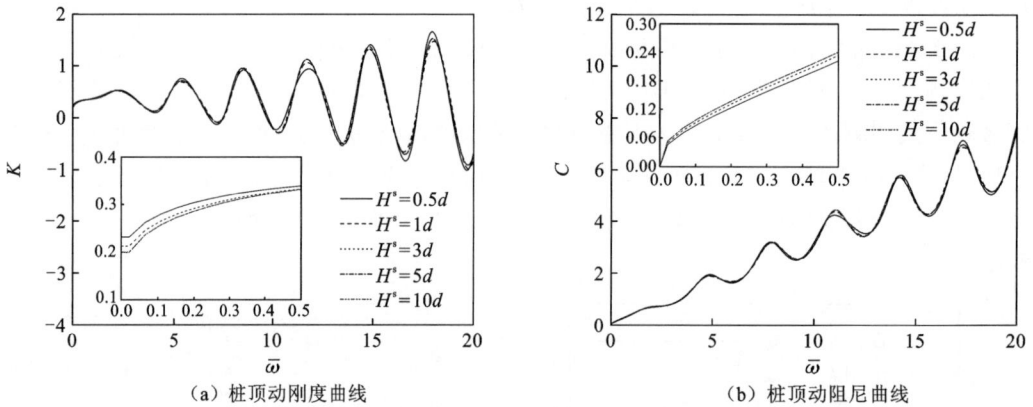

（a）桩顶动刚度曲线　　　　　　　（b）桩顶动阻尼曲线

图 2.17　不同桩身混凝土等级时桩端土厚度对桩顶复刚度的影响（$V_2^p = 3\,600$ m/s）

图 2.19、图 2.20 反映了不同桩身混凝土等级时桩端土厚度对桩顶速度响应的影响。由图 2.19（a）及图 2.20（a）可以看出，随着桩端土厚度的增大，桩顶速度频域响应曲线的共振频率基本不变，但共振峰幅值逐渐减小。当桩端土厚度增大到一定值之后，速度频域响应曲线基本趋于一致。对比两图还可以看出，随着桩身混凝土等级的增大，桩顶速度频域曲线的共振峰幅值也会逐渐增大，但共振频率基本不变。由图 2.19（b）和图 2.20（b）可以看出，随着桩端土厚度的增大，桩顶速度时域响应曲线也趋于一致。但当桩端土厚度较小时，二次桩尖反射信号之前会出现来自基岩的反向反射信号，且桩身混凝土等级越高，

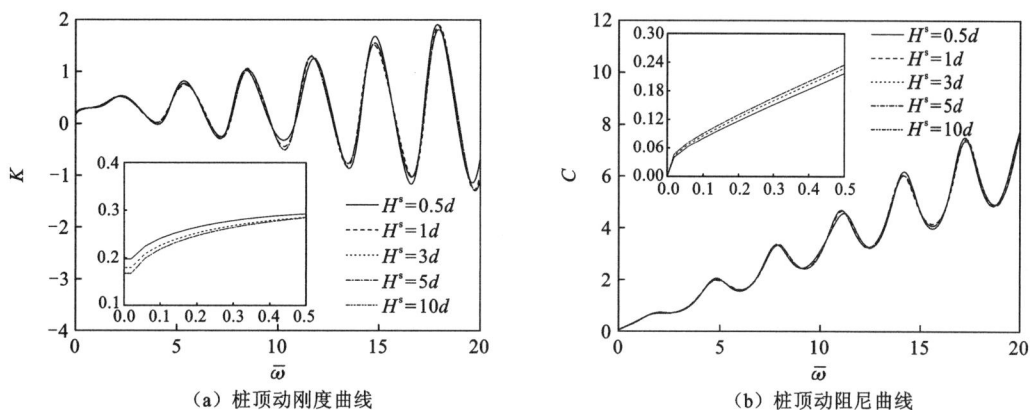

（a）桩顶动刚度曲线　　　　　　　　　（b）桩顶动阻尼曲线

图 2.18　不同桩身混凝土等级时桩端土厚度对桩顶复刚度的影响（$V_2^p = 4\,000\ \mathrm{m/s}$）

这种反向反射信号越明显。

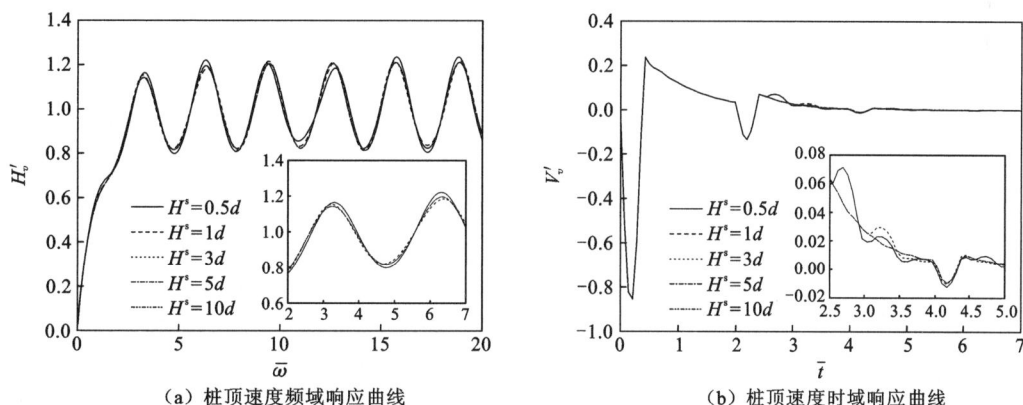

（a）桩顶速度频域响应曲线　　　　　　　（b）桩顶速度时域响应曲线

图 2.19　不同桩身混凝土等级时桩端土厚度对桩顶速度响应的影响（$V_2^p = 3\,600\ \mathrm{m/s}$）

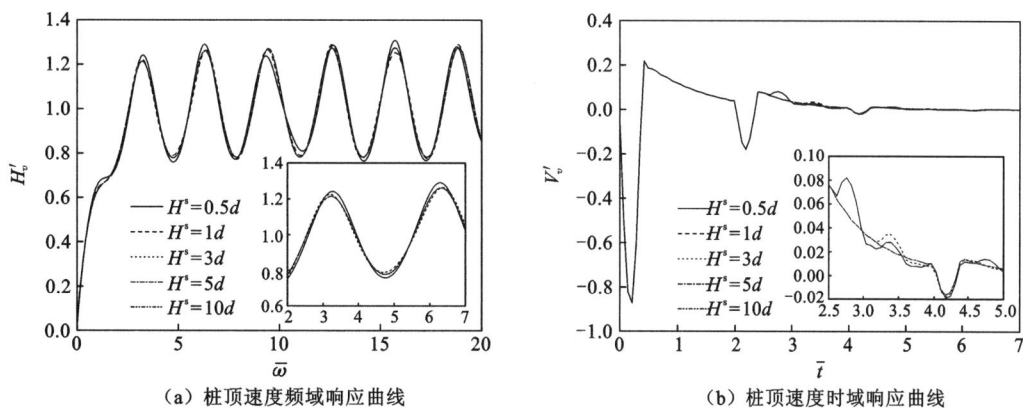

（a）桩顶速度频域响应曲线　　　　　　　（b）桩顶速度时域响应曲线

图 2.20　不同桩身混凝土等级时桩端土厚度对桩顶速度响应的影响（$V_2^p = 4\,000\ \mathrm{m/s}$）

2.5　虚土桩法与现有桩端支承模型对比研究

目前已有的桩基振动理论研究中,桩端土对桩的支承模型有以下几种:① 刚性支承;② 自由支承;③ 黏弹性支承(或弹性支承);④ 半无限空间介质支承。这几种支承模型一般综合用桩端土支承复刚度来表示,写成如下形式:

$$Z_b = k_b + \eta_b \cdot i\omega \qquad (2.57)$$

式中:k_b 为桩端支承刚度系数;η_b 为桩端支承阻尼系数。

现有文献中,很多学者对 k_b 和 η_b 的取值方法进行了研究,如 Lysmer 等[156] 提出了模拟公式法,Novak 等[2] 提出了常数取值法,Meyerholf[163] 提出了极限承载力理论法,Liang 等[164] 提出了 Q-z 曲线方程式法。上述这些方法均不能考虑桩端土的厚度及层状性质,具有很大的经验性。虚土桩法由于能考虑桩端土厚度及层状性质,因此在桩-桩端土动力相互作用分析中具有一定的应用潜力。接下来,将虚土桩模型与现有桩端支承模型进行对比分析,计算参数为:桩长为 15 m,截面半径为 0.5 m,密度为 2 500 kg/m³,弹性纵波波速为 3 800 m/s,桩端土厚度为 2d。

图 2.21 反映了不同桩端支承模型对桩顶复刚度的影响,图 2.22 反映了不同桩端支承模型对桩顶速度响应的影响。从速度时域曲线可以看出,当 k_b 和 η_b 取常数值时,桩尖一次反射信号的幅值介于桩端自由和桩端固定时的幅值之间,当 k_b 和 η_b 趋近 0 时,桩尖一次反射信号的幅值则趋向桩端自由桩,当 k_b 和 η_b 趋近无穷大时,桩尖一次反射信号的幅值则趋向桩端固定桩。从速度幅频曲线和复刚度曲线可以看出,对于黏弹性桩端支承模型,桩端固定支承与自由支承相比共振频率相位差为 180°,而通过虚土桩模型得到的共振频率则在两者之间。综合 2.4.1 节、2.4.2 节及 2.4.3 节的分析结果,由图 2.21、图 2.22 可以看出,针对桩端土质条件,对虚土桩模型选用合适的材料参数,其得到的桩端支承刚度值

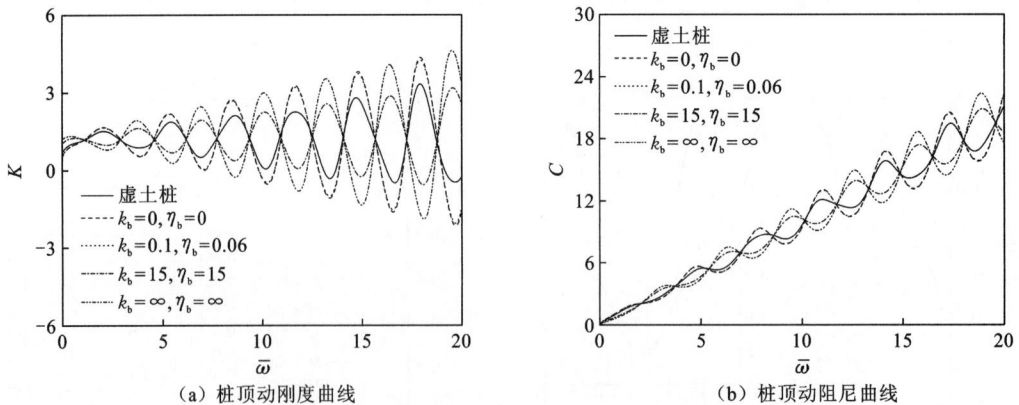

（a）桩顶动刚度曲线　　　　　　　　　　（b）桩顶动阻尼曲线

图 2.21　桩端支承模型对桩顶复刚度的影响

图中 k_b、η_b 值的大小表示了其他桩端土支承模型,当 $k_b = \infty$、$\eta_b = \infty$ 时为固定支承,
当 $k_b = 0$、$\eta_b = 0$ 时为自由支承,其余值为黏弹性支承

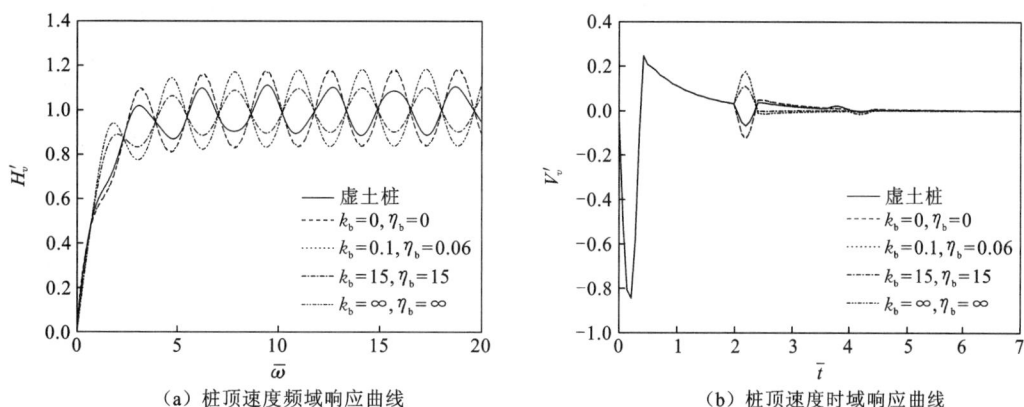

（a）桩顶速度频域响应曲线　　　　　（b）桩顶速度时域响应曲线

图 2.22　桩端支承模型对桩顶速度响应的影响

图中 k_b、η_b 值的大小表示了其他桩端土支承模型，当 $k_b = \infty$，$\eta_b = \infty$ 时为固定支承，

当 $k_b = 0$，$\eta_b = 0$ 时为自由支承，其余值为黏弹性支承

介于现有多种模型的计算值之间。但虚土桩模型能考虑桩端土的成层性及施工扰动效应，且虚土桩模型的参数可直接取桩端土的材料参数，而不必通过经验公式计算，能更加准确地反映桩端土对桩的支承作用，因此理论上更加严密。

2.6　本 章 小 结

本章考虑土体竖向位移及其黏性性质，基于虚土桩法对均质地基中桩土纵向振动问题进行了研究。采用分离变量法，在频域内得到了任意荷载作用下桩顶纵向复刚度、桩顶位移频域响应及相频、桩顶速度频域响应的严格解析解，在此基础上，利用 Fourier 变换和卷积定理给出了对应的半正弦脉冲激振作用下桩顶速度时域响应的半解析解。通过分析讨论得到以下结论：

（1）桩身动力响应只能影响到有限厚度的桩端土层，当桩端土层厚度超过一定值之后将不再受到桩身动力响应的影响，即桩端土对桩身动力响应的影响存在一个临界影响厚度，在临界影响厚度范围内，桩端土厚度的变化将会对桩身动力响应产生很大影响。

（2）随着桩长的增大，桩顶位移频域响应及相频、桩顶动刚度及动阻尼、桩顶速度频域响应的多阶共振峰的共振频率基本不变，但共振峰幅值会逐渐减小。在动力基础设计关注的低频范围内，随着桩长的增大，动刚度和动阻尼均逐渐增大。从桩顶速度时域响应曲线可以看出，桩越长，二次桩尖反射信号之前的反向反射信号越弱。由分析还可以得出，桩越短，桩身动力响应对桩端土的影响深度越深。

（3）当桩径较小时，桩端土厚度的变化对桩顶位移频域响应及相频的影响基本可忽略，当桩径较大时，桩顶位移频域响应及相频的多阶共振峰的幅值随着桩端土厚度的增大而逐渐减小。随着桩径的增大，动刚度和动阻尼多阶共振峰的幅值均增大。随着桩径的增大，桩顶速度频域响应曲线的多阶共振峰的幅值逐渐增大，但共振频率基本不变。并且还可以发现,桩径越大,二次桩尖反射信号之前的反向反射信号越强,且桩径越大,桩身动力响应对桩端土的影响深度越深。

(4)随着桩身混凝土等级的增大,桩顶位移频域响应及相频、桩顶动刚度及动阻尼、桩顶速度频域响应的多阶共振峰的共振频率基本不变,但共振峰幅值会逐渐增大。在动力基础设计关注的低频范围内,桩身混凝土等级越大,桩顶动刚度越小。并且还可以发现,桩身混凝土等级越大,二次桩尖反射信号之前的反向反射信号越强。

(5)通过将虚土桩模型与现有其他理论模型对比发现,针对相应桩端土质条件,对虚土桩模型选用合适的材料参数,其得到的桩端支承刚度值介于现有多种模型的计算值之间。但虚土桩模型能考虑桩端土的成层性及施工扰动效应,且虚土桩模型的参数直接可取桩端土的材料参数,而不必通过经验公式计算,能更加准确地反映桩端土对桩的支承作用,因此理论上更加严密。因此,虚土桩模型能够较真实地反映桩与桩端土的相互作用机理,是一个比较严格的理论分析模型。

第3章 成层地基中基于虚土桩法的桩纵向振动理论

3.1 引 言

众所周知,成层性是地基土的重要特征之一,土的成层性势必会对桩基振动特性产生影响。近年来,多位学者对成层土中基桩纵向振动问题进行了比较系统的研究。王宏志等[38]采用积分变换法得到了多层土中桩的振动半解析解,并详细分析了桩侧多层土体刚度因子等因素对桩顶动力响应的影响。王奎华等[21]将桩侧土体对桩身的作用简化为广义Voigt模型,对成层地基中桩身截面(或材质)有突变情况下桩的纵向振动问题进行了系统研究,并重点分析了桩侧土体软硬夹层对桩顶动力响应的影响。之后,胡昌斌[165]提出了土层层间相互作用简化数学模型,并在此基础上用解析的方法较系统地研究了成层地基中基桩的纵向振动问题。阙仁波[166]在胡昌斌工作的基础上,通过引入两个势函数,对考虑三维波动效应时成层地基中的桩土耦合振动问题进行了研究。上述研究对桩侧土体的成层性研究比较充分,但对于桩与桩端土的动力相互作用问题,要么假定桩端为刚性支承,要么假定桩端为黏弹性支承,均无法考虑桩端土的成层性。尤其是对于未完全将桩端沉渣冲出的钻孔灌注桩来说,以上研究均无法考虑沉渣的存在对桩顶动力响应的影响。

大量工程实践表明,桩端沉渣的存在对桩的承载性能有着重要影响,因为沉渣是松散的,它的承载能力远小于桩端没有经过破坏的地基,它的存在使桩的极限承载力降低,并且使桩端沉降过大,从而导致基础不均匀沉降,影响建筑物的正常使用。因此,如何检测桩端沉渣厚度对钻孔灌注桩的质量控制至关重要。传统的检测方法为采用测绳量测,这种方法误差大,且不能确定成桩后的最终结果。钻孔取芯法和超声波透射法均能直观地观察沉渣情况,但这两种方法均耗时长,费用大,不可能对整个区域进行控制。但利用低应变检测信号在桩尖处的反射特征可以定性地判断桩端沉渣的情况,于是蔡邦国等[167]、旺昕等[168]、吴继敏等[169]、刘煜洲等[170]分别从试验、数值仿真分析和理论研究三个方向尝试建立桩端沉渣与桩顶动力响应曲线的对应关系,并得到了一些有意义的结论,但由于桩端沉渣性质复杂和桩端土的成层性,现有研究成果仍没有完全解决该问题。

为此,本章采用虚土桩法建立了桩侧土和桩端土均为层状时的桩土耦合振动的定解问题,结合阻抗函数递推特性,通过分离变量法、积分变换等方法得到了桩顶频域响应的解析解及对应的桩顶速度时域响应的半解析解。基于所得解,分析了桩端土层状特性对桩顶动力响应的影响,并详细分析了多种工况下桩端沉渣特性对桩顶动力响应的影响。

3.2 桩土耦合振动的定解问题

3.2.1 计算简图与基本假设

本章研究的是成层地基中考虑土体竖向波动效应且桩-桩侧土、桩-桩端土严格耦合时的黏弹性桩纵向振动问题,桩土系统耦合振动模型如图 3.1 所示。基于虚土桩法,根据桩侧土和桩端土的成层性情况把虚土桩-土系统、桩-土系统共分为 m 段,自虚土桩桩身底部开始依次编号为 $1,2,\cdots,j,\cdots,m$,各段厚度分别为 $l_1,l_2,\cdots,l_j,\cdots,l_m$,各段顶部深度分别为 $h_1,h_2,\cdots,h_j,\cdots,h_m$,每一段桩土系统内桩和土的材料为均质,桩身横截面尺寸相同。r_j^p 为第 j 段桩(虚土桩)的截面半径,H^p 为桩长,H^s 为桩端土厚度,桩顶作用有任意激振力 $q(t)$。

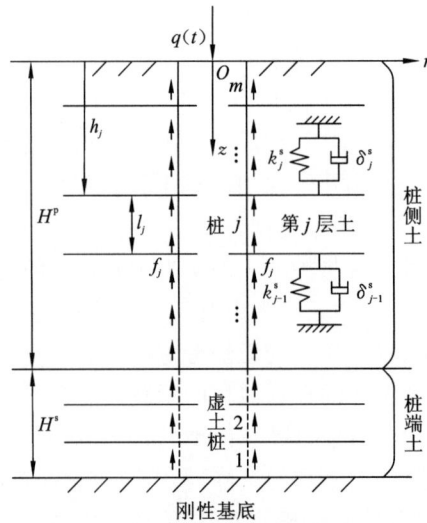

图 3.1 桩土耦合振动模型

假设下列条件成立:

(1) 桩侧土及桩端土为纵向成层、各向同性的线性黏弹性体,土体材料阻尼为黏性阻尼,阻力力与应变率成正比,第 j 层土的黏性比例系数为 η_j^s;

(2) 土层上表面为自由边界,无正应力、剪应力,桩端土层底部为刚性支承边界;

(3) 桩侧土及桩端土层间的相互作用等效为分布式的 Voigt 模型,第 j 层土体上层对其作用的 Voigt 模型的弹性系数和阻尼系数分别为 k_j^s 和 δ_j^s,第 j 层土体下层对其作用的 Voigt 模型的弹性系数和阻尼系数分别为 k_{j-1}^s 和 δ_{j-1}^s;

(4) 桩-土系统纵向振动时,考虑桩侧土竖向波动效应,桩侧土径向位移可忽略;

(5) 桩及虚土桩均为线性黏弹性、竖直、圆形均匀截面桩,桩与虚土桩各段交界面处应力应变连续；

（6）桩土系统振动为小变形振动，桩（虚土桩）与桩侧土完全连续接触。

3.2.2 桩土系统纵向耦合振动控制方程

取第 j 层土体中任一点的纵向振动位移为 $w_j = w_j(r, z, t)$，根据黏弹性动力学理论，建立轴对称情况下考虑土体竖向位移的黏弹性土体纵向振动的控制方程如下：

$$(\lambda_j^s + 2G_j^s) \frac{\partial^2 w_j}{\partial z^2} + G_j^s \left(\frac{1}{r} \frac{\partial w_j}{\partial r} + \frac{\partial^2 w_j}{\partial r^2} \right) + \eta_j^s \frac{\partial}{\partial t} \left(\frac{\partial^2 w_j}{\partial z^2} \right) + \eta_j^s \frac{\partial}{\partial t} \left(\frac{1}{r} \frac{\partial w_j}{\partial r} + \frac{\partial^2 w_j}{\partial r^2} \right) = \rho_j^s \frac{\partial^2 w_j}{\partial t^2}$$

$$(3.1a)$$

式中：λ_j^s、G_j^s 为第 j 层土体 Lame 常数。且有

$$\lambda_j^s = E_j^s \mu_j^s / [(1 + \mu_j^s)(1 - 2\mu_j^s)], \quad G_j^s = \rho_j^s (V_j^s)^2 \quad (3.1b)$$

其中：E_j^s、μ_j^s、V_j^s、η_j^s、ρ_j^s 分别为第 j 层土体的弹性模量、泊松比、剪切波速、黏性阻尼系数和密度。

对于黏性阻尼土体，可得第 j 层土体内任一点的剪应力 $\tau_{rzj}^s = \tau_{rzj}^s(r, z, t)$ 如下：

$$\tau_{rzj}^s = G_j^s \frac{\partial w_j}{\partial r} + \eta_j^s \frac{\partial^2 w_j}{\partial t \partial r} \quad (3.2)$$

假定桩（虚土桩）为一维黏弹性体，第 j 段桩（虚土桩）的纵向振动位移用 $u_j = u_j(z, t)$ 表示，且第 j 层土体对该段桩（虚土桩）身单位面积的侧壁切应力为 $\tau_{rzj}^s(r_j^p, z, t)$，根据 Euler-Bernoulli 杆件理论，可得第 j 段黏弹性桩（虚土桩）作纵向振动的控制方程如下：

$$E_j^p A_j^p \frac{\partial^2 u_j}{\partial z^2} + A_j^p \eta_j^p \frac{\partial^3 u_j}{\partial t \partial z^2} - m_j^p \frac{\partial^2 u_j}{\partial t^2} - f_j = 0 \quad (3.3)$$

式中：E_j^p、A_j^p、m_j^p 和 η_j^p 分别为第 j 段桩（虚土桩）的弹性模量、桩身截面面积、单位长度质量及桩材料黏性阻尼系数，$f_j = 2\pi r_j^p \tau_{rzj}^s(r_j^p, z, t)$。

3.2.3 桩土系统边界条件及初始条件

结合假设条件，在整体坐标系中建立桩土系统边界条件和初始条件如下。

1. 第 j 层土体的边界条件

第 j 层土体顶面：$\quad E_j^s \frac{\partial w_j}{\partial z} \bigg|_{z=h_j} = \left(k_j^s w_j + \delta_j^s \frac{\partial w_j}{\partial t} \right) \bigg|_{z=h_j} \quad (3.4a)$

第 j 层土体底面：$\quad E_j^s \frac{\partial w_j}{\partial z} \bigg|_{z=h_j+l_j} = -\left(k_{j-1}^s w_j + \delta_{j-1}^s \frac{\partial w_j}{\partial t} \right) \bigg|_{z=h_j+l_j} \quad (3.4b)$

水平无穷远处：$\quad \sigma_j(\infty, z) = 0, \ w_j(\infty, z) = 0 \quad (3.4c)$

2. 第 j 段黏弹性桩（虚土桩）的边界条件

第 j 段桩（虚土桩）顶部：$\quad \left[\frac{\partial u_j}{\partial z} + \frac{\eta_j^p}{E_j^p} \frac{\partial^2 u_j}{\partial z \partial t} \right] \bigg|_{z=h_j} = -\frac{Z_j(s) u_j}{E_j^p A_j^p} \bigg|_{z=h_j} \quad (3.5a)$

第 j 段桩(虚土桩)底部：
$$\left[\frac{\partial u_j}{\partial z}+\frac{\eta_j^{\mathrm{p}}}{E_j^{\mathrm{p}}}\frac{\partial^2 u_j}{\partial z\partial t}\right]\bigg|_{z=h_j+l_j}=-\frac{Z_{j-1}(s)u_j}{E_j^{\mathrm{p}}A_j^{\mathrm{p}}}\bigg|_{z=h_j+l_j} \qquad (3.5\mathrm{b})$$

式中：$Z_j(s)$、$Z_{j-1}(s)$ 分别为第 j 段桩(虚土桩)顶部和底部的位移阻抗函数。

3. 桩土接触面上的边界条件

$$w(r_j^{\mathrm{p}},z,t)=u_j(z,t) \qquad (3.6)$$

4. 桩土系统的初始条件

第 j 层土体：
$$w_j\big|_{t=0}=0,\quad \frac{\partial w_j}{\partial t}\bigg|_{t=0}=0,\quad \frac{\partial^2 w_j}{\partial t^2}\bigg|_{t=0}=0 \qquad (3.7\mathrm{a})$$

第 j 段桩(虚土桩)：
$$u_j\big|_{t=0}=0,\quad \frac{\partial u_j}{\partial t}\bigg|_{t=0}=0 \qquad (3.7\mathrm{b})$$

3.3　定解问题的求解

3.3.1　桩侧土体振动问题

令 $W_j(r,z,s)$ 为 $w(r_j^{\mathrm{p}},z,t)$ 的 Laplace 变换形式，结合初始条件式(3.7a)，对第 j 层土体动力控制方程式(3.1a)两边进行 Laplace 变换并化简可得

$$(\lambda_j^{\mathrm{s}}+2G_j^{\mathrm{s}}+\eta_j^{\mathrm{s}}\cdot s)\frac{\partial^2 W_j}{\partial z^2}+(G_j^{\mathrm{s}}+\eta_j^{\mathrm{s}}\cdot s)\left(\frac{1}{r}\frac{\partial W_j}{\partial r}+\frac{\partial^2 W_j}{\partial r^2}\right)=\rho_j^{\mathrm{s}}s^2 W_j \qquad (3.8)$$

式中：$W_j(r,z,s)=\int_0^{+\infty}w_j(r,z,t)\mathrm{e}^{-st}\mathrm{d}t$；$s$ 为 Laplace 变换常数。

采用分离变量法，令第 j 层土体位移 $W_j(r,z,s)=R_j(r)Z_j(z)$，将其代入式(3.8)并化简可得

$$(\lambda_j^{\mathrm{s}}+2G_j^{\mathrm{s}}+\eta_j^{\mathrm{s}}\cdot s)\frac{1}{Z_j(z)}\frac{\partial^2 Z_j(z)}{\partial z^2}+(G_j^{\mathrm{s}}+\eta_j^{\mathrm{s}}\cdot s)\frac{1}{R_j(r)}\left[\frac{1}{r}\frac{\partial R_j(r)}{\partial r}+\frac{\partial^2 R_j(r)}{\partial r^2}\right]=\rho_j^{\mathrm{s}}s^2 \qquad (3.9)$$

根据式(3.9)的特点，将其分解为两个常微分方程：

$$\frac{\mathrm{d}^2 R_j(r)}{\mathrm{d}r^2}+\frac{1}{r}\frac{\mathrm{d}R_j(r)}{\mathrm{d}r}-\xi_j^2 R_j(r)=0 \qquad (3.10)$$

$$\frac{\mathrm{d}^2 Z_j(z)}{\mathrm{d}z^2}+\beta_j^2 Z_j(z)=0 \qquad (3.11)$$

式中：ξ_j、β_j 为常数，且满足如下关系式：

$$-(\lambda_j^{\mathrm{s}}+2G_j^{\mathrm{s}}+\eta_j^{\mathrm{s}}\cdot s)\beta_j^2+(G_j^{\mathrm{s}}+\eta_j^{\mathrm{s}}\cdot s)\xi_j^2=\rho_j^{\mathrm{s}}s^2 \qquad (3.12)$$

将式(3.12)变形可得

$$\xi_j^2 = \frac{(\lambda_j^s + 2G_j^s + \eta_j^s \cdot s)\beta_j^2 + \rho_j^s s^2}{G_j^s + \eta_j^s \cdot s} \tag{3.13}$$

式(3.10)、式(3.11)的通解分别为

$$R_j(r) = A_j K_0(\xi_j r) + B_j I_0(\xi_j r) \tag{3.14}$$

$$Z_j(z) = C_j \sin(\beta_j z) + D_j \cos(\beta_j z) \tag{3.15}$$

式中：$I_0(\cdot)$、$K_0(\cdot)$ 分别为零阶第一类、第二类虚宗量 Bessel 函数；A_j、B_j、C_j 和 D_j 为由边界条件确定的待定系数。

由式(3.14)、式(3.15) 可以得到第 j 层土体位移 $W_j(r,z,s)$ 的表达式如下：

$$W_j(r,z,s) = [A_j K_0(\xi_j r) + B_j I_0(\xi_j r)][C_j \sin(\beta_j z) + D_j \cos(\beta_j z)] \tag{3.16}$$

对第 j 层土体边界条件式(3.4)进行 Laplace 变换，同时将整体坐标系进行局部化，即将局部坐标的零点建立在第 j 层土体的顶部，原来整体坐标中的 $z = h_j$、$z = h_j + l_j$ 分别变换为 $z' = 0$、$z' = l_j$，可得

$$\left[\frac{(k_j^s + \delta_j^s \cdot s)}{E_j^s} W_j(r,z',s) - \frac{\partial W_j(r,z',s)}{\partial z'}\right]\bigg|_{z'=0} = 0 \tag{3.17a}$$

$$\left[\frac{(k_{j-1}^s + \delta_{j-1}^s \cdot s)}{E_j^s} W_j(r,z',s) + \frac{\partial W_j(r,z',s)}{\partial z'}\right]\bigg|_{z'=l_j} = 0 \tag{3.17b}$$

$$\bar{\sigma}_j(\infty,z') = 0, \quad W_j(\infty,z') = 0 \tag{3.17c}$$

式中：$\bar{\sigma}_j$ 为局部坐标系中的土体正应力。

由虚宗量 Bessel 函数的性质可知：当 $r \to \infty$ 时，$I_0(\cdot) \to \infty$，$K_0(\cdot) \to 0$，结合边界条件式(3.17c) 可以得到 $B_j = 0$。由边界条件式(3.17a)、式(3.17b) 可以得到

$$\tan(\beta_j l_j) = \frac{\left(\dfrac{k_j^s + \delta_j^s \cdot s}{E_j^s} l_j + \dfrac{k_{j-1}^s + \delta_{j-1}^s \cdot s}{E_j^s} l_j\right)\beta_j l_j}{(\beta_j l_j)^2 - \left(\dfrac{k_j^s + \delta_j^s \cdot s}{E_j^s} l_j\right)\left(\dfrac{k_{j-1}^s + \delta_{j-1}^s \cdot s}{E_j^s} l_j\right)} = \frac{(\overline{K}_j + \overline{K}_j')\beta_j l_j}{(\beta_j l_j)^2 - \overline{K}_j \overline{K}_j'} \tag{3.18}$$

式中：$\overline{K}_j = \dfrac{k_j^s + \delta_j^s \cdot s}{E_j^s} l_j$、$\overline{K}_j' = \dfrac{k_{j-1}^s + \delta_{j-1}^s \cdot s}{E_j^s} l_j$ 分别为第 j 层土体顶部和底部复刚度作用的无量纲参数。

将 $s = i\omega$ 代入超越方程式(3.18)，并在频域内采用二分法对其进行求解，可以得到一系列特征值 β_{jn}，将 β_{jn} 代入式(3.13)，可以得到一系列与其对应的特征值 ξ_{jn}。

至此，可以将第 j 层土体的振动位移 $W_j(r,z',s)$ 写成如下形式：

$$W_j(r,z',s) = \sum_{n=1}^{\infty} A_{jn} K_0(\xi_{jn} r) \sin(\beta_{jn} z' + \phi_{jn}) \tag{3.19}$$

式中：$\phi_{jn} = \arctan(\beta_{jn} l_j / \overline{K}_j)$；$A_{jn}$ 为一系列由边界条件决定的常数，反映了土层各阶振动模态与桩的耦合振动作用。

由式(3.19)可得第 j 层土体对第 j 段桩(虚土桩)侧单位面积的侧壁应力，表达式如下：

$$\tau_{rzj}^s(r_j^p,z',s) = (G_j^s + \eta_j^s \cdot s) \sum_{n=1}^{\infty} A_{jn} \xi_{jn} K_1(\xi_{jn} r_j^p) \sin(\beta_{jn} z' + \phi_{jn}) \tag{3.20}$$

式中：$K_1(\cdot)$ 为一阶第二类虚宗量 Bessel 函数。

3.3.2 第 1 段虚土桩桩身振动问题

令 $U_1(z,s)$ 为第 1 段虚土桩桩身位移 $u_1(z,t)$ 的 Laplace 变换形式,对式(3.3)进行 Laplace 变换,并采用局部坐标系,可得

$$(V_1^p)^2 \left(1 + \frac{\eta_1^p}{E_1^p} \cdot s\right) \frac{\partial^2 U_1}{\partial z'^2} - s^2 U_1 - \frac{2\pi r_1^p}{\rho_1^p A_1^p}(G_1^s + \eta_1^s \cdot s) \sum_{n=1}^{\infty} A_{1n} \xi_{1n} K_1(\xi_{1n} r_1^p) \sin(\beta_{1n} z' + \phi_{1n}) = 0$$

$$(3.21)$$

式中:$V_1^p = \sqrt{E_1^p/\rho_1^p}$ 为第 1 段虚土桩桩身的一维弹性纵波波速,ρ_j^p 为第 j 段桩身密度。

式(3.21)齐次式的通解 $U_1^\#$ 为

$$U_1^\# = M_1 \cos(\bar{\lambda}_1 z'/l_1) + N_1 \sin(\bar{\lambda}_1 z'/l_1) \tag{3.22}$$

式中:M_1, N_1 为虚土桩解的待定系数,$\bar{\lambda}_1$ 为无量纲特征值,其表达式如下:

$$\bar{\lambda}_1 = \sqrt{-\frac{s^2 t_1^2}{1 + \frac{\eta_1^p}{E_1^p} \cdot s}} \tag{3.23}$$

式中:$t_1 = l_1/V_1^p$ 为弹性纵波在第 1 段虚土桩身传播的时间。

假设方程式(3.21)的特解 U_1^* 为

$$U_1^* = \sum_{n=1}^{\infty} \gamma_{1n} \sin(\beta_{1n} z' + \phi_{1n}) \tag{3.24}$$

式中:

$$\gamma_{1n} = -\frac{2\pi r_1^p (G_1^s + \eta_1^s \cdot s) A_{1n} \xi_{1n} K_1(\xi_{1n} r_1^p)}{\rho_1^p A_1^p \left[(\beta_{1n} V_1^p)^2 \left(1 + \frac{\eta_1^p}{E_1^p} \cdot s\right) + s^2\right]} \tag{3.25}$$

联立式(3.22)、式(3.24),可得第 1 段虚土桩桩身位移 U_1 的解为

$$U_1 = U_1^\# + U_1^* = M_1 \cos(\bar{\lambda}_1 z'/l_1) + N_1 \sin(\bar{\lambda}_1 z'/l_1) + \sum_{n=1}^{\infty} \gamma_{1n} \sin(\beta_{1n} z' + \phi_{1n}) \tag{3.26}$$

利用桩土接触面上的位移连续条件,对式(3.6)进行 Laplace 变换,然后将式(3.19)、式(3.26)代入桩土接触面的边界条件,可得

$$M_1 \cos(\bar{\lambda}_1 z'/l_1) + N_1 \sin(\bar{\lambda}_1 z'/l_1) + \sum_{n=1}^{\infty} \gamma_{1n} \sin(\beta_{1n} z' + \phi_{1n}) = \sum_{n=1}^{\infty} A_{1n} K_0(\xi_{1n} r_1^p) \sin(\beta_{1n} z' + \phi_{1n})$$

$$(3.27)$$

对式(3.27)进行同类项合并,可得

$$M_1 \cos(\bar{\lambda}_1 z'/l_1) + N_1 \sin(\bar{\lambda}_1 z'/l_1) = \sum_{n=1}^{\infty} A_{1n} \varphi_{1n} \sin(\beta_{1n} z' + \phi_{1n}) \tag{3.28}$$

式中:

$$\varphi_{1n} = K_0(\xi_{1n} r_1^p) + \frac{2\pi r_1^p (G_1^s + \eta_1^s \cdot s) \xi_{1n} K_1(\xi_{1n} r_1^p)}{\rho_1^p A_1^p \left[(\beta_{1n} V_1^p)^2 \left(1 + \frac{\eta_1^p}{E_1^p} \cdot s\right) + s^2\right]} \tag{3.29}$$

根据固有函数系 $\sin(\beta_{1n}z' + \phi_{1n})$ 在 $[0, l_1]$ 上的正交性,即

$$\begin{cases} \int_0^{l_1} \sin(\beta_{1n}z' + \phi_{1n})\sin(\beta_{1m}z' + \phi_{1m})\mathrm{d}z' = 0, & m \neq n \\ \int_0^{l_1} \sin(\beta_{1n}z' + \phi_{1n})\sin(\beta_{1m}z' + \phi_{1m})\mathrm{d}z' \neq 0, & m = n \end{cases} \quad (3.30)$$

在式(3.28)两端乘以 $\sin(\beta_{1k}z' + \phi_{1k})$,然后在第 1 段虚土桩桩身长度范围 $[0, l_1]$ 上积分可得

$$-\frac{M_1}{2}\left\{ \frac{\cos\left[\left(\beta_{1n} + \dfrac{\overline{\lambda}_1}{l_1}\right)l_1 + \phi_{1n}\right] - \cos\phi_{1n}}{\beta_{1n} + \dfrac{\overline{\lambda}_1}{l_1}} + \frac{\cos\left[\left(\beta_{1n} - \dfrac{\overline{\lambda}_1}{l_1}\right)l_1 + \phi_{1n}\right] - \cos\phi_{1n}}{\beta_{1n} - \dfrac{\overline{\lambda}_1}{l_1}} \right\}$$

$$-\frac{N_1}{2}\left\{ \frac{\sin\left[\left(\beta_{1n} + \dfrac{\overline{\lambda}_1}{l_1}\right)l_1 + \phi_{1n}\right] - \cos\phi_{1n}}{\beta_{1n} + \dfrac{\overline{\lambda}_1}{l_1}} - \frac{\sin\left[\left(\beta_{1n} - \dfrac{\overline{\lambda}_1}{l_1}\right)l_1 + \phi_{1n}\right] - \sin\phi_{1n}}{\beta_{1n} - \dfrac{\overline{\lambda}_1}{l_1}} \right\}$$

$$= A_{1n}\varphi_{1n}\int_0^{l_1} \sin^2(\beta_{1n}z' + \phi_{1n})\mathrm{d}z' \quad (3.31)$$

将式(3.31)代入式(3.26)可得第 1 段虚土桩的位移幅值表达式如下:

$$U_1 = M_1\left[\cos(\overline{\lambda}_1 z'/l_1) + \sum_{n=1}^{\infty} \chi'_{1n}\sin(\beta_{1n}z' + \phi_{1n})\right] + N_1\left[\sin(\overline{\lambda}_1 z'/l_1) + \sum_{n=1}^{\infty} \chi''_{1n}\sin(\beta_{1n}z' + \phi_{1n})\right]$$

$$(3.32)$$

式中:

$$\chi'_{1n} = \chi_{1n}\left[\frac{\cos(\overline{\beta}_{1n} + \overline{\lambda}_1 + \phi_{1n}) - \cos\phi_{1n}}{\overline{\beta}_{1n} + \overline{\lambda}_1} + \frac{\cos(\overline{\beta}_{1n} - \overline{\lambda}_1 + \phi_{1n}) - \cos\phi_{1n}}{\overline{\beta}_{1n} - \overline{\lambda}_1}\right] \quad (3.33)$$

$$\chi''_{1n} = \chi_{1n}\left[\frac{\sin(\overline{\beta}_{1n} + \overline{\lambda}_1 + \phi_{1n}) - \sin\phi_{1n}}{\overline{\beta}_{1n} + \overline{\lambda}_1} - \frac{\sin(\overline{\beta}_{1n} - \overline{\lambda}_1 + \phi_{1n}) - \sin\phi_{1n}}{\overline{\beta}_{1n} - \overline{\lambda}_1}\right] \quad (3.34)$$

$$\chi_{1n} = \frac{(G_1^{\mathrm{s}} + \eta_1^{\mathrm{s}} \cdot s)\overline{\xi}_{1n}K_1(\overline{\xi}_{1n}\overline{r}_1^{\mathrm{p}})t_1^2}{\rho_1^{\mathrm{p}}l_1\overline{r}_1^{\mathrm{p}}\left[\overline{\beta}_{1n}^2\left(1 + \dfrac{\eta_1^{\mathrm{p}}}{E_1^{\mathrm{p}}} \cdot s\right) + s^2 t_1^2\right]\varphi_{1n}L_{1n}} \quad (3.35)$$

$$\varphi_{1n} = K_0(\overline{\xi}_{1n}\overline{r}_1^{\mathrm{p}}) + \frac{2(G_1^{\mathrm{s}} + \eta_1^{\mathrm{s}} \cdot s)\overline{\xi}_{1n}K_1(\overline{\xi}_{1n}\overline{r}_1^{\mathrm{p}})t_1^2}{\rho_1^{\mathrm{p}}l_1^2\overline{r}_1^{\mathrm{p}}\left[\overline{\beta}_{1n}^2\left(1 + \dfrac{\eta_1^{\mathrm{p}}}{E_1^{\mathrm{p}}} \cdot s\right) + s^2 t_1^2\right]} \quad (3.36)$$

$$L_{1n} = \int_0^{l_1} \sin^2(\beta_{1n}z' + \phi_{1n})\mathrm{d}z' \quad (3.37)$$

其中: $\overline{\beta}_{1n} = \beta_{1n}l_1$、$\overline{\xi}_{1n} = \xi_{1n}l_1$、$\overline{r}_1^{\mathrm{p}} = r_1^{\mathrm{p}}/l_1$ 均为无量纲参数。

式(3.32)中的两个待定系数 M_1 和 N_1 可以通过第 1 段虚土桩段上下界面的边界条件确定,对边界条件式(3.5)进行 Laplace 变换,并采用局部坐标系,可得

$$\left[\frac{\partial U_1}{\partial z'} + \frac{\delta \cdot \eta_1^{\mathrm{p}}}{E_j^{\mathrm{p}}}\frac{\partial U_1}{\partial z'}\right]\bigg|_{z'=0} = -\frac{Z_1(s)U_1}{E_1^{\mathrm{p}}A_1^{\mathrm{p}}}\bigg|_{z'=0} \quad (3.38\mathrm{a})$$

$$\left[\frac{\partial U_1}{\partial z'} + \frac{\delta \cdot \eta_1^{\mathrm{p}}}{E_j^{\mathrm{p}}}\frac{\partial U_1}{\partial z'}\right]\bigg|_{z'=l_1} = -\frac{Z_0(s)U_1}{E_1^{\mathrm{p}}A_1^{\mathrm{p}}}\bigg|_{z'=l_1} \quad (3.38\mathrm{b})$$

对于第 1 段虚土桩来说，由于其底部为刚性边界，可得 $Z_0(s) = \infty$，将 $Z_0(s) = \infty$ 及式(3.32)代入式(3.38b)，可得

$$\frac{M_1}{N_1} = -\frac{\sin\overline{\lambda}_1 + \sum_{n=1}^{\infty}\chi''_{1n}\sin(\overline{\beta}_{1n} + \phi_{1n})}{\cos\overline{\lambda}_1 + \sum_{n=1}^{\infty}\chi'_{1n}\sin(\overline{\beta}_{1n} + \phi_{1n})} \tag{3.39}$$

将式(3.32)代入式(3.38a)，可得

$$Z_1(s) = \frac{-\left[E_1^{\mathrm{p}}A_1^{\mathrm{p}}\dfrac{\partial U_1}{\partial z'} + \eta_1^{\mathrm{p}}A_1^{\mathrm{p}} \cdot S\dfrac{\partial U_1}{\partial z'}\right]\Big|_{z'=0}}{U_1\big|_{z'=0}}$$

$$= -\frac{E_1^{\mathrm{p}}A_1^{\mathrm{p}}}{l_1}\frac{\dfrac{M_1}{N_1}\sum_{n=1}^{\infty}\chi'_{1n}\overline{\beta}_{1n}\cos\phi_{1n} + \overline{\lambda}_1 + \sum_{n=1}^{\infty}\chi''_{1n}\overline{\beta}_{1n}\cos\phi_{1n}}{\dfrac{M_1}{N_1}\left(1 + \sum_{n=1}^{\infty}\chi'_{1n}\sin\phi_{1n}\right) + \sum_{n=1}^{\infty}\chi''_{1n}\sin\phi_{1n}} \tag{3.40}$$

将式(3.39)代入式(3.40)可以得到第 1 段虚土桩桩顶位移阻抗函数的解析表达式。

3.3.3 成层地基中黏弹性桩振动问题

采用求解第 1 段桩身振动问题的方法来求解第 j 段桩身振动问题，因此，可得第 j 段桩身纵向振动的位移响应如下：

$$U_j = M_j\left[\cos(\overline{\lambda}_j z'/l_j) + \sum_{n=1}^{\infty}\chi'_{jn}\sin(\beta_{jn}z' + \phi_{jn})\right] + N_j\left[\sin(\overline{\lambda}_j z'/l_j) + \sum_{n=1}^{\infty}\chi''_{jn}\sin(\beta_{jn}z' + \phi_{jn})\right] \tag{3.41}$$

式中：

$$\chi'_{jn} = \chi_{jn}\left[\frac{\cos(\overline{\beta}_{jn} + \overline{\lambda}_j + \phi_{jn}) - \cos\phi_{jn}}{\overline{\beta}_{jn} + \overline{\lambda}_j} + \frac{\cos(\overline{\beta}_{jn} - \overline{\lambda}_j + \phi_{jn}) - \cos\phi_{jn}}{\overline{\beta}_{jn} - \overline{\lambda}_j}\right] \tag{3.42}$$

$$\chi''_{jn} = \chi_{jn}\left[\frac{\sin(\overline{\beta}_{jn} + \overline{\lambda}_j + \phi_{jn}) - \sin\phi_{jn}}{\overline{\beta}_{jn} + \overline{\lambda}_j} - \frac{\sin(\overline{\beta}_{jn} - \overline{\lambda}_j + \phi_{jn}) - \sin\phi_{jn}}{\overline{\beta}_{jn} - \overline{\lambda}_j}\right] \tag{3.43}$$

$$\chi_{jn} = \frac{(G_j^{\mathrm{s}} + \eta_j^{\mathrm{s}} \cdot s)\overline{\xi}_{jn}K_1(\overline{\xi}_{jn}\overline{r}_j^{\mathrm{p}})t_j^2}{\rho_j^{\mathrm{p}}l_j\overline{r}_j^{\mathrm{p}}\left[\overline{\beta}_{jn}^2\left(1 + \dfrac{\eta_j^{\mathrm{p}}}{E_j^{\mathrm{p}}} \cdot s\right) + s^2t_j^2\right]\varphi_{jn}L_{jn}} \tag{3.44}$$

$$\varphi_{jn} = K_0(\overline{\xi}_{jn}\overline{r}_j^{\mathrm{p}}) + \frac{2(G_j^{\mathrm{s}} + \eta_j^{\mathrm{s}} \cdot s)\overline{\xi}_{jn}K_1(\overline{\xi}_{jn}\overline{r}_j^{\mathrm{p}})t_j^2}{\rho_j^{\mathrm{p}}l_j^2\overline{r}_j^{\mathrm{p}}\left[\overline{\beta}_{jn}^2\left(1 + \dfrac{\eta_j^{\mathrm{p}}}{E_j^{\mathrm{p}}} \cdot s\right) + s^2t_j^2\right]} \tag{3.45}$$

$$L_{jn} = \int_0^{l_j}\sin^2(\beta_{jn}z' + \phi_{jn})\mathrm{d}z' \tag{3.46}$$

其中：$\overline{\lambda}_j = \sqrt{-\dfrac{s^2t_j^2}{1 + \dfrac{\eta_j^{\mathrm{p}}}{E_j^{\mathrm{p}}} \cdot s}}$、$\overline{\beta}_{jn} = \beta_{jn}l_j$、$\overline{\xi}_{jn} = \xi_{jn}l_j$、$\overline{r}_j^{\mathrm{p}} = r_j^{\mathrm{p}}/l_j$ 均为无量纲参数；$t_j = l_j/V_j^{\mathrm{p}}$ 为

弹性纵波在第 j 段桩身传播的时间。

结合边界条件式(3.5),采用局部坐标系,可得第 j 段桩身顶部的位移阻抗函数表达式为

$$Z_j(s) = \frac{-\left[E_j^p A_j^p \dfrac{\partial U_j}{\partial z'} + \eta_j^p A_j^p \cdot S \dfrac{\partial U_j}{\partial z'}\right]\bigg|_{z'=0}}{U_j\big|_{z'=0}}$$

$$= -\frac{E_j^p A_j^p}{l_j} \frac{\dfrac{M_j}{N_j}\displaystyle\sum_{n=1}^{\infty}\chi'_{jn}\bar{\beta}_{jn}\cos\phi_{jn} + \bar{\lambda}_j + \displaystyle\sum_{n=1}^{\infty}\chi''_{jn}\bar{\beta}_{jn}\cos\phi_{jn}}{\dfrac{M_j}{N_j}\left(1 + \displaystyle\sum_{n=1}^{\infty}\chi'_{jn}\sin\phi_{jn}\right) + \displaystyle\sum_{n=1}^{\infty}\chi''_{jn}\sin\phi_{jn}} \tag{3.47}$$

式中:

$$\frac{M_j}{N_j} = -\frac{\displaystyle\sum_{n=1}^{\infty}\chi''_{jn}\bar{\beta}_{jn}\cos(\bar{\beta}_{jn}+\phi_{jn}) + \bar{\lambda}_j\cos\bar{\lambda}_j + \dfrac{Z_{j-1}(s)l_j}{E_j^p A_j^p}\left[\sin\bar{\lambda}_j + \displaystyle\sum_{n=1}^{\infty}\chi''_{jn}\sin(\bar{\beta}_{jn}+\phi_{jn})\right]}{\displaystyle\sum_{n=1}^{\infty}\chi'_{jn}\bar{\beta}_{jn}\cos(\bar{\beta}_{jn}+\phi_{jn}) - \bar{\lambda}_j\sin\bar{\lambda}_j + \dfrac{Z_{j-1}(s)l_j}{E_j^p A_j^p}\left[\cos\bar{\lambda}_j + \displaystyle\sum_{n=1}^{\infty}\chi'_{jn}\sin(\bar{\beta}_{jn}+\phi_{jn})\right]} \tag{3.48}$$

利用阻抗函数的递推特性,可以得到桩顶(即第 m 段桩)的位移阻抗函数如下:

$$Z_m(s) = \frac{-\left[E_m^p A_m^p \dfrac{\partial U_m}{\partial z'} + \eta_m^p A_m^p \cdot S \dfrac{\partial U_m}{\partial z'}\right]\bigg|_{z'=0}}{U_m\big|_{z'=0}} = -\frac{E_m^p A_m^p}{l_m}Z'_m(s) \tag{3.49}$$

式中:$Z'_m(s)$ 为无量纲桩顶位移阻抗函数,且满足:

$$Z'_m(s) = \frac{\dfrac{M_m}{N_m}\displaystyle\sum_{n=1}^{\infty}\chi'_{mn}\bar{\beta}_{mn}\cos\phi_{mn} + \bar{\lambda}_m + \displaystyle\sum_{n=1}^{\infty}\chi''_{mn}\bar{\beta}_{mn}\cos\phi_{mn}}{\dfrac{M_m}{N_m}\left(1 + \displaystyle\sum_{n=1}^{\infty}\chi'_{mn}\sin\phi_{mn}\right) + \displaystyle\sum_{n=1}^{\infty}\chi''_{mn}\sin\phi_{mn}} \tag{3.50}$$

其中:

$$\frac{M_m}{N_m} = -\frac{\displaystyle\sum_{n=1}^{\infty}\chi''_{mn}\bar{\beta}_{mn}\cos(\bar{\beta}_{mn}+\phi_{mn}) + \bar{\lambda}_m\cos\bar{\lambda}_m + \dfrac{Z_{m-1}(s)l_m}{E_m^p A_m^p}\left[\sin\bar{\lambda}_m + \displaystyle\sum_{n=1}^{\infty}\chi''_{mn}\sin(\bar{\beta}_{mn}+\phi_{mn})\right]}{\displaystyle\sum_{n=1}^{\infty}\chi'_{mn}\bar{\beta}_{mn}\cos(\bar{\beta}_{mn}+\phi_{mn}) - \bar{\lambda}_m\sin\bar{\lambda}_m + \dfrac{Z_{m-1}(s)l_m}{E_m^p A_m^p}\left[\cos\bar{\lambda}_m + \displaystyle\sum_{n=1}^{\infty}\chi'_{mn}\sin(\bar{\beta}_{mn}+\phi_{mn})\right]} \tag{3.51}$$

$$\chi'_{mn} = \chi_{mn}\left[\frac{\cos(\bar{\beta}_{mn}+\bar{\lambda}_m+\phi_{mn})-\cos\phi_{mn}}{\bar{\beta}_{mn}+\bar{\lambda}_m} + \frac{\cos(\bar{\beta}_{mn}-\bar{\lambda}_m+\phi_{mn})-\cos\phi_{mn}}{\bar{\beta}_{mn}-\bar{\lambda}_m}\right] \tag{3.52}$$

$$\chi''_{mn} = \chi_{mn}\left[\frac{\sin(\bar{\beta}_{mn}+\bar{\lambda}_m+\phi_{mn})-\sin\phi_{mn}}{\bar{\beta}_{mn}+\bar{\lambda}_m} - \frac{\sin(\bar{\beta}_{mn}-\bar{\lambda}_m+\phi_{mn})-\sin\phi_{mn}}{\bar{\beta}_{mn}-\bar{\lambda}_m}\right] \tag{3.53}$$

$$\chi_{mn} = \frac{(G_m^s + \eta_m^s \cdot s)\bar{\xi}_{mn}K_1(\bar{\xi}_{mn}\bar{r}_m^p)t_m^2}{\rho_m^p l_m \bar{r}_m^p\left[\bar{\beta}_{mn}^2\left(1+\dfrac{\eta_m^p}{E_m^p}\cdot s\right)+s^2 t_m^2\right]\varphi_{mn}L_{mn}} \tag{3.54}$$

$$\varphi_{mn} = K_0(\bar{\xi}_{mn}\bar{r}_m^p) + \frac{2(G_m^s + \eta_m^s \cdot s)\bar{\xi}_{mn}K_1(\bar{\xi}_{mn}\bar{r}_m^p)t_m^2}{\rho_m^p l_m^2 \bar{r}_m^p\left[\bar{\beta}_{mn}^2\left(1+\dfrac{\eta_m^p}{E_m^p}\cdot s\right)+s^2 t_m^2\right]} \tag{3.55}$$

$$L_{mn} = \int_0^{l_m} \sin^2(\beta_{mn} z' + \phi_{mn}) dz' \qquad (3.56)$$

其中：$\bar{\lambda}_m = \sqrt{-\dfrac{s^2 t_m^2}{1 + \dfrac{\eta_m^p}{E_m^p} \cdot s}}$、$\bar{\beta}_{mn} = \beta_{mn} l_m$、$\bar{\xi}_{mn} = \xi_{mn} l_m$、$\bar{r}_m^p = r_m^p / l_m$ 均为无量纲参数；$t_m =$

l_m / V_m^p 为弹性纵波在第 m 段桩身传播的时间。

式中的 ϕ_{mn} 和 β_{mn} 可分别由下面两式得到：

$$\phi_{mn} = \arctan(\beta_{mn} l_m / \overline{K}_m) \qquad (3.57)$$

$$\tan(\beta_m l_m) = \frac{(\overline{K}_m + \overline{K}'_m)\beta_m l_m}{(\beta_m l_m)^2 - \overline{K}_m \overline{K}'_m} \qquad (3.58)$$

式中：$\overline{K}_m = \dfrac{k_m^s + \delta_m^s \cdot s}{E_m^s} l_m$、$\overline{K}'_m = \dfrac{k_{m-1}^s + \delta_{m-1}^s \cdot s}{E_m^s} l_m$ 分别为第 m 段土层顶部和底部复刚度作用的无量纲参数；l_m 为第 m 层土层厚度。

由桩顶位移阻抗函数可得桩顶位移响应函数如下：

$$G_u(s) = \frac{1}{Z_m(s)}$$

$$= -\frac{l_m}{E_m^p A_m^p} \frac{\dfrac{M_m}{N_m}\left(1 + \sum_{n=1}^{\infty} \chi'_{mn} \sin\phi_{mn}\right) + \sum_{n=1}^{\infty} \chi''_{mn} \sin\phi_{mn}}{\dfrac{M_m}{N_m}\sum_{n=1}^{\infty} \chi'_{mn} \bar{\beta}_{mn}\cos\phi_{mn} + \bar{\lambda}_m + \sum_{n=1}^{\infty} \chi''_{mn} \bar{\beta}_{mn}\cos\phi_{mn}} \qquad (3.59)$$

进一步可得到桩顶速度响应函数为

$$G_v(s) = \frac{s}{Z_m(s)}$$

$$= -\frac{l_m \cdot s}{E_m^p A_m^p} \frac{\dfrac{M_m}{N_m}\left(1 + \sum_{n=1}^{\infty} \chi'_{mn} \sin\phi_{mn}\right) + \sum_{n=1}^{\infty} \chi''_{mn} \sin\phi_{mn}}{\dfrac{M_m}{N_m}\sum_{n=1}^{\infty} \chi'_{mn} \bar{\beta}_{mn}\cos\phi_{mn} + \bar{\lambda}_m + \sum_{n=1}^{\infty} \chi''_{mn} \bar{\beta}_{mn}\cos\phi_{mn}} \qquad (3.60)$$

令 $s = i\omega$（$i = \sqrt{-1}$ 为虚数单位，ω 为激振圆频率，与普通频率 f 的关系为 $\omega = 2\pi f$），由式（3.50）可得无量纲桩顶复刚度：

$$K_d = Z'_m(i\omega) = K + iC \qquad (3.61)$$

式中：实部 K 为真实的桩顶动刚度，反映桩土系统抵抗纵向变形的能力；虚部 C 为动阻尼，反应应力波的能量耗散特性。

由式（3.59）可得桩顶位移频域响应：

$$H_u(i\omega) = \frac{1}{Z_m(i\omega)} = \frac{l_m}{E_m^p A_m^p} H'_u \qquad (3.62)$$

式中：H'_u 为无量纲桩顶位移响应函数，表达为

$$H'_u = -\frac{\dfrac{M_m}{N_m}\left(1 + \sum_{n=1}^{\infty} \chi'_{mn} \sin\phi_{mn}\right) + \sum_{n=1}^{\infty} \chi''_{mn} \sin\phi_{mn}}{\dfrac{M_m}{N_m}\sum_{n=1}^{\infty} \chi'_{mn} \bar{\beta}_{mn}\cos\phi_{mn} + \bar{\lambda}_m + \sum_{n=1}^{\infty} \chi''_{mn} \bar{\beta}_{mn}\cos\phi_{mn}} \qquad (3.63)$$

相位差为

$$\theta(\omega) = \arctan\left[\frac{\mathrm{Im}(H_u)}{\mathrm{Re}(H_u)}\right] \tag{3.64}$$

由式(3.60)可得桩顶速度频域响应(速度导纳)：

$$H_v(\mathrm{i}\omega) = \frac{\mathrm{i}\omega}{Z_2(\mathrm{i}\omega)} = -\frac{1}{\rho_m^p A_m^p V_m^p} H_v' \tag{3.65}$$

式中：H_v' 为速度频域响应函数，表达为

$$H_v' = \mathrm{i}\omega t_m \frac{\dfrac{M_m}{N_m}\left(1 + \sum\limits_{n=1}^{\infty}\chi_{mn}'\sin\phi_{mn}\right) + \sum\limits_{n=1}^{\infty}\chi_{mn}''\sin\phi_{mn}}{\dfrac{M_m}{N_m}\sum\limits_{n=1}^{\infty}\chi_{mn}'\bar{\beta}_{mn}\cos\phi_{mn} + \bar{\lambda}_m + \sum\limits_{n=1}^{\infty}\chi_{mn}''\bar{\beta}_{mn}\cos\phi_{mn}} \tag{3.66}$$

在基桩低应变动测时，可将桩顶荷载简化为半正弦脉冲激励，即 $q(t) = Q_{\max}\sin\dfrac{\pi t}{T}$［其中 $t \in (0,T)$，T 为脉冲宽度，$Q_{\max}$ 为半正弦脉冲激励峰值］，根据 Fourier 变换的性质，对桩顶荷载与桩顶速度时域响应进行卷积，可得半正弦脉冲激励作用下的桩顶速度时域响应半解析解，表达如下：

$$V(t) = q(t) * \mathrm{IFT}\big[H_v(\mathrm{i}\omega)\big] = \mathrm{IFT}\big[Q(\mathrm{i}\omega) \cdot H_v(\mathrm{i}\omega)\big]$$
$$= -\frac{Q_{\max}}{\rho_m^p A_m^p V_m^p} V_v' \tag{3.67}$$

式中：V_v' 为桩顶无量纲速度时域响应，表达为

$$V_v' = \frac{1}{2}\int_{-\infty}^{\infty} \mathrm{i}\,\bar{\omega}\, \bar{t}_m \frac{\dfrac{M_m}{N_m}\left(1 + \sum\limits_{n=1}^{\infty}\chi_{mn}'\sin\phi_{mn}\right) + \sum\limits_{n=1}^{\infty}\chi_{mn}''\sin\phi_{mn}}{\dfrac{M_m}{N_m}\sum\limits_{n=1}^{\infty}\chi_{mn}'\bar{\beta}_{mn}\cos\phi_{mn} + \bar{\lambda}_m + \sum\limits_{n=1}^{\infty}\chi_{mn}''\bar{\beta}_{mn}\cos\phi_{mn}} \frac{\pi^2 - \bar{T}^2\bar{\omega}^2} \cdot (1 + \mathrm{e}^{-\mathrm{i}\bar{\omega}\bar{T}})\mathrm{e}^{\mathrm{i}\bar{\omega}\bar{t}}\,\mathrm{d}\bar{\omega} \tag{3.68}$$

式中：$\bar{\omega} = \omega T_c$ 为无量纲频率；$\bar{T} = T/T_c$ 为无量纲脉冲宽度因子；$\bar{t}_m = t_m/T_c$、$\bar{t} = t/T_c$ 为无量纲时间；T_c 为弹性纵波在桩身中传播的总时间。

3.4　土层层间动力相互作用假定的影响分析

本章在假定桩侧土及桩端土层间的动力相互作用等效为分布式 Voigt 模型的基础上，对成层地基中桩-桩侧土、桩-桩端土均严格耦合情况下的桩土纵向振动问题进行了研究。但所得解中包含待定的 Voigt 模型参数，这些参数如何取值显然关系到本章解的实际应用。下面通过与第 2 章单层严格解之间的对比，来研究土层层间分布式 Voigt 模型参数的取值范围。为了突出土层层间模型参数的影响，取两层土进行分析，第一层为桩端土，第二层为桩侧土，分析时上下土层的参数取为一致，然后分别采用单层理论解及成层理论解对桩顶动力响应进行对比分析。在随后的分析计算中，土体参数取为：密度为 1 800 kg/m³，剪切波速为 180 m/s，泊松比为 0.4，黏性阻尼系数为 1 000 N · s/m³。桩的参

数取为:桩长为 20 m,截面半径为 0.5 m,密度为 2 500 kg/m³,弹性纵波波速为 3 800 m/s,桩端土厚度为 3 倍的桩径。定义下层支承土弹性模量的符号为 E_1^s,土层层间 Voigt 模型参数取如下四组工况:①$k_1^s = E_1^s$,$\delta_1^s = 10\,000$ N·s/m³;②$k_1^s = 10E_1^s$,$\delta_1^s = 10\,000$ N·s/m³;③$k_1^s = E_1^s$,$\delta_1^s = 100$ N·s/m³;④$k_1^s = E_1^s$,$\delta_1^s = 0$ N·s/m³。

图 3.2 反映了土层层间 Voigt 模型参数对桩顶速度响应的影响。由桩顶速度频域响应曲线可以看出,土层层间参数的变化对高频段的曲线基本没有影响,但低频段的共振峰幅值随着 Voigt 模型刚度系数的增大而略有增大,Voigt 模型的阻尼系数对桩顶速度响应曲线基本没有影响。由桩顶速度时域响应曲线可以看出,土层层间参数对一次桩尖反射信号的幅值和宽度基本没有影响。但一次桩尖反射信号之前会随着 Voigt 模型刚度系数的增大而逐渐出现上抬现象,但幅度较小,Voigt 模型的阻尼系数对桩顶速度时域响应曲线基本没有影响。因此,图 3.2 表明,土层层间 Voigt 模型的系数只要在合理的范围内取值,本章提出的基于虚土桩法的成层地基中桩土纵向振动理论是合理且足够精确的,且能满足工程需求。

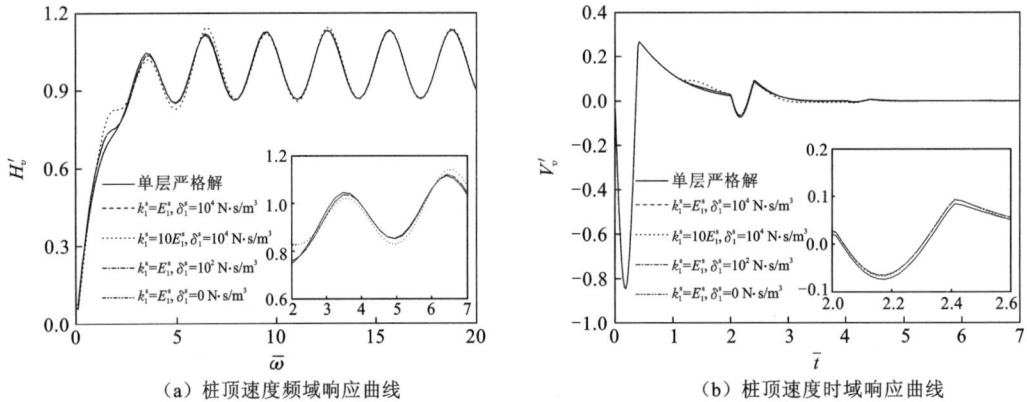

(a) 桩顶速度频域响应曲线　　　　　　　(b) 桩顶速度时域响应曲线

图 3.2　土层层间 Voigt 模型参数对桩顶速度响应的影响

3.5　桩端土性质对桩顶动力响应的影响分析

分两类工况讨论桩端土性质对桩顶动力响应的影响:第一类工况是桩端土为单层土,此时土层共有两层,第一层为桩端土,第二层为桩侧土;第二类工况是桩端土为双层土,第一层为软弱下卧层土,第二层为持力层土,第三层为桩侧土。其中桩及桩侧土的计算参数如无特别说明,均取为:桩长为 15 m,截面半径为 0.5 m,密度为 2 500 kg/m³,弹性纵波波速为 3 800 m/s;桩侧土密度为 1 800 kg/m³,剪切波速为 180 m/s,泊松比为 0.4,黏性阻尼系数为 1 000 N·s/m³。土层层间 Voigt 模型参数取值规则为:Voigt 模型的刚度系数为 1 倍的下层土弹性模量值,黏性阻尼系数为 10 000 N·s/m³。

3.5.1　单层桩端土

首先分析桩端土厚度对桩顶动力响应的影响,用于计算的桩端土参数:密度为

$2\,000\,\mathrm{kg/m^3}$，剪切波速为 $220\,\mathrm{m/s}$，泊松比为 0.35，黏性阻尼系数为 $1\,000\,\mathrm{N\cdot s/m^3}$，定义桩身截面直径为 d，桩端土作为第一层土时，其厚度定义为 L_1，分别为 $0.5d,1d,3d,5d,10d$。

图 3.3 反映了桩端土厚度对桩顶复刚度的影响，随着桩端土厚度的增大，动刚度曲线和动阻尼曲线均逐渐接近，说明桩端较浅的土层对桩顶复刚度响应有影响，超过一定范围后，这种影响可忽略不计。图 3.4 反映了桩端土厚度对桩顶速度响应的影响，从速度频域响应曲线上看，当桩端土厚度为 5 倍桩径以内时，速度频域响应曲线具有明显的振荡性质，振幅变化不规律，这是因为桩端土与桩身性质有差异，加上桩端土厚度较小，使压力波传播时受材料界面影响产生的振荡来不及消散，速度幅频曲线产生叠加。当桩端土厚度大于 5 倍桩径时，曲线基本趋于一致，这说明桩端土对桩顶动力响应的影响具有一定的影响厚度，超过一定范围后，桩端土厚度再增加，对桩顶幅频曲线的影响可忽略不计。速度时域响应曲线表明，随着桩端土厚度的增加，时域响应曲线也趋于一致，但当桩端土厚度较小时，一次桩尖反射处会接收到来自基岩的反向反射信号。当然，对于不同性质的桩端土层，上述动力响应曲线表现出的结果可能不同，但反复试算表明，桩顶动力响应只影响一定范围内的桩端土层，而对超出这个范围的桩端土层将不会产生影响，即存在一个临界影响深度。

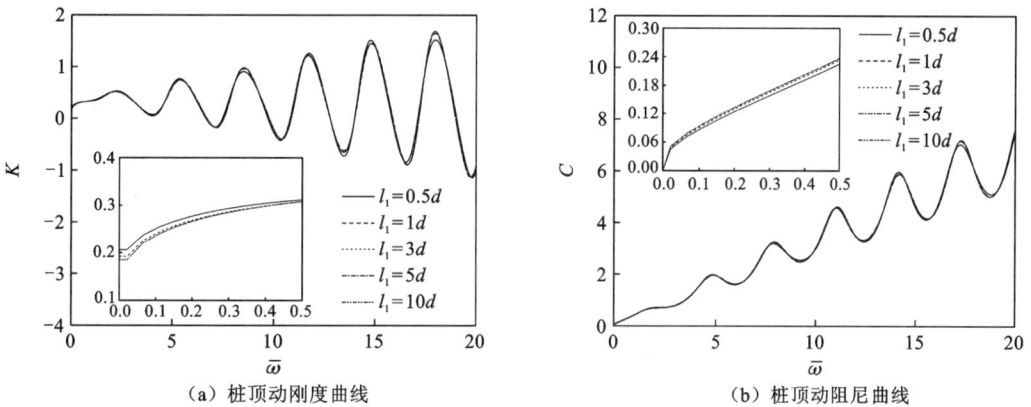

（a）桩顶动刚度曲线　　　（b）桩顶动阻尼曲线

图 3.3　桩端土厚度对桩顶复刚度的影响

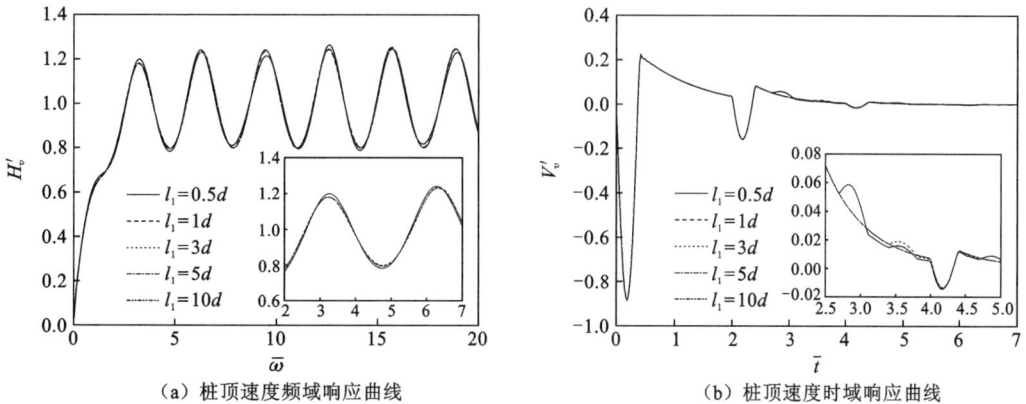

（a）桩顶速度频域响应曲线　　　（b）桩顶速度时域响应曲线

图 3.4　桩端土厚度对桩顶速度响应的影响

分析桩端土剪切波速对桩顶动力响应的影响时,用于计算的桩端土参数为:厚度为 $3d$,密度为 $2\,000\,\mathrm{kg/m^3}$,泊松比为 0.35,黏性阻尼系数为 $1\,000\,\mathrm{N\cdot s/m^3}$,桩端土剪切波速 (V_1^s) 分别为 $140\,\mathrm{m/s}$,$160\,\mathrm{m/s}$,$220\,\mathrm{m/s}$,$250\,\mathrm{m/s}$,$300\,\mathrm{m/s}$。

图 3.5 反映了桩端土剪切波速对桩顶复刚度的影响,从动刚度曲线和动阻尼曲线来看,共振峰的幅值随着桩端土剪切波速的增大而变小,而共振频率基本不发生变化。在动力基础设计关注的低频范围内,随着桩端土剪切波速的增大,动刚度逐渐增大,动阻尼逐渐减小。图 3.6 反映了桩端土剪切波速对桩顶速度响应的影响,从桩顶速度频域响应曲线上看,曲线在 1 附近来回振荡,且随着桩端土剪切波速的增大,共振峰幅值逐渐减小,但共振频率基本不变。从速度时域响应曲线上看,随着桩端土剪切波速的增加,桩端反射信号幅值越来越小。桩端反射信号幅值变小说明桩端土的性质渐渐变好,这与剪切波速的增加对应。桩端反射信号的宽度基本不随桩端土剪切波速的变化而变化。

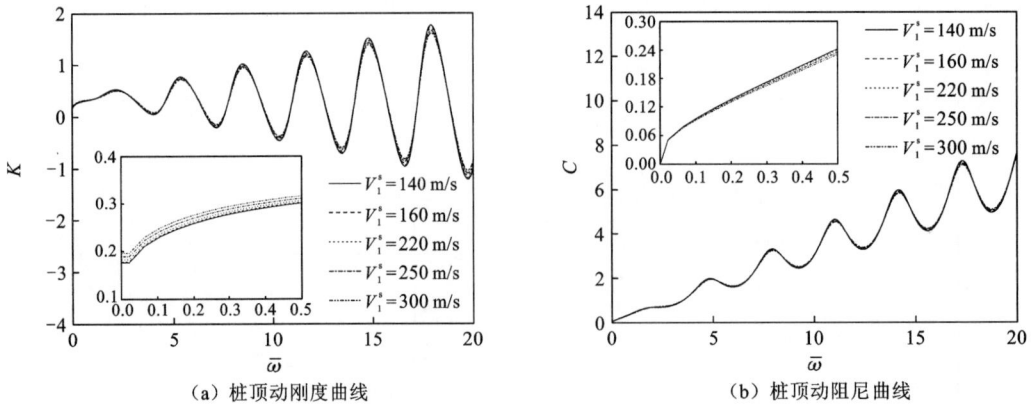

（a）桩顶动刚度曲线　　　　　　　　　　（b）桩顶动阻尼曲线

图 3.5　桩端土剪切波速对桩顶复刚度的影响

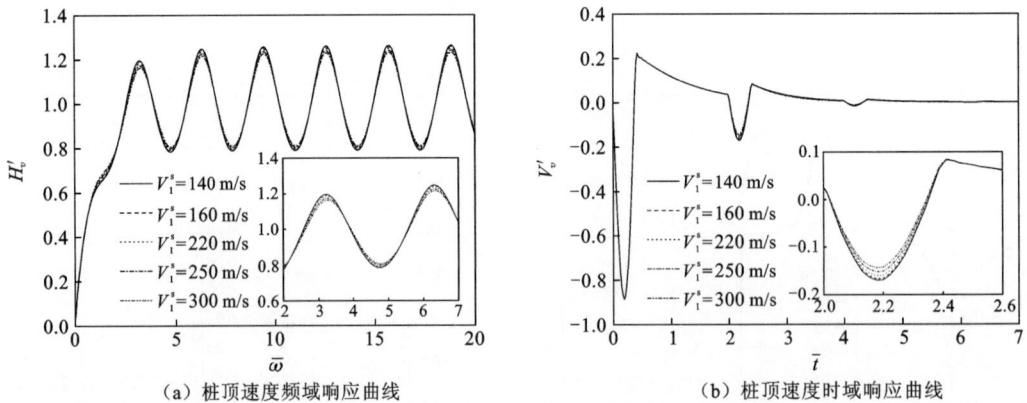

（a）桩顶速度频域响应曲线　　　　　　　　（b）桩顶速度时域响应曲线

图 3.6　桩端土剪切波速对桩顶速度响应的影响

分析桩端土密度对桩顶动力响应的影响时,用于计算的桩端土参数为:厚度为 $3d$,剪切波速为 220 m/s,泊松比为 0.35,黏性阻尼系数为 1 000 N·s/m³,桩端土的密度(ρ_1^s)分别为 1 600 kg/m³,1 800 kg/m³,2 000 kg/m³,2 200 kg/m³,2 400 kg/m³。

图 3.7 反映了桩端土密度对桩顶复刚度的影响,从动刚度曲线和动阻尼曲线来看,共振峰的幅值随着桩端土密度的增大而变小,但变化幅度较小,而共振频率基本不发生变化。在动力基础设计关注的低频范围内,随着桩端土密度的增大,动刚度逐渐增大,动阻尼逐渐减小,但变化幅度均较小。图 3.8 反映了桩端土密度对桩顶速度响应的影响,从速度频域响应曲线上看,随着桩端土密度的增大,共振峰幅值逐渐变小,但变化幅度较小,且共振频率基本不变。从速度时域响应曲线上看,随着桩端土密度的增加,桩端反射信号幅值越来越小。桩端反射信号幅值变小说明桩端土的性质渐渐变好,这与桩端土密度的增加对应。桩端反射信号的宽度基本不随桩端土密度的变化而变化。

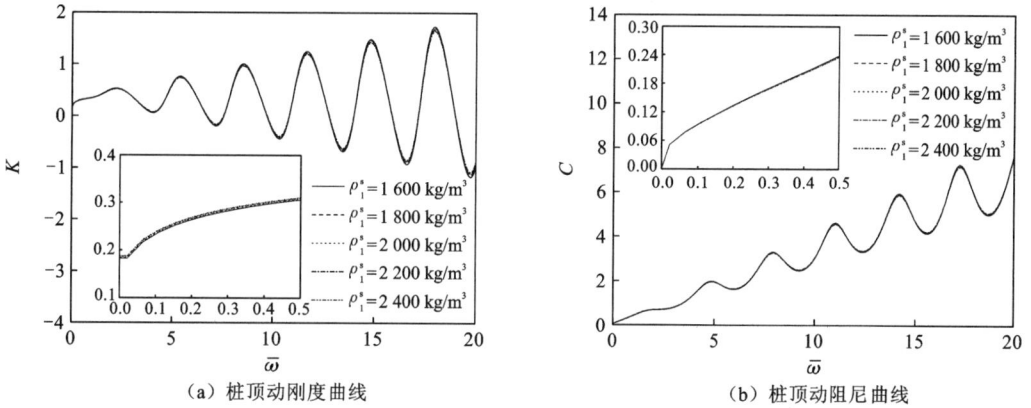

（a）桩顶动刚度曲线　　　　　　　　　（b）桩顶动阻尼曲线

图 3.7　桩端土密度对桩顶复刚度的影响

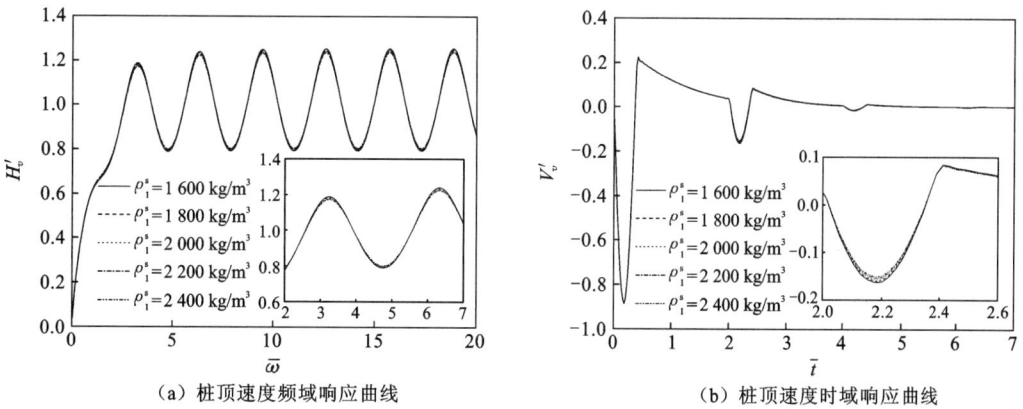

（a）桩顶速度频域响应曲线　　　　　　　　　（b）桩顶速度时域响应曲线

图 3.8　桩端土密度对桩顶速度响应的影响

3.5.2　双层桩端土

首先分析软弱下卧层厚度对桩顶动力响应的影响。根据《建筑桩基技术规范》(JGJ 94—2008)[171] 的要求,当存在软弱下卧层时,桩端以下持力层厚度不宜小于 $3d$,因此在分析中持力层厚度取为 3 m,密度为 2 000 kg/m³,剪切波速为 220 m/s,泊松比为 0.35,黏性阻尼系数为 1 000 N·s/m³。用于计算的软弱下卧层参数为:密度为 1 700 kg/m³,剪切波速为 100 m/s,泊松比为 0.4,黏性阻尼系数为 1 000 N·s/m³,由于软弱下卧层为第一层土,其厚度定义为 l_1,分别为 $0d$、$1d$、$3d$、$5d$、$10d$。

图 3.9、图 3.10 分别反映了软弱下卧层厚度对桩顶复刚度和速度响应的影响。由图可以看出,当持力层厚度达到规范要求时,软弱下卧层厚度变化基本不会对桩顶动力响应产生影响。

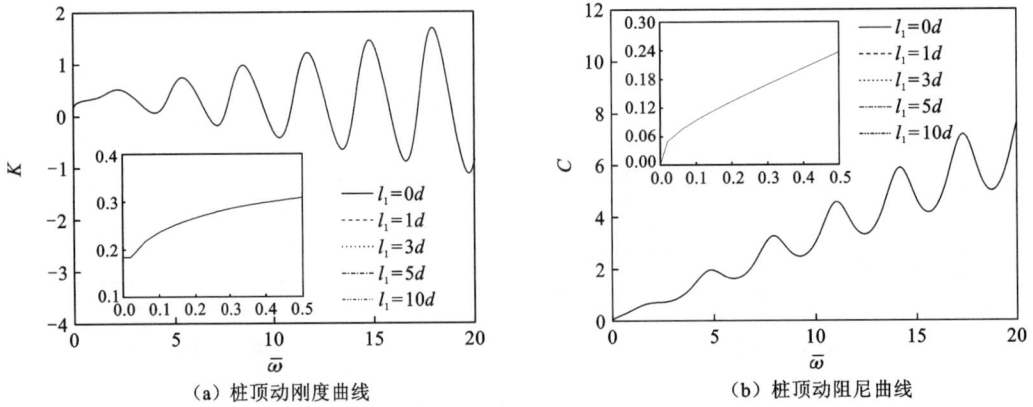

(a) 桩顶动刚度曲线　　　　　　　　　　(b) 桩顶动阻尼曲线

图 3.9　软弱下卧层厚度对桩顶复刚度的影响

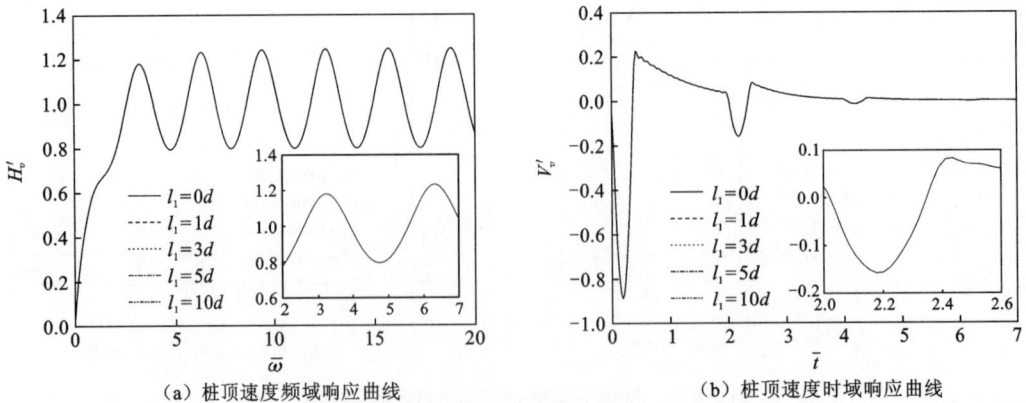

(a) 桩顶速度频域响应曲线　　　　　　　　(b) 桩顶速度时域响应曲线

图 3.10　软弱下卧层厚度对桩顶速度响应的影响

　　分析软弱下卧层剪切波速对桩顶动力响应的影响时,持力层参数与分析软弱下卧层厚度对桩顶动力响应影响时的参数相同,用于计算的软弱下卧层参数为:软弱下卧层厚度为 $3d$,密度为 $1\,700\,\mathrm{kg/m^3}$,泊松比为 0.4,黏性阻尼系数为 $1\,000\,\mathrm{N \cdot s/m^3}$,由于软弱下卧层土为第一层土,其剪切波速度定义为 V_1^s,分别为 $80\,\mathrm{m/s}$,$120\,\mathrm{m/s}$,$160\,\mathrm{m/s}$,$200\,\mathrm{m/s}$,$240\,\mathrm{m/s}$。

　　图 3.11、图 3.12 分别反映了下卧层剪切波速对桩顶复刚度和速度响应的影响,从图可以看出,当下卧层厚度达到一定值时(本例为 3 倍桩径左右),下卧层剪切波速的变化基本不会对桩顶动力响应产生影响。这说明,当下卧层厚度超过一定值时,下卧层土体性质不是影响桩顶动力响应的主要参数。

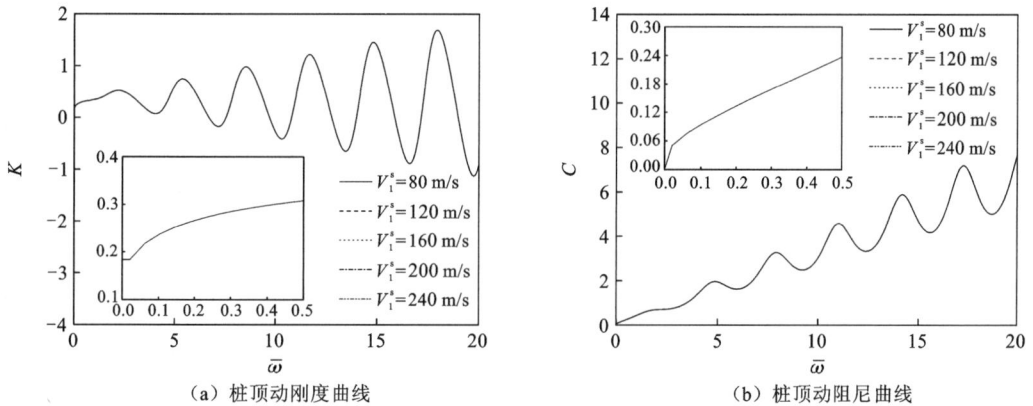

（a）桩顶动刚度曲线　　　　　　　　　　（b）桩顶动阻尼曲线

图 3.11　软弱下卧层剪切波速对桩顶复刚度的影响

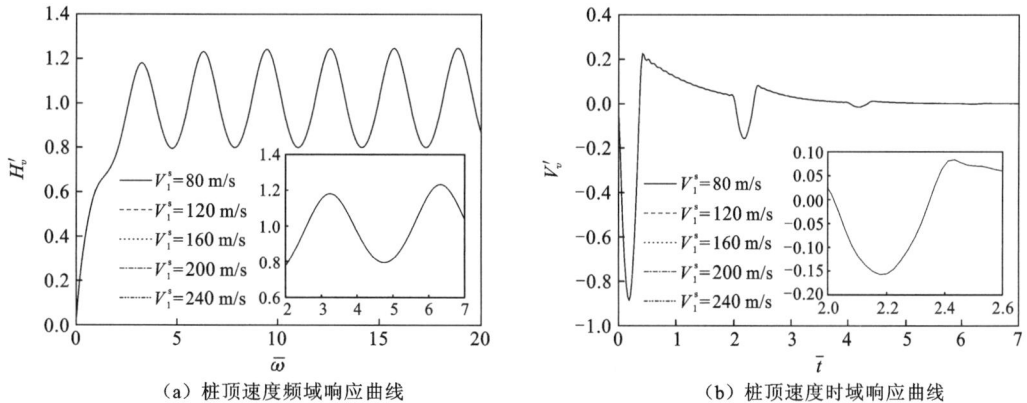

（a）桩顶速度频域响应曲线　　　　　　　　（b）桩顶速度时域响应曲线

图 3.12　软弱下卧层剪切波速对桩顶速度响应的影响

3.6　桩端沉渣对桩顶动力响应的影响分析

　　根据桩尖是否嵌入基岩可把桩分为嵌岩桩与非嵌岩桩,大量工程经验表明,两类桩的承载性能极不相同,它们的动力特性差别很大。下面根据本章理论对考虑桩端沉渣时嵌岩桩与非嵌岩桩的动力响应特性进行分析研究。其中桩及桩侧土的计算参数如无特别说明,均取为:桩长为 15 m,截面半径为 0.5 m,密度为 2 500 kg/m³,弹性纵波波速为 3 800 m/s;桩侧土密度为 1 800 kg/m³,剪切波速为 180 m/s,泊松比为 0.4,黏性阻尼系数为 1 000 N·s/m³。土层层间 Voigt 模型参数取值规则为:Voigt 模型的刚度系数取为 1 倍的下层土弹性模量值,黏性阻尼系数取为 10 000 N·s/m³。

3.6.1 嵌岩桩

首先分析沉渣厚度对嵌岩桩桩顶动力响应的影响。嵌岩桩大多为端承桩,《建筑桩基技术规范》(JGJ 94—2008)[171]对端承桩桩端沉渣厚度验收的要求为 ≤ 50 mm。在此,将沉渣厚度(l_s)分为满足规范要求与不满足规范要求进行分析。

当沉渣厚度满足规范要求时,用于计算的沉渣参数为:密度为 1 700 kg/m³,剪切波速为 130 m/s,泊松比为 0.4,黏性阻尼系数为 1 000 N·s/m³,沉渣厚度分别为 0 mm,5 mm,10 mm,30 mm,50 mm。

图 3.13 反映了满足规范要求时沉渣厚度对桩顶复刚度的影响。由图可以看出,沉渣厚度对桩顶复刚度有显著的影响,随着沉渣厚度的逐渐增大,动刚度和动阻尼的共振峰幅值逐渐变小,且共振频率也逐渐变小,这由随着沉渣厚度的增大桩端土的支承复刚度变小所致。在动力基础设计关注的低频范围内,随着沉渣厚度的逐渐增大,动刚度逐渐减小,动阻尼逐渐增大。图 3.14 反映了满足规范要求时沉渣厚度对桩顶速度响应的影响。由图可以看出,随着沉渣厚度逐渐变大,桩顶速度时域响应曲线(即反射波法测试曲线)上桩尖渐渐出现同向反射信号,并且同向反射信号幅值越来越大,反向反射信号出现滞后现象,并且幅值越来越小。这是因为应力波先遇到桩端与沉渣的交界面时反射同向信号,穿过沉渣到基岩面并反射反向信号,这种情况表明沉渣较薄,应力波还没有被沉渣阻隔而继续下传到基岩并反射回桩顶。而从桩顶速度频域响应曲线上可以看出,随着沉渣厚度的增大,共振峰峰值基本不变,共振频率逐渐变小。

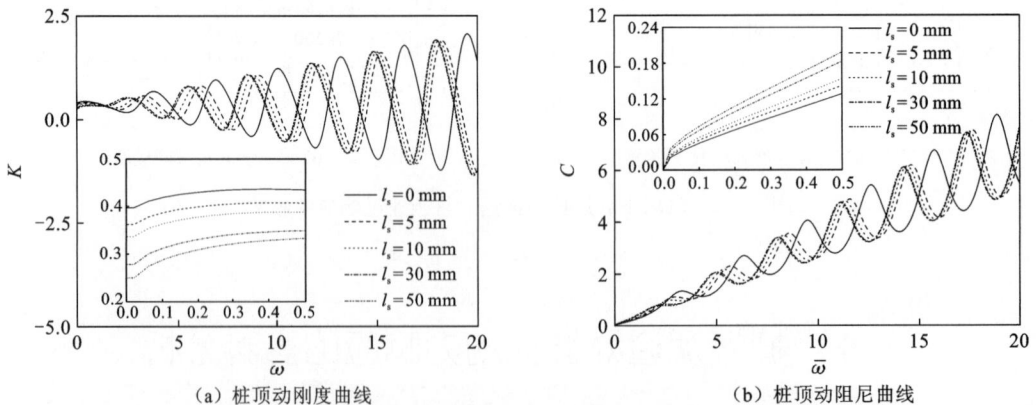

(a) 桩顶动刚度曲线　　　　　　(b) 桩顶动阻尼曲线

图 3.13　满足规范要求时沉渣厚度对桩顶复刚度的影响

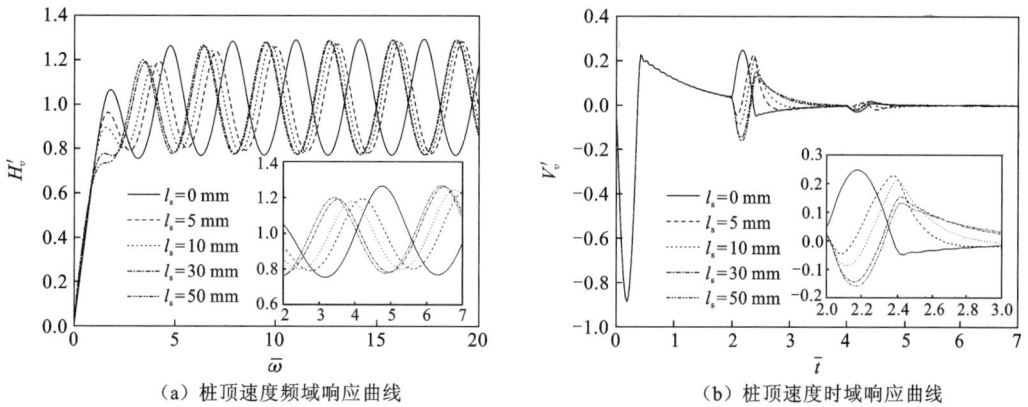

（a）桩顶速度频域响应曲线　　　　　　　　（b）桩顶速度时域响应曲线

图 3.14　满足规范要求时沉渣厚度对桩顶速度响应的影响

受施工条件和施工水平的限制,往往沉渣过厚。当沉渣厚度不满足规范要求时,沉渣厚度(l_s)分别为 0 mm,100 mm,200 mm,500 mm,1 000 mm,其余参数取值同沉渣厚度满足规范要求时的计算参数取值。

图 3.15 反映了不满足规范要求时沉渣厚度对桩顶复刚度的影响。由图可以看出,随着沉渣厚度的进一步增大,动刚度和动阻尼的共振峰幅值逐渐变小,但变化幅度较小,且共振频率也有一定程度的减小。在动力基础设计关注的低频范围内,随着沉渣厚度的逐渐增大,动刚度逐渐减小,动阻尼逐渐增大,但当沉渣厚度增大到一定值之后,变化幅度会减小。图 3.16 反映了不满足规范要求时沉渣厚度对桩顶速度响应的影响。由图可以看出,随着沉渣厚度的进一步增大,桩顶速度时域响应曲线上桩尖同向反射信号幅值明显增大,反向反射信号幅值进一步减小。试算表明,当进一步增大沉渣厚度时,桩顶速度时域响应曲线上只出现同向反射信号,并且反射信号幅值渐渐趋于稳定。这说明,沉渣厚度过厚,应力波在到达桩端后被沉渣阻隔而到不了基岩。同时,桩顶速度频域响应曲线反映的规律与沉渣厚度满足规范要求时一致,共振频率随着沉渣厚度的增大而逐渐减小,但变化幅度较小,共振峰值基本不变。

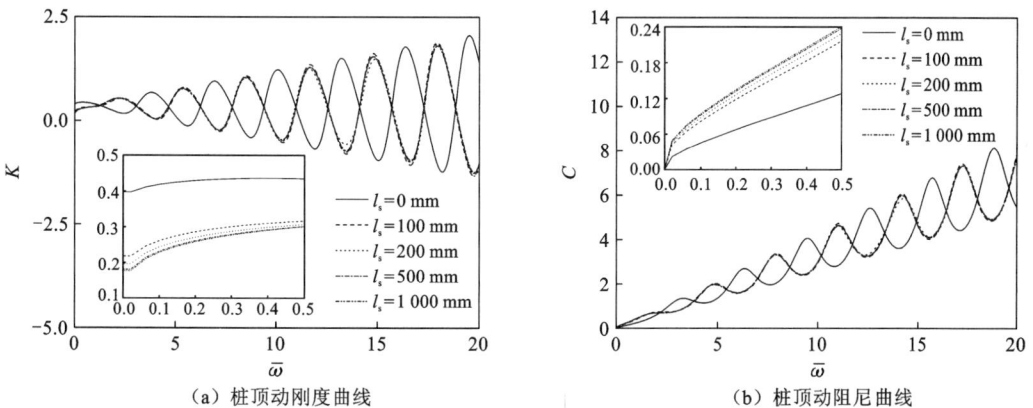

（a）桩顶动刚度曲线　　　　　　　　（b）桩顶动阻尼曲线

图 3.15　不满足规范要求时沉渣厚度对桩顶复刚度的影响

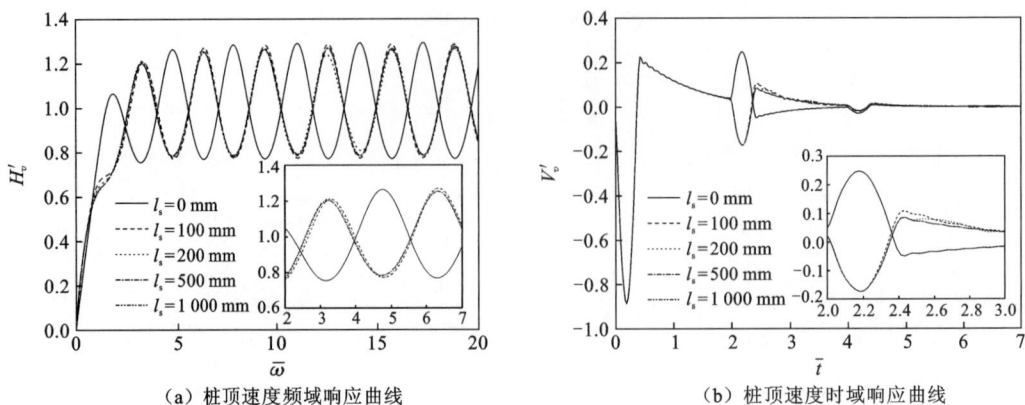

（a）桩顶速度频域响应曲线　　　　（b）桩顶速度时域响应曲线

图 3.16　不满足规范要求时沉渣厚度对桩顶速度响应的影响

分析沉渣剪切波速对桩顶动力响应的影响时，用于计算的沉渣参数为：沉渣厚度为 50 mm，密度为 1 700 kg/m³，泊松比为 0.4，黏性阻尼系数为 1 000 N·s/m³，沉渣剪切波速（V_s）分别为 110 m/s，120 m/s，130 m/s，140 m/s，150 m/s。

图 3.17 反映了沉渣剪切波速对桩顶复刚度的影响。由图可以看出，随着沉渣剪切波速的逐渐增大，动刚度和动阻尼的共振峰幅值基本不变，但共振频率逐渐变大，这是因为对于同一厚度的沉渣，随着沉渣纵波波速的增大，沉渣的刚度系数变大，从而使共振频率变大，并且使桩端支承刚度变大。在动力基础设计关注的低频范围内，随着沉渣剪切波速的增大，动刚度逐渐增大，动阻尼逐渐减小。图 3.18 反映了沉渣剪切波速对桩顶速度响应的影响。从桩顶速度时域响应曲线可以看出，随着沉渣剪切波速的增大，桩尖同向反射信号的幅值会逐渐减弱，反向反射信号的幅值会逐渐增强。从桩顶速度频域响应曲线上可以看出，共振峰幅值基本不受沉渣剪切波速的影响，而共振频率则随着沉渣剪切波速的增大而变大。

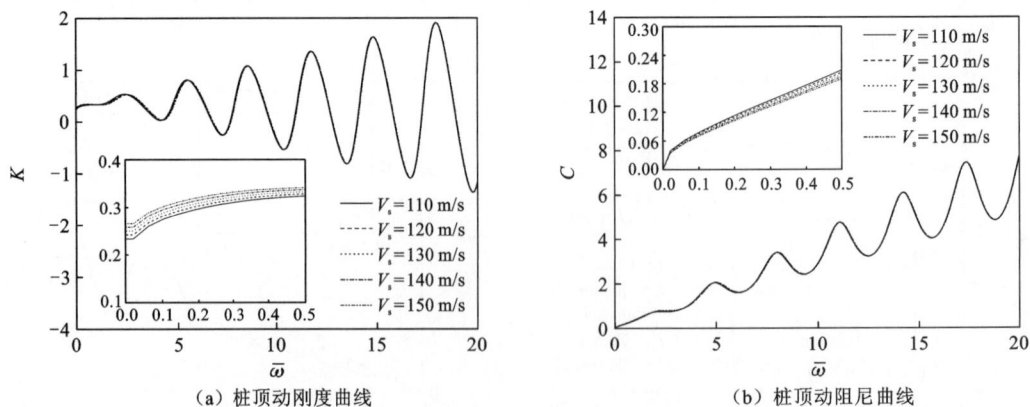

（a）桩顶动刚度曲线　　　　（b）桩顶动阻尼曲线

图 3.17　沉渣剪切波速对桩顶复刚度的影响

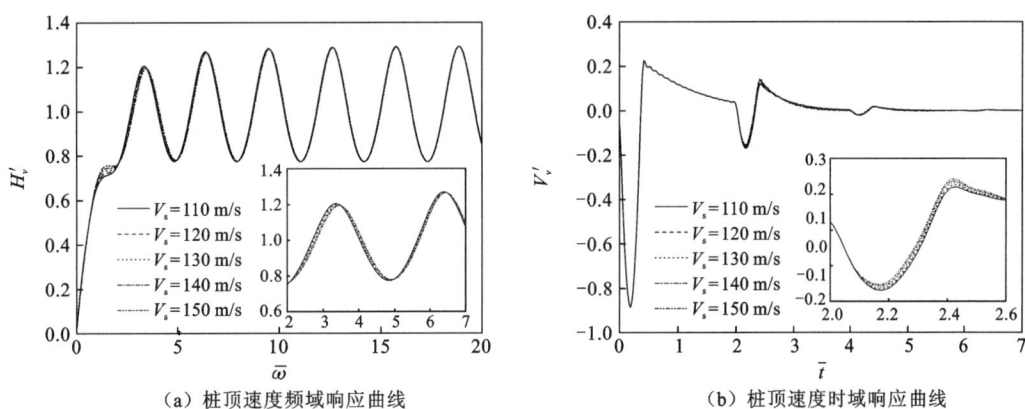

（a）桩顶速度频域响应曲线　　　　　　　　　　（b）桩顶速度时域响应曲线

图 3.18　沉渣剪切波速对桩顶速度响应的影响

3.6.2　非嵌岩桩

首先分析沉渣厚度对非嵌岩桩桩顶动力响应的影响。非嵌岩桩大多为摩擦桩,《建筑桩基技术规范》(JGJ 94—2008)[171]对摩擦桩桩端沉渣厚度验收的要求为 ≤100 mm,在此沉渣厚度(l_s)分别取为 0 mm,50 mm,100 mm,200 mm,500 mm,其余参数取值同分析沉渣厚度对嵌岩桩桩顶动力响应影响时的参数取值。持力层计算参数为:持力层厚度为 $3d$,密度为 2 000 kg/m³,剪切波速为 220 m/s,泊松比为 0.3,黏性阻尼系数为 1 000 N·s/m³。

图 3.19 反映了沉渣厚度对非嵌岩桩桩顶复刚度的影响。由图可以看出,当持力层厚度为 3 倍桩径时,随着沉渣厚度的增大,动刚度和动阻尼的共振峰峰值有一定程度的变大,但共振频率基本不变。在动力基础设计关注的低频范围内,随着沉渣厚度的增大,动刚度有一定程度的减小,动阻尼有一定程度的增大,但变化幅度较小。图 3.20 反映了沉渣厚度对非嵌岩桩桩顶速度响应的影响。由图可以看出,随着沉渣厚度逐渐增大,桩顶时域响应曲线上桩尖的同向反射信号幅值逐渐增大,桩顶速度频域响应曲线的共振峰幅值逐渐变大,共振频率基本不变。当沉渣厚度增大到一定值之后,再增大沉渣厚度将不会对桩顶速度响应产生影响。

分析沉渣剪切波速对非嵌岩桩桩顶动力响应的影响时,用于计算的沉渣参数为:沉渣厚度为 50 mm,剪切波速(V_s)分别为 110 m/s,120 m/s,130 m/s,140 m/s,150 m/s,其余参数取值同分析沉渣厚度对非嵌岩桩桩顶动力响应影响时的参数取值。

图 3.21 反映了沉渣剪切波速对非嵌岩桩桩顶复刚度的影响。由图可以看出,当持力层厚度满足设计要求时,沉渣剪切波速的变化对非嵌岩桩桩顶复刚度的影响很小,基本可忽略。图 3.22 反映了沉渣剪切波速对非嵌岩桩桩顶速度响应的影响。由图可以看出,随着沉渣剪切波速的逐渐增大,桩顶时域响应曲线上桩尖的同向反射信号的幅值逐渐减小,桩顶速度频域响应曲线的共振峰幅值逐渐减小,共振频率基本不变。

（a）桩顶动刚度曲线

（b）桩顶动阻尼曲线

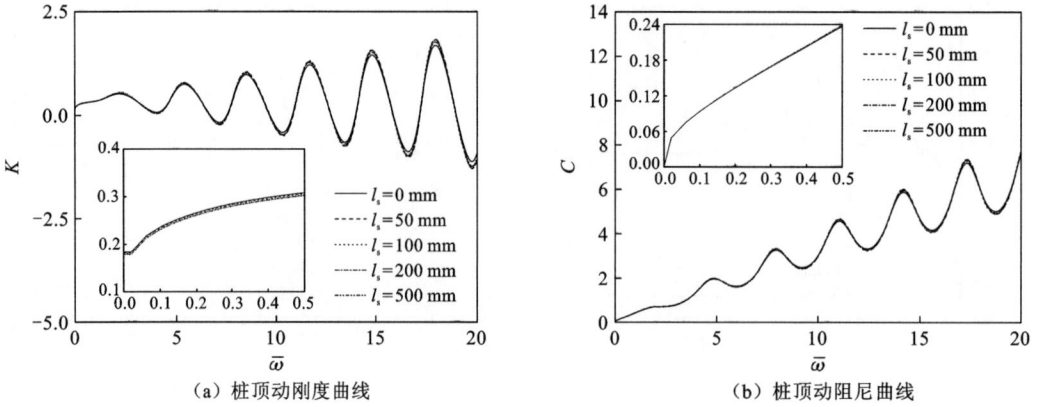

图 3.19　沉渣厚度对桩顶复刚度的影响

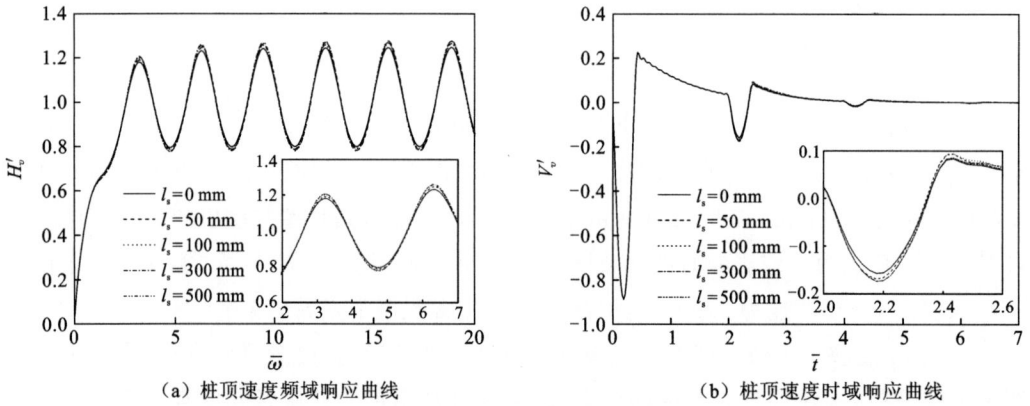

（a）桩顶速度频域响应曲线

（b）桩顶速度时域响应曲线

图 3.20　沉渣厚度对桩顶速度响应的影响

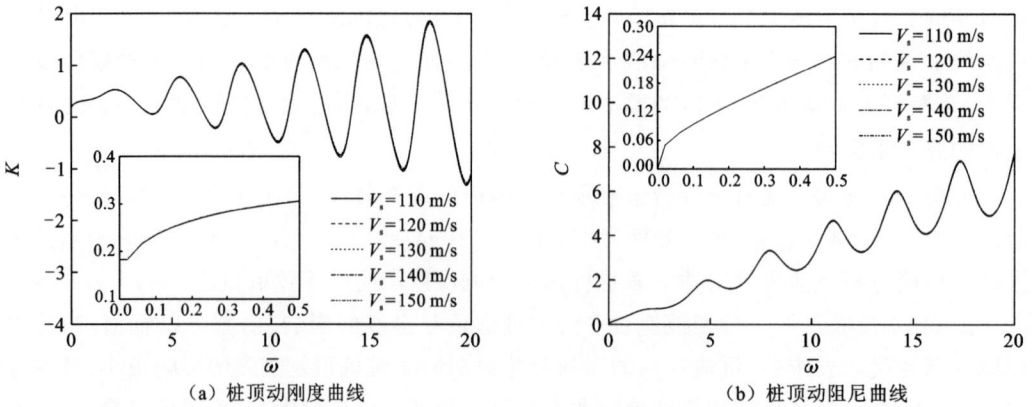

（a）桩顶刚度曲线

（b）桩顶动阻尼曲线

图 3.21　沉渣剪切波速对桩顶复刚度的影响

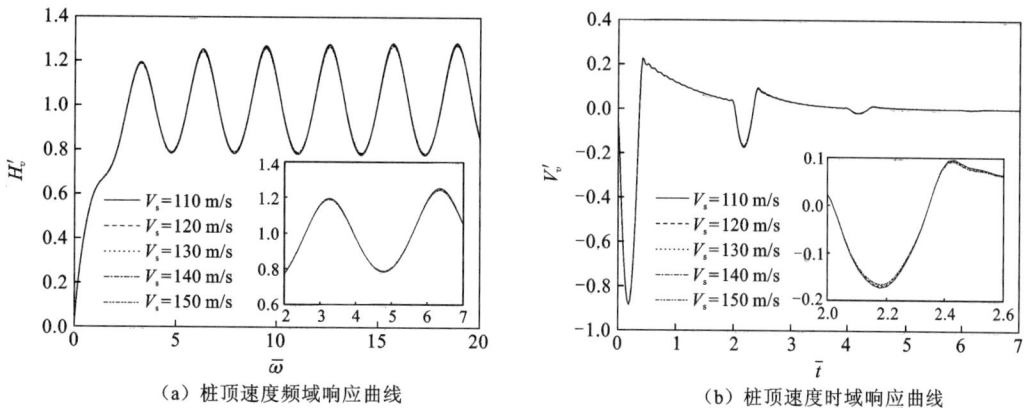

（a）桩顶速度频域响应曲线 （b）桩顶速度时域响应曲线

图 3.22 沉渣剪切波速对桩顶速度响应的影响

3.7 工程实例分析

为了进一步验证虚土桩法及本章解的合理性,利用本章解对工程桩现场低应变反射波法实测曲线作了反演拟合分析。图 3.23、图 3.24 和图 3.25 是温福铁路某特大桥三根钻孔灌注桩的低应变反射波法实测曲线与理论曲线的反演拟合结果[172]。三根桩均设计为嵌岩桩,设计参数及拟合数据见表 3.1。虽然本章对桩采用了一维杆件模型,但从三根试桩反演拟合结果可以看出,三根桩的实测曲线和拟合曲线是比较接近的。因此,本章的理论研究可以说明两方面的问题:一是采用虚土桩法来模拟桩端土对桩的作用是可靠的;二是采用本章的研究成果可以定性拟合出桩端沉渣的厚度。

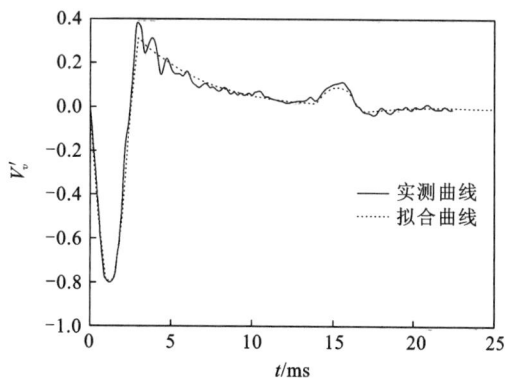

图 3.23 桩 4-1-2 桩顶速度时域响应曲线的实测和反演拟合结果

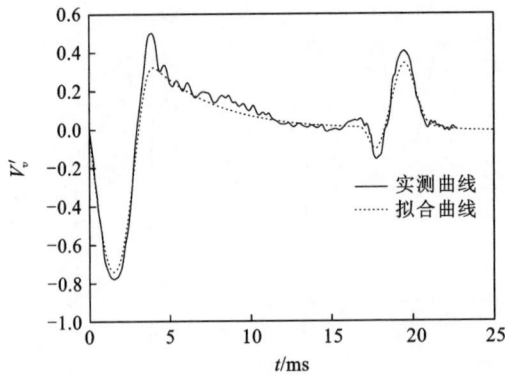

图 3.24　桩 26-9 桩顶速度时域响应曲线的实测和反演拟合结果

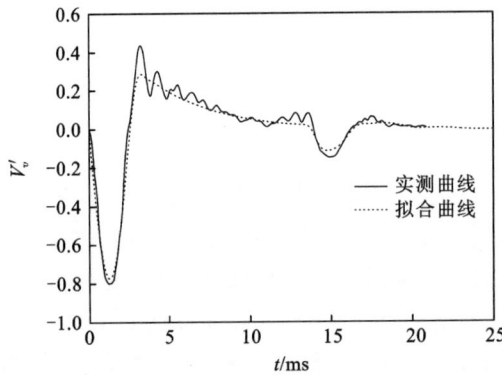

图 3.25　桩 55-10 桩顶速度时域响应曲线的实测和反演拟合结果

表 3.1　三根工程桩设计参数及桩端沉渣厚度值

桩号	桩长 /m	桩径 /mm	桩身混凝土编号	实测桩端沉渣厚度 /m	拟合桩端沉渣厚度 /m
4-1-2	26.0	1 000	C25	0.0	0.00
26-9	32.8	1 000	C30	0.3	0.32
55-10	26.5	1 000	C30	2.0	2.05

3.8　本章小结

　　本章将桩端正下方土体模拟为与桩端完全接触的虚土桩,基于提出的土层层间简化动力相互作用模型,利用积分变换和阻抗函数的递推特性,求解得到成层地基中桩顶频域响应的解析解,进而得到了对应的半正弦脉冲激振作用下桩顶速度时域响应的半解析解。基于所得解,详细分析了单层桩端土性质、成层桩端土性质及桩端沉渣对桩顶动力响应的

影响,为桩基振动理论研究、桩基防震减震设计及基桩无损检测提供了新的理论支持。通过分析计算得出以下结论:

(1)通过与第 2 章均质地基中桩土振动问题严格解的对比,对本章提出的土层层间动力相互作用简化模型的适用性进行论证,结果表明,只要土层层间分布式 Voigt 模型的参数取值合理,土层层间动力相互作用简化模型的计算结果就足够精确,且能够满足工程要求,是一种具有较强适用性的简化模型。

(2)随着桩端土体性质的变好,桩顶速度频域响应曲线和桩顶复刚度曲线的共振峰幅值都减小,共振频率基本不变,大小共振峰及共振峰形状不规则的现象逐渐减弱甚至消失。在动力基础设计关注的低频范围内,随着桩端土剪切波速和密度的增大,桩顶动刚度逐渐增大,桩顶动阻尼逐渐减小。在桩身与桩端土分界面处,桩顶速度时域响应曲线上出现界面同向反射,随着桩端土体性质的变好,同向反射幅值变小,而信号宽度基本不变。

(3)对于嵌岩桩,桩顶速度时域响应曲线上同向反射信号幅值会随着沉渣厚度的增大逐渐增大,而反向反射信号幅值随沉渣厚度的增加逐渐减小,减小幅度较小。当沉渣厚度达到一定值时,桩顶速度时域响应曲线上只有桩尖同向反射信号。因此,在利用反射波法进行嵌岩桩桩身质量检测时,如果出现明显的桩尖同向反射信号,则桩端极有可能存在一定厚度的沉渣,应当加以重视。

(4)对于嵌岩桩,桩顶速度时域响应曲线上同向反射信号幅值会随着沉渣质量的变差而不断变大,反向反射信号幅值呈现减小趋势,减小幅度较小。桩顶速度频域响应曲线上共振峰幅值随沉渣质量的变化基本保持不变,共振频率随着沉渣质量的变差出现提前现象。

(5)对于非嵌岩桩,随着沉渣厚度的增大,桩顶复刚度及速度频域响应曲线的共振峰幅值均有一定增大,共振频率基本不变,桩顶速度时域响应曲线桩尖反射信号的幅值会逐渐增大。当持力层厚度满足设计要求时,沉渣剪切波速的变化对非嵌岩桩桩顶复刚度的影响很小,基本可忽略。随着沉渣剪切波速逐渐增大,桩顶时域响应曲线上桩尖的同向反射信号的幅值逐渐减小,桩顶速度频域响应曲线的共振峰幅值逐渐减小,共振频率基本不变。

(6)工程桩低应变反射波法测试曲线的反演拟合分析表明,采用虚土桩法来分析桩端沉渣是可靠的。研究表明,在获取工程桩现场低应变反射波法实测曲线后,结合本章解,利用反演拟合的方法可以定性地得到桩端沉渣的特性。

第4章 径向非均质地基中基于虚土桩法的桩纵向振动理论

4.1 引　言

　　一方面,由于沉积年份不同,土体存在成层性(包括桩侧土的成层性、桩端土的成层性);另一方面,桩在打入土体过程中会对桩侧土及桩端土产生扰动、重塑和挤压作用,从而使桩侧土体呈现径向非均质特性(靠近桩侧的桩侧土体产生软化或者硬化效应)及桩端土体产生挤密压实效应。同时,尽管桩基施工工艺在不断成熟和完善,桩基施工过程中,还是不可避免地会出现一些质量问题,如缩颈、夹泥、混凝土离析甚至桩身断裂等缺陷。上述因素对桩顶动力响应的影响到底如何均需要深入细致的研究。

　　为了描述土体的径向非均质性,Novak 等[51] 率先在平面应变土模型的基础上,提出了径向非均质土模型,并对纵向和扭转荷载作用下内部区域软化土体的振动问题进行了分析。在此基础上,Veletsos 等[54-55]、Nogami 等[7-8]、Han 等[56,58-59]、El Naggar 等[11-14]、周铁桥等[110]、王海东等[64]、尚守平等[65,120]、王奎华等[66-67]、Wu 等[79]采用各种方法对径向非均质黏弹性土体的纵向和扭转振动问题进行了细致研究。杨冬英[173] 在考虑土体竖向波动效应的土模型基础上,对径向非均质的滞回阻尼土中桩的竖向振动问题进行了系统研究,但滞回材料阻尼模型仅适合简谐荷载下稳态振动的频域分析,对非简谐振动(瞬态或随机振动)问题,早有很多学者指出其缺陷,特别是在时域分析时,滞回材料阻尼模型的精确表达在数学上具有很大困难。因此,总体来说,尽管众多学者在径向非均质土模型的基础上取得了丰富的成果,但是对桩侧土黏性性质、桩端土挤密压实效应、土体双向非均质特性及桩身缺陷等因素对桩顶动力响应影响的研究仍不够成熟。

　　本章进一步考虑黏弹性土体的径向非均质特性,采用土层剪切刚度递推方法及桩身位移阻抗函数递推方法研究了桩侧扰动区域土体剪切模量和材料阻尼可呈任意变化的径向非均质土中完整桩及任意段变阻抗桩纵向振动特性,并详细讨论了桩端土挤密压实效应对桩顶动力响应的影响。

4.2　桩土耦合振动的定解问题

4.2.1　桩-土动力相互作用模型及基本假设

　　实际工程经验表明,桩基础在打入土体过程中会对周围土体产生扰动、重塑作用,这种扰动、重塑作用势必会引起桩身周围附近土体特性(如土体的剪切模量、密度等参数)的变化,从而形成土体的径向非均匀特性。因此,本章针对桩侧土体纵向成层及径向非均匀性,提出考虑土体竖向波动效应的线弹性阻尼土体中的复刚度传递模型,对黏弹性变阻抗桩-土耦合振动问题进行研究。

变阻抗桩根据成因不同可分为两类:一类是桩身的几何截面存在缺陷,如桩身缩颈和扩颈,又称为变截面桩;另一类是桩身材料质量存在缺陷,如桩身混凝土离析、夹泥、蜂窝等,又称为变模量桩。如图 4.1 所示,在建模时将几何截面缺陷等效为与正常桩身密度、弹性模量相同而半径变化的情况,将上述复杂的桩身材料质量缺陷等效为与正常桩身密度、半径相同而弹性模量不同的情况。基于虚土桩法,根据桩侧土及桩端土的成层特性、桩身阻抗变化情况将桩土系统划分为 m 段,自下而上依次编号为 $1,2,\cdots,j,\cdots,m$,各段厚度依次为 $l_1,l_2,\cdots,l_j,\cdots,l_m$,各段顶部深度依次为 $h_1,h_2,\cdots,h_j,\cdots,h_m$,各桩段的截面半径依次为 $r_1^p,r_2^p,\cdots,r_j^p,\cdots,r_m^p$,桩总长为 H^p,虚土桩厚度为 H^s,桩顶作用有任意激振力 $q(t)$。对于桩侧土体径向非均匀特性,建模思路为:首先将第 j 层桩侧土体沿径向分为两大区域,一是靠近桩身区域(下文称作扰动区域),该区域厚度用 b_j 表示,受成桩效应的影响,土体性质随距离桩中心远近而发生变化,二是远离桩身区域(下文称作原状区域),该区域不受成桩效应的影响,土体性质均匀。然后将扰动区域由内到外划分为多个土体剪切模量和密实度渐变的同心圆圈层,用来描述土体的径向非均匀性,在每个小圈层内土体性质均匀,将扰动区域的同心圈层及原状区域圈层依次标识为 $1,2,\cdots,k,\cdots,y$,圈层内边界对应的半径依次标识为 $r_{j1}^s,r_{j2}^s,\cdots,r_{jk}^s,\cdots,r_{jy}^s$,且有 $r_{j1}^s=r_j^p$。受成桩效应的影响,扰动区域土体的

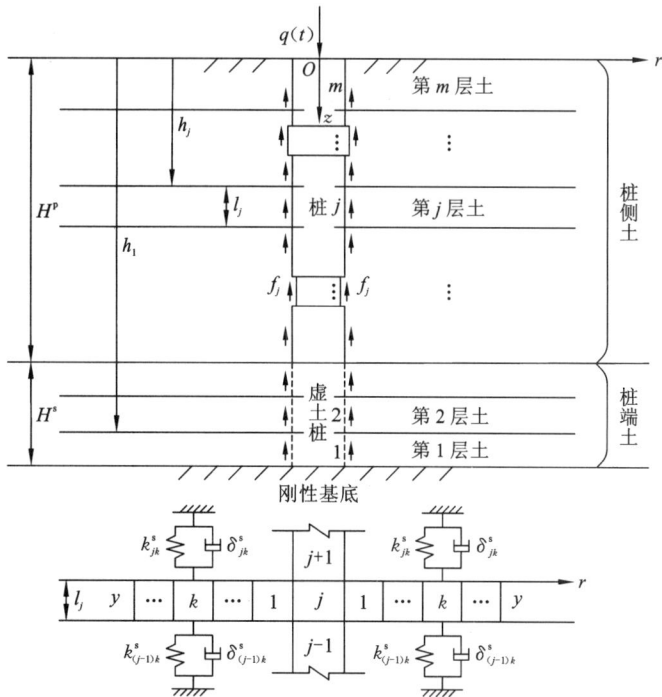

图 4.1　桩土系统动力模型

剪切模量 $G_j^s(r)$ 会随着距离桩中心的远近而改变,扰动区域多圈层及原状区域土体剪切模量表达式如下:

$$G_{jk}^s(r) = \begin{cases} G_{j1}^s, & r = r_{j1}^s \\ f_j^s(r)G_{jy}^s, & r_{j1}^s < r < r_{jy}^s \\ G_{jy}^s, & r \geqslant r_{jy}^s \end{cases} \tag{4.1}$$

式中:G_{j1}^s、G_{jy}^s 分别为第 j 层土体桩土界面及扰动区域与原状区域界面处土体的剪切模量;函数 $f_j^s(r)$ 为扰动区域内土体性质随径向距离的变化形式,其具体表达形式可根据土体参数的实际变化情况进行选取。

基本假设为:

(1) 第 j 段桩身周围土体沿径向分为 y 个环柱形圈层,每一圈土体各自为均质、各向同性线性黏弹性体,阻尼力与应变率成正比,第 j 层土体第 k 圈层的黏性比例系数为 η_{jk}^s;

(2) 土层上表面为自由边界,无正应力、剪应力,桩端土层底部为刚性支承边界;

(3) 桩侧土层间相互作用通过一系列分布式 Voigt 体联系,即第 j 层土体第 k 圈层上层对其作用的 Voigt 模型的弹性系数和阻尼系数分别为 k_{jk}^s 和 δ_{jk}^s,第 j 层土体第 k 圈层下层对其作用的 Voigt 模型的弹性系数和阻尼系数分别为 $k_{(j-1)k}^s$ 和 $\delta_{(j-1)k}^s$,每段土层最外圈土体径向无限延伸,径向圈层间位移、应力连续,土体仅有竖向位移,径向位移不计算,初始状态静止;

(4) 桩及虚土桩均为线性黏弹性、竖直、圆形截面桩,按一维杆件处理,桩与虚土桩各段交界面处应力应变连续;

(5) 桩土系统振动为小变形振动,桩(虚土桩)与桩侧土完全连续接触。

4.2.2　桩土系统耦合振动控制方程

取第 j 层土体第 k 圈层中任一点的纵向振动位移为 $w_{jk} = w_{jk}(r,z,t)$,建立轴对称情况下考虑土体竖向波动效应的黏弹性土体纵向振动的控制方程如下:

$$(\lambda_{jk}^s + 2G_{jk}^s)\frac{\partial^2 w_{jk}}{\partial z^2} + G_{jk}^s\left(\frac{1}{r}\frac{\partial w_{jk}}{\partial r} + \frac{\partial^2 w_{jk}}{\partial r^2}\right) + \eta_{jk}^s\frac{\partial}{\partial t}\left(\frac{\partial^2 w_{jk}}{\partial z^2}\right) + \eta_{jk}^s\frac{\partial}{\partial t}\left(\frac{1}{r}\frac{\partial w_{jk}}{\partial r} + \frac{\partial^2 w_{jk}}{\partial r^2}\right) = \rho_{jk}^s\frac{\partial^2 w_{jk}}{\partial t^2}$$

$$\tag{4.2a}$$

式中:λ_{jk}^s、G_{jk}^s 为第 j 层土体第 k 圈层 Lame 常数,且有

$$\lambda_{jk}^s = E_{jk}^s\mu_{jk}^s/[(1+\mu_{jk}^s)(1-2\mu_{jk}^s)], \quad G_{jk}^s = \rho_{jk}^s(V_{jk}^s)^2 \tag{4.2b}$$

其中:E_{jk}^s、μ_{jk}^s、V_{jk}^s、η_{jk}^s、ρ_{jk}^s 分别为第 j 层土体第 k 圈层的弹性模量、泊松比、剪切波速、黏性阻尼系数和密度。

对于黏性阻尼土体,可得第 j 层土体第 k 圈层内任一点的剪应力 $\tau_{rzjk}^s = \tau_{rzjk}^s(r,z,t)$ 如下:

$$\tau_{rzjk}^s = G_{jk}^s\frac{\partial w_{jk}}{\partial r} + \eta_{jk}^s\frac{\partial^2 w_{jk}}{\partial t\partial r} \tag{4.3}$$

假定桩(虚土桩)为一维黏弹性体,第 j 段桩(虚土桩)的纵向振动位移用 $u_j = u_j(z,t)$ 表示,且第 j 层土体对该段桩(虚土桩)身单位面积的侧壁切应力为 $\tau_{rzj1}^s(r_j^p,z,t)$,根据

Euler-Bernoulli 杆件理论,可得第 j 段黏弹性桩(虚土桩)作纵向振动的控制方程如下:

$$E_j^p A_j^p \frac{\partial^2 u_j}{\partial z^2} + A_j^p \eta_j^p \frac{\partial^3 u_j}{\partial t \partial z^2} - m_j^p \frac{\partial^2 u_j}{\partial t^2} - f_j = 0 \tag{4.4}$$

式中: E_j^p、A_j^p、m_j^p 和 η_j^p 分别为第 j 段桩(虚土桩)的弹性模量、桩身截面面积、单位长度质量及桩材料黏性阻尼系数, $f_j = 2\pi r_j^p \tau_{rzjk}^s (r_j^p, z, t)$。

4.2.3　桩土系统边界条件及初始条件

结合假设条件,在整体坐标系中建立桩土系统边界条件和初始条件如下。

1. 第 j 层土体的边界条件

第 j 层土体第 k 圈层顶面:

$$E_{jk}^s \left. \frac{\partial w_{jk}}{\partial z} \right|_{z=h_j} = \left. \left(k_{jk}^s w_{jk} + \delta_{jk}^s \frac{\partial w_{jk}}{\partial t} \right) \right|_{z=h_j} \tag{4.5a}$$

第 j 层土体第 k 圈层底面:

$$E_{jk}^s \left. \frac{\partial w_{jk}}{\partial z} \right|_{z=h_j+l_j} = - \left. \left(k_{(j-1)k}^s w_{jk} + \delta_{(j-1)k}^s \frac{\partial w_{jk}}{\partial t} \right) \right|_{z=h_j+l_j} \tag{4.5b}$$

第 j 层土体相邻各圈层的边界条件:

$$w_{jk} \left[r_{j(k+1)}^s, z, t \right] = w_{j(k+1)} \left[r_{j(k+1)}^s, z, t \right] \tag{4.5c}$$

$$\left. \left(G_{jk}^s \frac{\partial w_{jk}}{\partial r} + \eta_{jk}^s \frac{\partial^2 w_{jk}}{\partial t \partial r} \right) \right|_{r=r_{j(k+1)}^s} = \left. \left[G_{j(k+1)}^s \frac{\partial w_{j(k+1)}}{\partial r} + \eta_{j(k+1)}^s \frac{\partial^2 w_{j(k+1)}}{\partial t \partial r} \right] \right|_{r=r_{j(k+1)}^s} \tag{4.5d}$$

第 j 层土体第 y 圈层水平无穷远处:

$$\sigma_{jy}(\infty, z) = 0, \quad w_{jy}(\infty, z) = 0 \tag{4.5e}$$

2. 第 j 段黏弹性桩(虚土桩)的边界条件

第 j 段桩(虚土桩)顶部:

$$\left. \left[\frac{\partial u_j}{\partial z} + \frac{\eta_j^p}{E_j^p} \frac{\partial^2 u_j}{\partial z \partial t} \right] \right|_{z=h_j} = - \left. \frac{Z_j(s) u_j}{E_j^p A_j^p} \right|_{z=h_j} \tag{4.6a}$$

第 j 段桩(虚土桩)底部:

$$\left. \left[\frac{\partial u_j}{\partial z} + \frac{\eta_j^p}{E_j^p} \frac{\partial^2 u_j}{\partial z \partial t} \right] \right|_{z=h_j+l_j} = - \left. \frac{Z_{j-1}(s) u_j}{E_j^p A_j^p} \right|_{z=h_j+l_j} \tag{4.6b}$$

式中: $Z_j(s)$、$Z_{j-1}(s)$ 分别为第 j 段桩(虚土桩)顶部和底部的位移阻抗函数。

3. 桩土接触面上的边界条件

$$w(r_{j1}^s, z, t) = u_j(z, t) \tag{4.7}$$

4. 桩土系统的初始条件

第 j 层土体第 k 圈层:

$$w_{jk}\big|_{t=0} = 0, \quad \frac{\partial w_{jk}}{\partial t}\bigg|_{t=0} = 0, \quad \frac{\partial^2 w_{jk}}{\partial t^2}\bigg|_{t=0} = 0 \tag{4.8a}$$

第 j 段桩(虚土桩):

$$u_j\big|_{t=0} = 0, \quad \frac{\partial u_j}{\partial t}\bigg|_{t=0} = 0 \tag{4.8b}$$

4.3　定解问题的求解

4.3.1　土层振动问题

令 $W_{jk}(r,z,s)$ 为 $w_{jk}(r,z,t)$ 的 Laplace 变换形式,结合初始条件式(4.8a),对第 j 层土体第 k 圈层动力控制方程式(4.2a) 两边进行 Laplace 变换并化简可得

$$(\lambda_{jk}^{s} + 2G_{jk}^{s} + \eta_{jk}^{s} \cdot s)\frac{\partial^2 W_{jk}}{\partial z^2} + (G_{jk}^{s} + \eta_{jk}^{s} \cdot s)\left(\frac{1}{r}\frac{\partial W_{jk}}{\partial r} + \frac{\partial^2 W_{jk}}{\partial r^2}\right) = \rho_{jk}^{s} s^2 W_{jk} \tag{4.9}$$

式中: $W_{jk}(r,z,s) = \int_0^{+\infty} w_{jk}(r,z,t)\mathrm{e}^{-st}\mathrm{d}t$; s 为 Laplace 变换常数。

采用分离变量法,令第 j 层土体第 k 圈层位移 $W_{jk}(r,z,s) = R_{jk}(r)Z_{jk}(z)$,将其代入式(4.9)并化简可得

$$(\lambda_{jk}^{s} + 2G_{jk}^{s} + \eta_{jk}^{s} \cdot s)\frac{1}{Z_{jk}(z)}\frac{\partial^2 Z_{jk}(z)}{\partial z^2} + (G_{jk}^{s} + \eta_{jk}^{s} \cdot s)\frac{1}{R_{jk}(r)}\left[\frac{1}{r}\frac{\partial R_{jk}(r)}{\partial r} + \frac{\partial^2 R_{jk}(r)}{\partial r^2}\right] = \rho_{jk}^{s} s^2$$

$$\tag{4.10}$$

采用第 3 章的求解方法,可得第 j 层土体第 k 圈层位移 $W_{jk}(r,z,s)$ 的表达式如下:

$$W_{jk}(r,z,s) = [A_{jk}K_0(\xi_{jk}r) + B_{jk}I_0(\xi_{jk}r)][C_{jk}\sin(\beta_{jk}z) + D_{jk}\cos(\beta_{jk}z)] \tag{4.11}$$

式中: $I_0(\bullet)$、$K_0(\bullet)$ 分别为零阶第一类、第二类虚宗量 Bessel 函数; A_{jk}、B_{jk}、C_{jk} 和 D_{jk} 为由边界条件确定的待定系数; ξ_{jk}、β_{jk} 为分离变量法的常数,且满足如下关系式:

$$\xi_{jk}^2 = \frac{(\lambda_{jk}^{s} + 2G_{jk}^{s} + \eta_{jk}^{s} \cdot s)\beta_{jk}^2 + \rho_{jk}^{s} s^2}{G_{jk}^{s} + \eta_{jk}^{s} \cdot s} \tag{4.12}$$

对第 j 层土体第 k 圈层边界条件式(4.5) 进行 Laplace 变换,同时将整体坐标系进行局部化,即将局部坐标的零点建立在第 j 层土体的顶部,原来整体坐标中的 $z = h_j$、$z = h_j + l_j$ 分别变换为 $z' = 0$、$z' = l_j$,可得

$$\left[\frac{(k_{jk}^{s} + \delta_{jk}^{s} \cdot s)}{E_{jk}^{s}}W_{jk}(r,z',s) - \frac{\partial W_{jk}(r,z',s)}{\partial z'}\right]\bigg|_{z'=0} = 0 \tag{4.13a}$$

$$\left\{\frac{[k_{(j-1)k}^{s} + \delta_{(j-1)k}^{s} \cdot s]}{E_{jk}^{s}}W_{jk}(r,z',s) + \frac{\partial W_{jk}(r,z',s)}{\partial z'}\right\}\bigg|_{z'=l_j} = 0 \tag{4.13b}$$

将式(4.12)代入边界条件式(4.13a)、式(4.13b) 可得

$$\tan(\beta_{jk}l_j) = \frac{\left[\dfrac{k^{\mathrm{s}}_{jk}+\delta^{\mathrm{s}}_{jk}\cdot s}{E^{\mathrm{s}}_{jk}}l_j+\dfrac{k^{\mathrm{s}}_{(j-1)k}+\delta^{\mathrm{s}}_{(j-1)k}\cdot s}{E^{\mathrm{s}}_{jk}}l_j\right]\beta_{jk}l_j}{(\beta_{jk}l_j)^2-\left(\dfrac{k^{\mathrm{s}}_{jk}+\delta^{\mathrm{s}}_{jk}\cdot s}{E^{\mathrm{s}}_{jk}}l_j\right)\left(\dfrac{k^{\mathrm{s}}_{(j-1)k}+\delta^{\mathrm{s}}_{(j-1)k}\cdot s}{E^{\mathrm{s}}_{jk}}l_j\right)} = \frac{(\overline{K}_{jk}+\overline{K}'_{jk})\beta_{jk}l_j}{(\beta_{jk}l_j)^2-\overline{K}_{jk}\overline{K}'_{jk}}$$

$$(4.14)$$

式中:$\overline{K}_{jk}=\dfrac{k^{\mathrm{s}}_{jk}+\delta^{\mathrm{s}}_{jk}\cdot s}{E^{\mathrm{s}}_{jk}}l_j$、$\overline{K}'_{jk}=\dfrac{k^{\mathrm{s}}_{(j-1)k}+\delta^{\mathrm{s}}_{(j-1)k}\cdot s}{E^{\mathrm{s}}_{jk}}l_j$ 分别表示第 j 层土体第 k 圈层顶部和底部复刚度作用的无量纲参数。

　　将 $s=\mathrm{i}\omega$ 代入超越方程式(4.14),并在频域内采用二分法对其进行求解,可以得到一系列特征值 β_{jkn},将 β_{jkn} 代入式(4.12),可以得到一系列与其对应的特征值 ξ_{jkn}。

　　结合虚宗量 Bessel 函数的性质及边界条件式(4.5e)可得 $W_{jk}(r,z,s)$ 的表达式如下:

$$W_{jk}(r,z,s)=\begin{cases}\displaystyle\sum_{n=1}^{\infty}A_{jkn}K_0(\xi_{jkn}r)\sin(\beta_{jkn}z'+\phi_{jkn}),&k=y\\[2ex]\displaystyle\sum_{n=1}^{\infty}\left[B_{jkn}I_0(\xi_{jkn}r)+C_{jkn}K_0(\xi_{jkn}r)\right]\sin(\beta_{jkn}z'+\phi_{jkn}),&k=y-1,\cdots,2,1\end{cases}$$

$$(4.15)$$

式中:$\phi_{jkn}=\arctan(\beta_{jkn}l_j/\overline{K}_{jk})$;$A_{jkn}$、$B_{jkn}$、$C_{jkn}$ 为一系列由边界条件决定的常数。

　　对式(4.3)进行 Laplace 变换,并将式(4.15)代入可得第 k 圈层与第 $(k-1)$ 圈层之间的侧壁剪切应力为

$$\tau^{\mathrm{s}}_{rzjk}(r^{\mathrm{s}}_{jk},z,t)=\begin{cases}-(G^{\mathrm{s}}_{jk}+\eta^{\mathrm{s}}_{jk}\cdot s)\displaystyle\sum_{n=1}^{\infty}A_{jkn}\xi_{jkn}K_1(\xi_{jkn}r^{\mathrm{s}}_{jk})\sin(\beta_{jkn}z'+\phi_{jkn}),&k=y\\[2ex](G^{\mathrm{s}}_{jk}+\eta^{\mathrm{s}}_{jk}\cdot s)\displaystyle\sum_{n=1}^{\infty}\left[B_{jkn}\xi_{jkn}I_1(\xi_{jkn}r^{\mathrm{s}}_{jk})-C_{jkn}\xi_{jkn}K_1(\xi_{jkn}r^{\mathrm{s}}_{jk})\right]\sin(\beta_{jkn}z'+\phi_{jkn}),&k=y-1,\cdots,2,1\end{cases}$$

$$(4.16)$$

式中:$I_1(\cdot)$、$K_1(\cdot)$ 分别为一阶第一类、第二类虚宗量 Bessel 函数。

　　根据边界条件式(4.5c)、(4.5d),结合固有函数的正交性可得 B_{jkn} 与 C_{jkn} 关系式如下:
当 $k=y-1$ 时有

$$N_{jkn}=\frac{B_{jkn}}{C_{jkn}}=N_{j(y-1)n}$$

$$=\frac{[G^{\mathrm{s}}_{j(y-1)}+\eta^{\mathrm{s}}_{j(y-1)}\cdot s]\xi_{j(y-1)n}K_1[\xi_{j(y-1)n}r^{\mathrm{s}}_{jy}]K_0(\xi_{jyn}r^{\mathrm{s}}_{jy})-(G^{\mathrm{s}}_{jy}+\eta^{\mathrm{s}}_{jy}\cdot s)\xi_{jyn}K_1(\xi_{jyn}r^{\mathrm{s}}_{jy})K_0[\xi_{j(y-1)n}r^{\mathrm{s}}_{jy}]}{[G^{\mathrm{s}}_{j(y-1)}+\eta^{\mathrm{s}}_{j(y-1)}\cdot s]\xi_{j(y-1)n}I_1[\xi_{j(y-1)n}r^{\mathrm{s}}_{jy}]K_0(\xi_{jyn}r^{\mathrm{s}}_{jy})+(G^{\mathrm{s}}_{jy}+\eta^{\mathrm{s}}_{jy}\cdot s)\xi_{jyn}K_1(\xi_{jyn}r^{\mathrm{s}}_{jy})I_0[\xi_{j(y-1)n}r^{\mathrm{s}}_{jy}]}$$

$$(4.17)$$

当 $k=y-2,\cdots,2,1$ 时有

$$N_{jkn}=\frac{\begin{aligned}&(G^{\mathrm{s}}_{jk}+\eta^{\mathrm{s}}_{jk}\cdot s)\xi_{jkn}K_1[\xi_{jkn}+r^{\mathrm{s}}_{j(k+1)}]\{N_{j(k+1)n}I_0[\xi_{j(k+1)n}r^{\mathrm{s}}_{j(k+1)}]+K_0[\xi_{j(k+1)n}r^{\mathrm{s}}_{j(k+1)}]\}\\&+[G^{\mathrm{s}}_{j(k+1)}+\eta^{\mathrm{s}}_{j(k+1)}\cdot s]\xi_{j(k+1)n}K_0[\xi_{jkn}+r^{\mathrm{s}}_{j(k+1)}]\{N_{j(k+1)n}I_1[\xi_{j(k+1)n}r^{\mathrm{s}}_{j(k+1)}]-K_1[\xi_{j(k+1)n}r^{\mathrm{s}}_{j(k+1)}]\}\end{aligned}}{\begin{aligned}&(G^{\mathrm{s}}_{jk}+\eta^{\mathrm{s}}_{jk}\cdot s)\xi_{jkn}I_1[\xi_{jkn}+r^{\mathrm{s}}_{j(k+1)}]\{N_{j(k+1)n}I_0[\xi_{j(k+1)n}r^{\mathrm{s}}_{j(k+1)}]+K_0[\xi_{j(k+1)n}r^{\mathrm{s}}_{j(k+1)}]\}\\&-[G^{\mathrm{s}}_{j(k+1)}+\eta^{\mathrm{s}}_{j(k+1)}\cdot s]\xi_{j(k+1)n}I_0[\xi_{jkn}+r^{\mathrm{s}}_{j(k+1)}]\{N_{j(k+1)n}I_1[\xi_{j(k+1)n}r^{\mathrm{s}}_{j(k+1)}]-K_1[\xi_{j(k+1)n}r^{\mathrm{s}}_{j(k+1)}]\}\end{aligned}}$$

$$(4.18)$$

4.3.2　桩振动问题

结合式(4.16)～式(4.18)可以得到第 j 层土体对第 j 段桩(虚土桩)侧单位面积的侧壁应力,表达式如下:

$$\tau^{s}_{rzj1}(r^{p}_{j},z',s) = (G^{s}_{j1} + \eta^{s}_{j1} \cdot s)C_{j1n}\sum_{n=1}^{\infty}[N_{j1n}\xi_{j1n}I_{1}(\xi_{j1n}r^{p}_{j}) - \xi_{j1n}K_{1}(\xi_{j1n}r^{p}_{j})]\sin(\beta_{j1n}z' + \phi_{j1n}) \tag{4.19}$$

将式(4.19)代入桩的控制方程式(4.4)可得

$$E^{p}_{j}A^{p}_{j}\frac{\partial^{2}u_{j}}{\partial z^{2}} + A^{p}_{j}\eta^{p}_{j}\frac{\partial^{3}u_{j}}{\partial t\partial z^{2}} - m^{p}_{j}\frac{\partial^{2}u_{j}}{\partial t^{2}} - 2\pi r^{p}_{j}(G^{s}_{j1} + \eta^{s}_{j1} \cdot s)C_{j1n}$$

$$\times \sum_{n=1}^{\infty}[N_{j1n}\xi_{j1n}I_{1}(\xi_{j1n}r^{p}_{j}) - \xi_{j1n}K_{1}(\xi_{j1n}r^{p}_{j})]\sin(\beta_{j1n}z' + \phi_{j1n}) = 0 \tag{4.20}$$

令 $U_{j}(z,s)$ 为第 j 段桩身位移 $u_{j}(z,t)$ 的 Laplace 变换形式,并对式(4.20)两边进行 Laplace 变换,采用局部坐标系,可得

$$(V^{p}_{j})^{2}\left(1 + \frac{\eta^{p}_{j}}{E^{p}_{j}} \cdot s\right)\frac{\partial^{2}U_{j}}{\partial z'^{2}} - s^{2}U_{j} - \frac{2\pi r^{p}_{j}}{\rho^{p}_{j}A^{p}_{j}}(G^{s}_{j1} + \eta^{s}_{j1} \cdot s)C_{j1n}$$

$$\times \sum_{n=1}^{\infty}[N_{j1n}\xi_{j1n}I_{1}(\xi_{j1n}r^{p}_{j}) - \xi_{j1n}K_{1}(\xi_{j1n}r^{p}_{j})]\sin(\beta_{j1n}z' + \phi_{j1n}) = 0 \tag{4.21}$$

式中: $V^{p}_{j} = \sqrt{E^{p}_{j}/\rho^{p}_{j}}$ 为第 j 段桩身的一维弹性纵波波速, ρ^{p}_{j} 为第 j 段桩身密度。

式(4.21)齐次式的通解 $U^{\#}_{j}$ 为

$$U^{\#}_{j} = D_{j}\cos(\bar{\lambda}_{j}z'/l_{j}) + D'_{j}\sin(\bar{\lambda}_{j}z'/l_{j}) \tag{4.22}$$

式中: D_{j},D'_{j} 为由边界条件确定的待定系数, $\bar{\lambda}_{j}$ 为无量纲特征值,其表达式如下:

$$\bar{\lambda}_{j} = \sqrt{-\frac{s^{2}t^{2}_{j}}{1 + \dfrac{\eta^{p}_{j}}{E^{p}_{j}} \cdot s}} \tag{4.23}$$

其中: $t_{j} = l_{j}/V^{p}_{j}$ 为弹性纵波在第 j 段桩身传播的时间。

假设方程式(4.21)的通解 U^{*}_{j} 为

$$U^{*}_{j} = \sum_{n=1}^{\infty}\gamma_{jn}\sin(\beta_{j1n}z' + \phi_{j1n}) \tag{4.24}$$

式中:

$$\gamma_{jn} = -\frac{2\pi r^{p}_{j}(G^{s}_{j1} + \eta^{s}_{j1} \cdot s)C_{j1n}[N_{j1n}\xi_{j1n}I_{1}(\xi_{j1n}r^{p}_{j}) - \xi_{j1n}K_{1}(\xi_{j1n}r^{p}_{j})]}{\rho^{p}_{j}A^{p}_{j}\left[(\beta_{j1n}V^{p}_{j})^{2}\left(1 + \dfrac{\eta^{p}_{j}}{E^{p}_{j}} \cdot s\right) + s^{2}\right]} \tag{4.25}$$

联立式(4.22)、式(4.24),可得第 j 段桩身位移 U_{j} 的解为

$$U_{j} = U^{\#}_{j} + U^{*}_{j} = D_{j}\cos(\bar{\lambda}_{j}z'/l_{j}) + D'_{j}\sin(\bar{\lambda}_{j}z'/l_{j}) + \sum_{n=1}^{\infty}\gamma_{jn}\sin(\beta_{j1n}z' + \phi_{j1n}) \tag{4.26}$$

利用桩土接触面上的位移连续条件,对式(4.7)进行 Laplace 变换,然后将式(4.15)、式(4.26)代入桩土接触面的边界条件可得

$$D_j \cos(\bar{\lambda}_j z'/l_j) + D'_j \sin(\bar{\lambda}_j z'/l_j) + \sum_{n=1}^{\infty} \gamma_{jn} \sin(\beta_{j1n} z' + \phi_{j1n})$$

$$= C_{j1n} \sum_{n=1}^{\infty} [N_{j1n} I_0(\xi_{j1n} r_j^p) + K_0(\xi_{j1n} r_j^p)] \sin(\beta_{j1n} z' + \phi_{j1n}) \qquad (4.27)$$

利用固有函数系 $\sin(\beta_{j1n} z' + \phi_{j1n})$ 的正交性可求得第 j 段桩身位移 U_j 表达式如下：

$$U_j = D_j \left[\cos(\bar{\lambda}_j z'/l_j) + \sum_{n=1}^{\infty} \chi'_{jn} \sin(\beta_{j1n} z' + \phi_{j1n}) \right] + D'_j \left[\sin(\bar{\lambda}_j z'/l_j) + \sum_{n=1}^{\infty} \chi''_{jn} \sin(\beta_{j1n} z' + \phi_{j1n}) \right]$$

$$\qquad (4.28)$$

式中：

$$\chi'_{jn} = \chi_{jn} \left[\frac{\cos(\bar{\beta}_{j1n} + \bar{\lambda}_j + \phi_{j1n}) - \cos\phi_{j1n}}{\bar{\beta}_{j1n} + \bar{\lambda}_j} + \frac{\cos(\bar{\beta}_{j1n} - \bar{\lambda}_j + \phi_{j1n}) - \cos\phi_{j1n}}{\bar{\beta}_{j1n} - \bar{\lambda}_j} \right] \qquad (4.29)$$

$$\chi''_{jn} = \chi_{jn} \left[\frac{\sin(\bar{\beta}_{j1n} + \bar{\lambda}_j + \phi_{j1n}) - \sin\phi_{j1n}}{\bar{\beta}_{j1n} + \bar{\lambda}_j} - \frac{\sin(\bar{\beta}_{j1n} - \bar{\lambda}_j + \phi_{j1n}) - \sin\phi_{j1n}}{\bar{\beta}_{j1n} - \bar{\lambda}_j} \right] \qquad (4.30)$$

$$\chi_{jn} = \frac{(G_{j1}^s + \eta_{j1}^s \cdot s) \bar{\xi}_{j1n} [N_{j1n} I_1(\bar{\xi}_{j1n} \bar{r}_j^p) - K_1(\bar{\xi}_{j1n} \bar{r}_j^p)] t_j^2}{\rho_j^p l_j \bar{r}_j^p \left[\bar{\beta}_{j1n}^2 \left(1 + \frac{\eta_j^p}{E_j^p} \cdot s \right) + s^2 t_j^2 \right] \varphi_{jn} L_{jn}} \qquad (4.31)$$

$$\varphi_{jn} = N_{j1n} \left\{ I_0(\bar{\xi}_{j1n} \bar{r}_j^p) + \frac{2(G_{j1}^s + \eta_{j1}^s \cdot s) \bar{\xi}_{j1n} I_1(\bar{\xi}_{j1n} \bar{r}_j^p) t_j^2}{\rho_j^p l_j^2 \bar{r}_j^p \left[\bar{\beta}_{j1n}^2 \left(1 + \frac{\eta_j^p}{E_j^p} \cdot s \right) + s^2 t_j^2 \right]} \right\}$$

$$+ \left\{ K_0(\bar{\xi}_{j1n} \bar{r}_j^p) - \frac{2(G_{j1}^s + \eta_{j1}^s \cdot s) \bar{\xi}_{j1n} K_1(\bar{\xi}_{j1n} \bar{r}_j^p) t_j^2}{\rho_j^p l_j^2 \bar{r}_j^p \left[\bar{\beta}_{j1n}^2 \left(1 + \frac{\eta_j^p}{E_j^p} \cdot s \right) + s^2 t_j^2 \right]} \right\} \qquad (4.32)$$

$$L_{jn} = \int_0^{l_j} \sin^2(\beta_{j1n} z' + \phi_{j1n}) dz' \qquad (4.33)$$

其中：$\bar{\beta}_{j1n} = \beta_{j1n} l_j$、$\bar{\xi}_{j1n} = \xi_{j1n} l_j$、$\bar{r}_j^p = r_j^p/l_j$ 均为无量纲参数；$t_j = l_j/V_j^p$ 为弹性纵波在第 j 段桩身传播的时间。

结合边界条件式(4.6)，采用局部坐标系，可得第 j 段桩身顶部的位移阻抗函数表达式为

$$Z_j(s) = \frac{-\left[E_j^p A_j^p \frac{\partial U_j}{\partial z'} + \eta_j^p A_j^p \cdot S \frac{\partial U_j}{\partial z'} \right] \Big|_{z'=0}}{U_j \big|_{z'=0}}$$

$$= -\frac{E_j^p A_j^p}{l_j} \frac{\dfrac{D_j}{D'_j} \sum_{n=1}^{\infty} \chi'_{jn} \bar{\beta}_{j1n} \cos\phi_{j1n} + \bar{\lambda}_j + \sum_{n=1}^{\infty} \chi''_{jn} \bar{\beta}_{j1n} \cos\phi_{j1n}}{\dfrac{D_j}{D'_j} \left(1 + \sum_{n=1}^{\infty} \chi'_{jn} \sin\phi_{j1n} \right) + \sum_{n=1}^{\infty} \chi''_{jn} \sin\phi_{j1n}} \qquad (4.34)$$

式中：

$$\frac{D_j}{D'_j} = -\frac{\sum_{n=1}^{\infty} \chi''_{jn} \bar{\beta}_{j1n} \cos(\bar{\beta}_{j1n} + \phi_{j1n}) + \bar{\lambda}_j \cos\bar{\lambda}_j + \dfrac{Z_{j-1}(s) l_j}{E_j^p A_j^p} \left[\sin\bar{\lambda}_j + \sum_{n=1}^{\infty} \chi''_{jn} \sin(\bar{\beta}_{j1n} + \phi_{j1n}) \right]}{\sum_{n=1}^{\infty} \chi'_{jn} \bar{\beta}_{j1n} \cos(\bar{\beta}_{j1n} + \phi_{j1n}) - \bar{\lambda}_j \sin\bar{\lambda}_j + \dfrac{Z_{j-1}(s) l_j}{E_j^p A_j^p} \left[\cos\bar{\lambda}_j + \sum_{n=1}^{\infty} \chi'_{j1n} \sin(\bar{\beta}_{j1n} + \phi_{j1n}) \right]}$$

$$\qquad (4.35)$$

$Z_{j-1}(s)$ 是第 $(j-1)$ 段桩身顶部的位移阻抗函数，可结合边界条件式(4.6)利用阻抗函数递推特性求得。利用阻抗函数的递推特性，可以得到桩顶(即第 m 段桩)的位移阻抗函数如下：

$$Z_m(s) = \frac{-\left[E_m^p A_m^p \dfrac{\partial U_m}{\partial z'} + \eta_m^p A_m^p \cdot S \dfrac{\partial U_m}{\partial z'}\right]\Big|_{z'=0}}{U_m\big|_{z'=0}} = -\frac{E_m^p A_m^p}{l_m} Z_m'(s) \tag{4.36}$$

式中：$Z_m'(s)$ 为无量纲桩顶位移阻抗函数，且满足：

$$Z_m'(s) = \frac{\dfrac{D_m}{D_m'}\sum\limits_{n=1}^{\infty}\chi_{mn}'\bar{\beta}_{m1n}\cos\phi_{m1n} + \bar{\lambda}_m + \sum\limits_{n=1}^{\infty}\chi_{mn}''\bar{\beta}_{m1n}\cos\phi_{m1n}}{\dfrac{D_m}{D_m'}\left(1 + \sum\limits_{n=1}^{\infty}\chi_{mn}'\sin\phi_{m1n}\right) + \sum\limits_{n=1}^{\infty}\chi_{mn}''\sin\phi_{m1n}} \tag{4.37}$$

其中：

$$\frac{D_m}{D_m'} = -\frac{\sum\limits_{n=1}^{\infty}\chi_{mn}''\bar{\beta}_{m1n}\cos(\bar{\beta}_{m1n}+\phi_{m1n}) + \bar{\lambda}_m\cos\bar{\lambda}_m + \dfrac{Z_{m-1}(s)l_m}{E_m^p A_m^p}\left[\sin\bar{\lambda}_m + \sum\limits_{n=1}^{\infty}\chi_{mn}''\sin(\bar{\beta}_{m1n}+\phi_{m1n})\right]}{\sum\limits_{n=1}^{\infty}\chi_{mn}'\bar{\beta}_{m1n}\cos(\bar{\beta}_{m1n}+\phi_{m1n}) - \bar{\lambda}_m\sin\bar{\lambda}_m + \dfrac{Z_{m-1}(s)l_m}{E_m^p A_m^p}\left[\cos\bar{\lambda}_m + \sum\limits_{n=1}^{\infty}\chi_{mn}'\sin(\bar{\beta}_{m1n}+\phi_{m1n})\right]} \tag{4.38}$$

$$\chi_{mn}' = \chi_{mn}\left[\frac{\cos(\bar{\beta}_{m1n}+\bar{\lambda}_m+\phi_{m1n}) - \cos\phi_{m1n}}{\bar{\beta}_{m1n}+\bar{\lambda}_m} + \frac{\cos(\bar{\beta}_{m1n}-\bar{\lambda}_m+\phi_{m1n}) - \cos\phi_{m1n}}{\bar{\beta}_{m1n}-\bar{\lambda}_m}\right] \tag{4.39}$$

$$\chi_{mn}'' = \chi_{mn}\left[\frac{\sin(\bar{\beta}_{m1n}+\bar{\lambda}_m+\phi_{m1n}) - \sin\phi_{m1n}}{\bar{\beta}_{m1n}+\bar{\lambda}_m} - \frac{\sin(\bar{\beta}_{m1n}-\bar{\lambda}_m+\phi_{m1n}) - \sin\phi_{m1n}}{\bar{\beta}_{m1n}-\bar{\lambda}_m}\right] \tag{4.40}$$

$$\chi_{mn} = \frac{(G_{m1}^s + \eta_{m1}^s \cdot s)\bar{\xi}_{m1n}\left[N_{m1n}I_1(\bar{\xi}_{m1n}\bar{r}_m^p) - K_1(\bar{\xi}_{m1n}\bar{r}_m^p)\right]t_m^2}{\rho_m^p l_m \bar{r}_m^p\left[\bar{\beta}_{m1n}^2\left(1 + \dfrac{\eta_m^p}{E_m^p}\cdot s\right) + s^2 t_m^2\right]\varphi_{mn}L_{mn}} \tag{4.41}$$

$$\varphi_{mn} = N_{m1n}\left\{I_0(\bar{\xi}_{m1n}\bar{r}_m^p) + \frac{2(G_{m1}^s + \eta_{m1}^s \cdot s)\bar{\xi}_{m1n}I_1(\bar{\xi}_{m1n}\bar{r}_m^p)t_m^2}{\rho_m^p l_m^2 \bar{r}_m^p\left[\bar{\beta}_{m1n}^2\left(1 + \dfrac{\eta_m^p}{E_m^p}\cdot s\right) + s^2 t_m^2\right]}\right\}$$

$$+ \left\{K_0(\bar{\xi}_{m1n}\bar{r}_m^p) - \frac{2(G_{m1}^s + \eta_{m1}^s \cdot s)\bar{\xi}_{m1n}K_1(\bar{\xi}_{m1n}\bar{r}_m^p)t_m^2}{\rho_m^p l_m^2 \bar{r}_m^p\left[\bar{\beta}_{m1n}^2\left(1 + \dfrac{\eta_m^p}{E_m^p}\cdot s\right) + s^2 t_m^2\right]}\right\} \tag{4.42}$$

$$L_{mn} = \int_0^{l_m}\sin^2(\beta_{m1n}z' + \phi_{m1n})\mathrm{d}z' \tag{4.43}$$

其中：$\bar{\lambda}_m = \sqrt{-\dfrac{s^2 t_m^2}{1 + \dfrac{\eta_m^p}{E_m^p}\cdot s}}$、$\bar{\beta}_{m1n} = \beta_{m1n}l_m$、$\bar{\xi}_{m1n} = \xi_{m1n}l_m$、$\bar{r}_m^p = r_m^p/l_m$ 均为无量纲参数；$t_m = l_m/V_m^p$ 为弹性纵波在第 m 段桩身传播的时间。

式中的 ϕ_{m1n} 和 β_{m1n} 可分别由下面两式得到：

$$\phi_{m1n} = \arctan(\beta_{m1n}l_m/\overline{K}_{m1}) \tag{4.44}$$

$$\tan(\beta_{m1}l_m) = \frac{(\overline{K}_{m1} + \overline{K}'_{m1})\beta_{m1}l_m}{(\beta_{m1}l_m)^2 - \overline{K}_{m1}\overline{K}'_{m1}} \tag{4.45}$$

式中：$\overline{K}_{m1} = \dfrac{k^s_{m1} + \delta^s_{m1} \cdot s}{E^s_{m1}}l_m$、$\overline{K}'_{m1} = \dfrac{k^s_{(m-1)1} + \delta^s_{(m-1)1} \cdot s}{E^s_{m1}}l_m$ 分别为第 m 段土层第 1 圈层顶部

和底部复刚度作用的无量纲参数；l_m 为第 m 层土层厚度。

由桩顶位移阻抗函数可得桩顶位移响应函数如下：

$$G_u(s) = \frac{1}{Z_m(s)}$$

$$= -\frac{l_m}{E^p_m A^p_m}\frac{\dfrac{D_m}{D'_m}\left(1 + \sum\limits_{n=1}^{\infty}\chi'_{mn}\sin\phi_{m1n}\right) + \sum\limits_{n=1}^{\infty}\chi''_{mn}\sin\phi_{m1n}}{\dfrac{D_m}{D'_m}\sum\limits_{n=1}^{\infty}\chi'_{mn}\overline{\beta}_{m1n}\cos\phi_{m1n} + \overline{\lambda}_m + \sum\limits_{n=1}^{\infty}\chi''_{mn}\overline{\beta}_{m1n}\cos\phi_{m1n}} \tag{4.46}$$

进一步可得到桩顶速度响应函数为

$$G_v(s) = \frac{s}{Z_m(s)}$$

$$= -\frac{l_m \cdot s}{E^p_m A^p_m}\frac{\dfrac{D_m}{D'_m}\left(1 + \sum\limits_{n=1}^{\infty}\chi'_{mn}\sin\phi_{m1n}\right) + \sum\limits_{n=1}^{\infty}\chi''_{mn}\sin\phi_{m1n}}{\dfrac{D_m}{D'_m}\sum\limits_{n=1}^{\infty}\chi'_{mn}\overline{\beta}_{m1n}\cos\phi_{m1n} + \overline{\lambda}_m + \sum\limits_{n=1}^{\infty}\chi''_{mn}\overline{\beta}_{m1n}\cos\phi_{m1n}} \tag{4.47}$$

令 $s = \mathrm{i}\omega$（$\mathrm{i} = \sqrt{-1}$ 为虚数单位，ω 为激振圆频率，与普通频率 f 的关系为 $\omega = 2\pi f$），
由式（4.37）可得无量纲桩顶复刚度：

$$K_d = Z'_m(\mathrm{i}\omega) = K + \mathrm{i}C \tag{4.48}$$

式中：实部 K 为真实的桩顶动刚度，反映桩土系统抵抗纵向变形的能力；虚部 C 为动阻尼，
反映应力波的能量耗散特性。

由式（4.46）可得桩顶位移频域响应：

$$H_u(\mathrm{i}\omega) = \frac{1}{Z_m(\mathrm{i}\omega)} = \frac{l_m}{E^p_m A^p_m}H'_u \tag{4.49}$$

式中：H'_u 为无量纲桩顶位移响应函数，表达为

$$H'_u = -\frac{\dfrac{D_m}{D'_m}\left(1 + \sum\limits_{n=1}^{\infty}\chi'_{mn}\sin\phi_{m1n}\right) + \sum\limits_{n=1}^{\infty}\chi''_{mn}\sin\phi_{m1n}}{\dfrac{D_m}{D'_m}\sum\limits_{n=1}^{\infty}\chi'_{mn}\overline{\beta}_{m1n}\cos\phi_{m1n} + \overline{\lambda}_m + \sum\limits_{n=1}^{\infty}\chi''_{mn}\overline{\beta}_{m1n}\cos\phi_{m1n}} \tag{4.50}$$

相位差为

$$\theta(\omega) = \arctan\left[\frac{\mathrm{Im}(H_u)}{\mathrm{Re}(H_u)}\right] \tag{4.51}$$

由式（4.47）可得桩顶速度频域响应（速度导纳）：

$$H_v(\mathrm{i}\omega) = \frac{\mathrm{i}\omega}{Z_2(\mathrm{i}\omega)} = -\frac{1}{\rho^p_m A^p_m V^p_m}H'_v \tag{4.52}$$

式中：H'_v 为速度频域响应函数，表达为

基于虚土桩法的桩纵向振动理论

・66・

$$H_v' = \mathrm{i}\omega t_m \frac{\dfrac{D_m}{D_m'}\left(1+\sum_{n=1}^{\infty}\chi_{mn}'\sin\phi_{m1n}\right)+\sum_{n=1}^{\infty}\chi_{mn}''\sin\phi_{m1n}}{\dfrac{D_m}{D_m'}\sum_{n=1}^{\infty}\chi_{mn}'\bar{\beta}_{m1n}\cos\phi_{m1n}+\bar{\lambda}_m+\sum_{n=1}^{\infty}\chi_{mn}''\bar{\beta}_{m1n}\cos\phi_{m1n}} \tag{4.53}$$

在基桩低应变动测时，可将桩顶荷载简化为半正弦脉冲激励，即 $q(t)=Q_{\max}\sin\dfrac{\pi t}{T}$［其中 $t\in(0,T)$，T 为脉冲宽度，$Q_{\max}$ 为半正弦脉冲激励峰值］，根据 Fourier 变换的性质，通过对桩顶荷载与桩顶速度时域响应进行卷积可得半正弦脉冲激励作用下的桩顶速度时域响应半解析解，表达如下：

$$V(t)=q(t)*\mathrm{IFT}[H_v(\mathrm{i}\omega)]=\mathrm{IFT}[Q(\mathrm{i}\omega)\cdot H_v(\mathrm{i}\omega)]$$
$$=-\frac{Q_{\max}}{\rho_m^p A_m^p V_m^p}V_v' \tag{4.54}$$

式中：V_v' 为桩顶无量纲速度时域响应，表达为

$$V_v'=\frac{1}{2}\int_{-\infty}^{\infty}\mathrm{i}\bar{\omega}\bar{t}_m\frac{\dfrac{D_m}{D_m'}\left(1+\sum_{n=1}^{\infty}\chi_{mn}'\sin\phi_{m1n}\right)+\sum_{n=1}^{\infty}\chi_{mn}''\sin\phi_{m1n}}{\dfrac{D_m}{D_m'}\sum_{n=1}^{\infty}\chi_{mn}'\bar{\beta}_{m1n}\cos\phi_{m1n}+\bar{\lambda}_m+\sum_{n=1}^{\infty}\chi_{mn}''\bar{\beta}_{m1n}\cos\phi_{m1n}}\frac{\bar{T}}{\pi^2-\bar{T}^2\bar{\omega}^2}\cdot(1+\mathrm{e}^{-\mathrm{i}\bar{\omega}\bar{T}})\mathrm{e}^{\mathrm{i}\bar{\omega}\bar{t}}\mathrm{d}\bar{\omega}$$

$$\tag{4.55}$$

式中：$\bar{\omega}=\omega T_c$ 为无量纲频率；$\bar{T}=T/T_c$ 为无量纲脉冲宽度因子；$\bar{t}_m=t_m/T_c$、$\bar{t}=t/T_c$ 为无量纲时间；T_c 为弹性纵波在桩身中传播的总时间。

4.4 桩侧土施工扰动效应对桩顶动力响应的影响分析

针对不同地基土及桩型，桩侧土的施工扰动效应可以分为施工硬化和施工软化两种。例如：在原土质为密实的粉土及高灵敏性黏土、软土中，进行钻孔灌注桩等施工的工况，靠近桩身的扰动区域土体受到钻孔扰动和松弛效应影响，其剪切模量可能会有一定下降，即施工软化；在原土质为松散或不够密实的砂土、粉土中打入挤土型桩（如预应力混凝土管桩、钢管桩及沉管灌注桩等）的工况，靠近桩身的扰动区域土体受到挤密效应影响，其剪切模量会有一定提高，即施工硬化。下面先以桩侧土施工硬化工况为例，对桩侧土多圈层复刚度传递模型中的径向划分圈层数对解可靠性和精度的影响进行讨论。然后针对桩侧土施工硬化和施工软化两类工况，详细讨论扰动区域范围及扰动程度对桩顶动力响应的影响。在随后的分析中，桩参数取为：桩长为 15 m，截面半径为 0.5 m，密度为 2 500 kg/m³，弹性纵波波速为 3 800 m/s。根据单因素分析原则，桩端土暂不考虑其施工扰动效应，桩端土参数取为：桩端土厚度为 3 倍的桩径，密度为 2 000 kg/m³，剪切波速为 220 m/s，泊松比为 0.35，黏性阻尼系数为 1 000 N·s/m³。土层层间 Voigt 模型参数取值规则为：Voigt 模型的刚度系数为 1 倍的下层土弹性模量值，黏性阻尼系数为 10 000 N·s/m³。

4.4.1 径向划分圈层数的影响

分析径向划分圈层数对桩顶动力响应的影响时，用于计算的参数为：桩侧土密度为

1 800 kg/m³,泊松比为 0.4,黏性阻尼系数为 1 000 N·s/m³,定义桩身截面半径为 r_2,此时扰动区域厚度(b_2)取为 $0.1r_2$。假定桩侧土层从原状区域到扰动区域,剪切波速从 150 m/s 线性增加到 200 m/s,径向划分圈层数(N)分别为 5,10,15,20,50。

　　图 4.2、图 4.3 分别反映了径向划分圈层数对桩顶复刚度和速度响应的影响。由桩顶复刚度曲线可以看出,随着径向划分圈层数的增大,低频段的共振峰幅值和共振频率基本不受圈层数的影响,但高频段共振峰的幅值会略微增大,当径向划分圈层数增大到一定值之后(本例为 $N = 20$ 以后),复刚度趋于稳定,这个时候说明计算结果已经收敛。由桩顶速度响应曲线可以看出,速度频域响应曲线的变化规律与复刚度的变化规律基本一致,而对于速度时域响应曲线,随着径向划分圈层数的增大,桩尖反射信号略微提前,且反向反射信号幅值略微增大,当径向划分圈层数增大到一定值之后(本例为 $N = 20$ 以后),桩顶速度时域响应曲线也趋于稳定。综合图 4.2、图 4.3 可以看出,当径向划分圈层数(N)取 20 以上时,桩顶复刚度和速度响应曲线基本不再受到径向划分圈层数的影响,说明此时计算过程已经收敛,计算结果也能满足精度要求。为了验证该规律的普遍性,作者还反复试算了其他工况下土体径向划分圈层数对桩顶动力响应的影响,试算结果表明,当 N 取 20 以上时,计算过程均可收敛。因此,在后续分析中,如果不做特别说明,土体径向划分圈层数统一取为 $N = 20$。

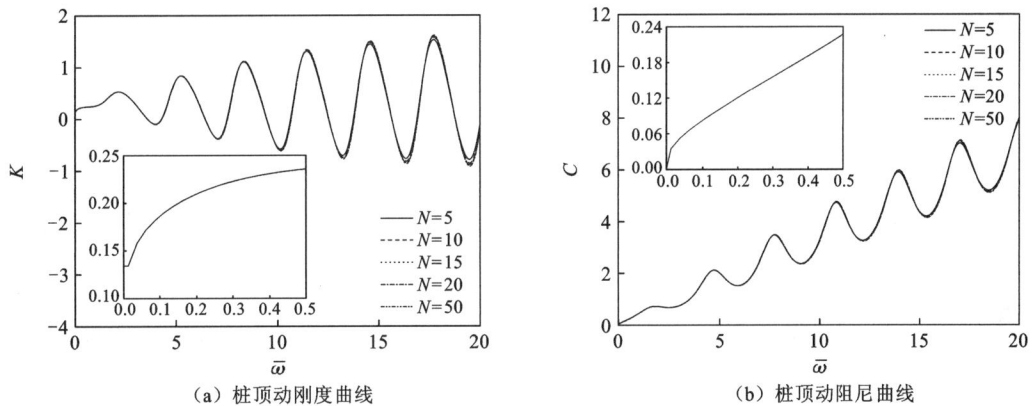

(a) 桩顶动刚度曲线　　　　　　　　(b) 桩顶动阻尼曲线

图 4.2　径向划分圈层数对桩顶复刚度的影响

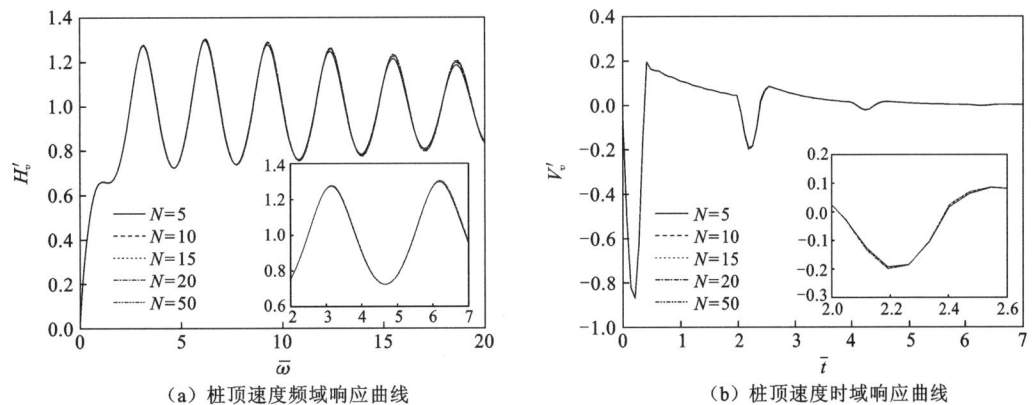

(a) 桩顶速度频域响应曲线　　　　　　　　(b) 桩顶速度时域响应曲线

图 4.3　径向划分圈层数对桩顶速度响应的影响

4.4.2　桩侧土扰动区域扰动范围的影响

1. 扰动区域土体施工硬化时的影响

首先在较小范围内分析扰动区域硬化厚度对桩顶动力响应的影响,计算参数取为:桩侧土密度为 $1\,800\,\mathrm{kg/m^3}$,泊松比为 0.4,黏性阻尼系数为 $1\,000\,\mathrm{N \cdot s/m^3}$,假定桩侧土层从原状区域到扰动区域,剪切波速从 $150\,\mathrm{m/s}$ 线性增加到 $200\,\mathrm{m/s}$,扰动区域硬化厚度(b_2)分别取为 $0r_2, 0.02r_2, 0.05r_2, 0.10r_2, 0.15r_2$,当扰动区域硬化厚度为 0 时,即退化为均质土情况。

图 4.4 反映了较小范围内扰动区域硬化厚度对桩顶复刚度的影响。由图可以看出,扰动区域硬化厚度越小,桩顶动刚度和动阻尼均越接近桩侧土为均质时的工况。随着扰动区域硬化厚度的增大,动刚度和动阻尼共振峰幅值逐渐减小,且共振频率有一定的减小,但减幅较小。在动力基础设计关注的低频范围内,随着扰动区域硬化厚度的增大,动刚度和动阻尼均有一定幅度的增大。图 4.5 反映了较小范围内扰动区域硬化厚度对桩顶速度响应的影响。由图可以看出,扰动区域硬化厚度越小,桩顶速度频域响应和时域响应均越接近桩侧土为均质时的工况。随着扰动区域硬化厚度的增大,桩顶速度频域响应曲线的共振峰峰值逐渐减小,且共振频率有一定程度的减小。同时,随着扰动区域硬化厚度的增大,桩顶时域响应曲线的桩尖反射信号幅值减小,且桩尖同向反射信号有后移的趋势。由此可以看出,即使桩侧土扰动范围很小,哪怕施工效应只影响了桩侧附近几厘米厚度范围内的土体性质,也直接影响着桩顶动力响应,这充分说明了考虑施工效应对桩顶动力响应影响的重要性。

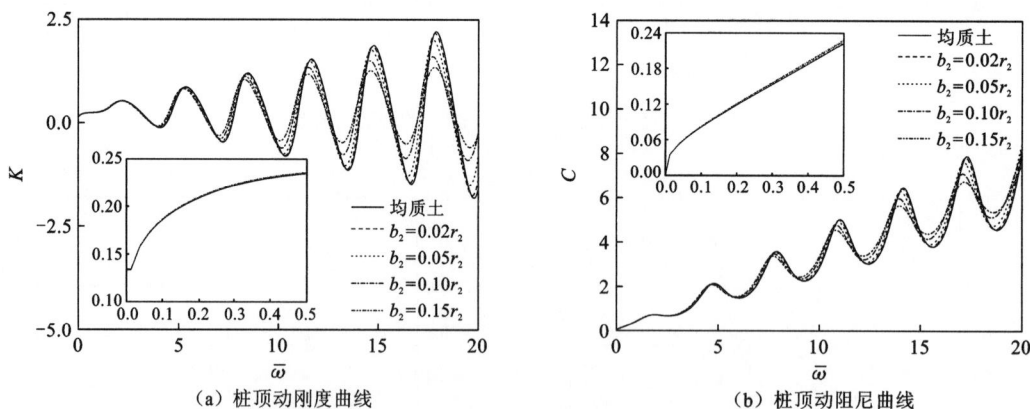

(a) 桩顶动刚度曲线　　　　　　　　(b) 桩顶动阻尼曲线

图 4.4　扰动区域硬化厚度对桩顶复刚度的影响

为了更加详细地研究桩侧土扰动区域硬化范围的影响,进一步,在较大范围内分析扰动区域硬化厚度对桩顶动力响应的影响,计算参数取为:扰动区域硬化厚度(b_2)分别取为 $0r_2, 0.5r_2, 1.0r_2, 1.5r_2, 2.0r_2$,其余参数取值同较小范围内分析扰动区域硬化范围对桩

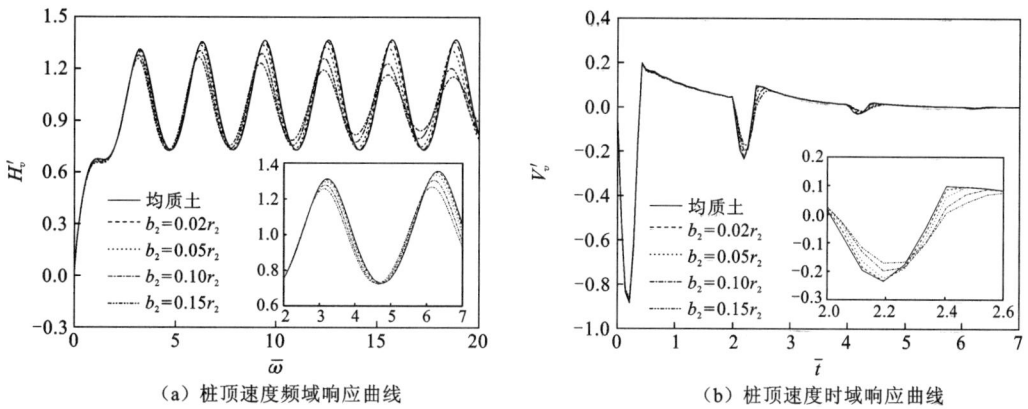

（a）桩顶速度频域响应曲线　　　（b）桩顶速度时域响应曲线

图 4.5　扰动区域硬化厚度对桩顶速度响应的影响

顶动力响应影响时的参数取值。

图 4.6 反映了较大范围内扰动区域硬化厚度对桩顶复刚度的影响。由图可以看出，随着扰动区域硬化厚度的进一步增大，动刚度和动阻尼共振峰的幅值会进一步减小，但当扰动区域硬化厚度大到一定值之后（如本例中当 $b_2 > 1.0r_2$ 时），高频范围内的动刚度和动阻尼曲线逐渐趋于一致，但在动力基础设计关注的低频范围内，动刚度和动阻尼均会进一步增大。图 4.7 反映了较大范围内扰动区域硬化厚度对桩顶速度响应的影响。由图可以看出，随着扰动区域硬化厚度的进一步增大，桩顶速度频域响应曲线共振峰幅值及桩顶速度时域响应曲线桩尖反射信号的幅值均会进一步减小。与桩顶复刚度呈现的规律一致，当扰动区域硬化厚度大到一定值之后（如本例中当 $b_2 > 1.0r_2$ 时），扰动区域硬化厚度继续增大对桩顶速度频域响应曲线的影响总体上较小，仅对低频段有小幅影响，而对高频段基本无影响。同样地，扰动区域硬化厚度进一步增大对桩顶速度时域响应曲线的影响总体上也不大，桩尖反射信号变化不明显。

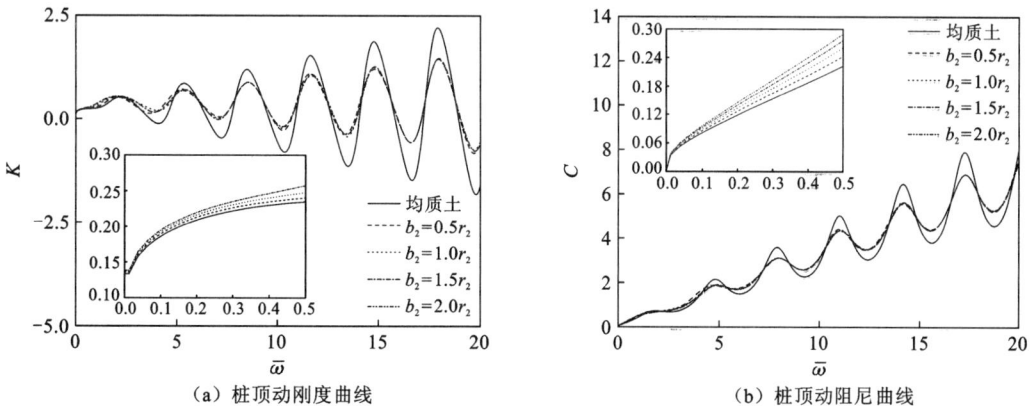

（a）桩顶动刚度曲线　　　（b）桩顶动阻尼曲线

图 4.6　扰动区域硬化厚度对桩顶复刚度的影响

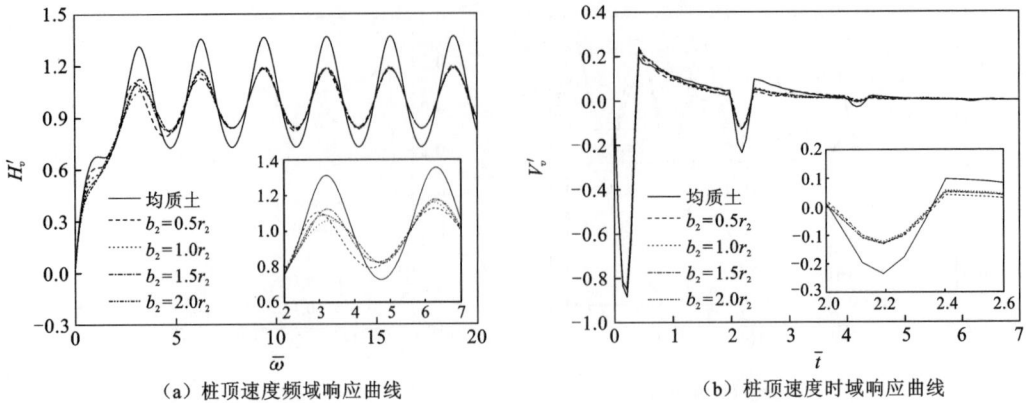

（a）桩顶速度频域响应曲线　　　　　　　（b）桩顶速度时域响应曲线

图 4.7　扰动区域硬化厚度对桩顶速度响应的影响

2. 扰动区域土体施工软化时的影响

首先在较小范围内分析扰动区域软化厚度对桩顶动力响应的影响,计算参数取为:桩侧土密度为 $1\,800\ \mathrm{kg/m^3}$,泊松比为 0.4,黏性阻尼系数为 $1\,000\ \mathrm{N \cdot s/m^3}$,假定桩侧土层从原状区域到扰动区域,剪切波速从 200 m/s 线性减小到 150 m/s,扰动区域软化厚度(b_2)分别取为 $0r_2,0.02r_2,0.05r_2,0.10r_2,0.15r_2$,当扰动区域软化厚度为 0 时,即退化为均质土情况。

图 4.8 反映了较小范围内扰动区域软化厚度对桩顶复刚度的影响。由图可以看出,扰动区域软化厚度越小,桩顶动刚度和动阻尼均越接近桩侧土为均质时的工况。随着扰动区域软化厚度的增大,动刚度和动阻尼共振峰幅值逐渐增大,且共振频率有一定的增大,但增幅较小。在动力基础设计关注的低频范围内,随着扰动区域软化厚度的增大,动刚度和动阻尼均有一定幅度的减小。图 4.9 反映了较小范围内扰动区域软化厚度对桩顶速度响应的影响。由图可以看出,扰动区域软化厚度越小,桩顶速度频域响应和时域响应均越接

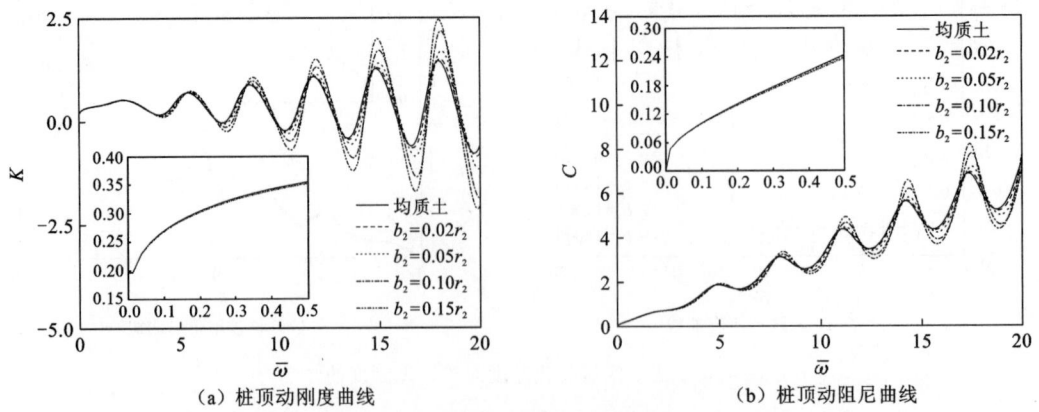

（a）桩顶动刚度曲线　　　　　　　　　（b）桩顶动阻尼曲线

图 4.8　扰动区域软化厚度对桩顶复刚度的影响

近桩侧土为均质时的工况。随着扰动区域软化厚度的增大,桩顶速度频域响应曲线的共振峰峰值也逐渐增大,且共振频率有一定程度的增大。同时,随着扰动区域软化厚度的增大,桩顶时域响应曲线的桩尖同向反射信号幅值增大,且会逐渐出现反向反射信号,且反向反射信号幅值也会随着软化厚度的增大而增大。由此可以再次看出,靠近桩侧周围的土体对桩顶动力响应有着十分显著的影响,这进一步说明考虑桩侧土施工软化效应对桩基动力响应的影响极为重要。

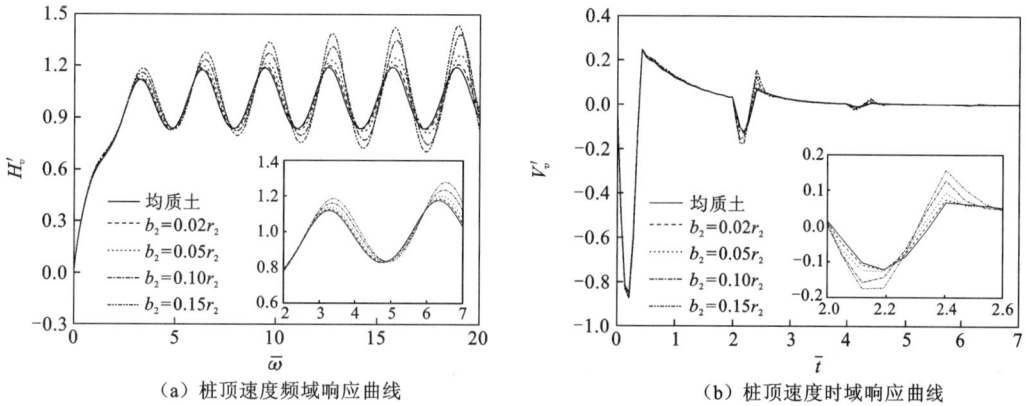

图 4.9　扰动区域软化厚度对桩顶速度响应的影响

在较大范围内分析扰动区域软化厚度对桩顶动力响应的影响时,计算参数取为:扰动区域厚度(b_2)分别取为 $0r_2,0.5r_2,1.0r_2,1.5r_2,2.0r_2$,其余参数取值同较小范围内分析扰动区域软化范围对桩顶动力响应影响时的参数取值。

图 4.10 反映了较大范围内扰动区域软化厚度对桩顶复刚度的影响。由图可以看出,随着扰动区域软化厚度的进一步增大,动刚度和动阻尼共振峰的幅值会进一步增大,但当扰动区域软化厚度大到一定值之后(如本例中当 $b_2 > 1.0r_2$ 时),高频范围内的动刚度和动阻尼曲线逐渐趋于一致,但在动力基础设计关注的低频范围内,动刚度和动阻尼均会进

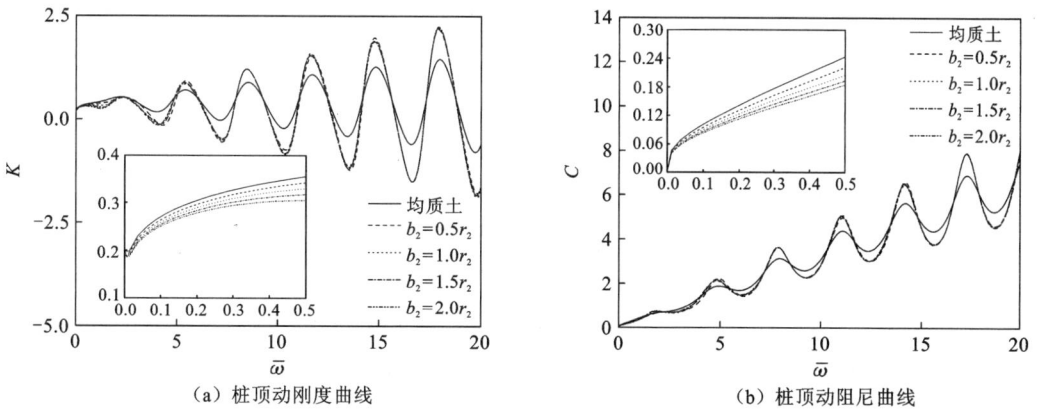

图 4.10　扰动区域软化厚度对桩顶复刚度的影响

一步减小。图 4.11 反映了较大范围内扰动区域软化厚度对桩顶速度响应的影响。由图可以看出,随着扰动区域软化厚度的进一步增大,桩顶速度频域响应曲线共振峰幅值及桩顶速度时域响应曲线桩尖反射信号的幅值均会进一步增大,且当扰动区域软化厚度大到一定值之后(如本例中当 $b_2 > 1.0r_2$ 时),扰动区域软化厚度继续增大对桩顶速度频域响应曲线的影响总体上较小,仅对低频段有小幅影响,而对高频段基本无影响。同样地,扰动区域软化厚度进一步增大对桩顶速度时域响应曲线的影响总体上也不大,桩尖反射信号变化不明显。

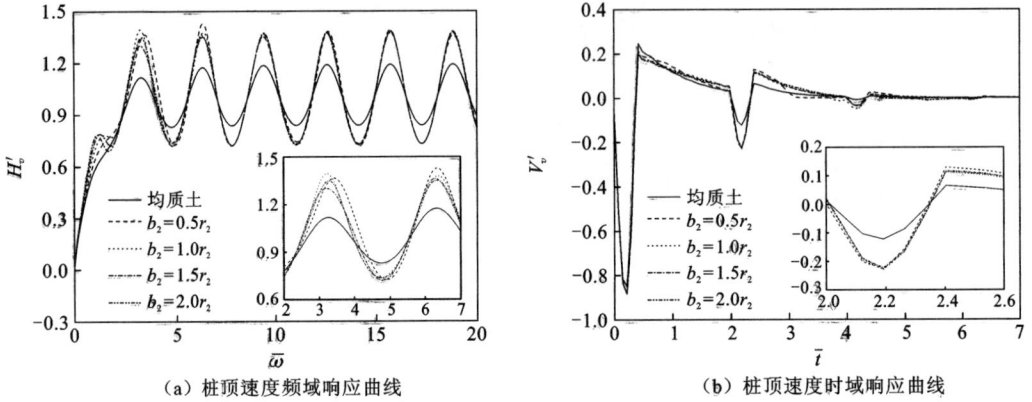

（a）桩顶速度频域响应曲线　　　　　　　（b）桩顶速度时域响应曲线

图 4.11　扰动区域软化厚度对桩顶速度响应的影响

4.4.3　桩侧土扰动区域扰动程度的影响

1. 扰动区域土体施工硬化时的影响

首先分析扰动区域硬化时扰动程度对桩顶动力响应的影响,计算参数取为:桩侧土密度为 1 800 kg/m³,泊松比为 0.4,黏性阻尼系数为 1 000 N·s/m³,扰动区域硬化厚度(b_2)为 $1r_2$,用剪切波速比例系数(α_2)来反映桩侧土施工扰动程度,α_2 为扰动区域靠近桩身土体的剪切波速与原状区域剪切波速的比值,原状区域的剪切波速取为 150 m/s,剪切波速比例系数分别为 1.2,1.4,1.6,1.8,2.0。

图 4.12 反映了桩侧土扰动区域硬化程度对桩顶复刚度的影响。由图可以看出,在扰动区域硬化厚度一定情况下,随着硬化程度的增大,动刚度和动阻尼共振峰幅值均会逐渐减小,但共振频率基本不变。在动力基础设计关注的低频范围内,随着硬化程度的增大,动刚度和动阻尼均逐渐增大。图 4.13 反映了桩侧土扰动区域硬化程度对桩顶速度响应的影响。由图可以看出,在扰动区域硬化厚度一定情况下,随着硬化程度的增大,桩顶速度频域响应曲线共振峰幅值会逐渐减小,共振频率基本不变,桩顶速度时域响应曲线桩尖同向反射信号的幅值会逐渐减小,但信号宽度基本不变。因此,在进行桩基低应变反射波法检测

时,如果桩侧土扰动区域硬化程度很大,桩尖反射不明显,会增加桩身完整性测试的难度。

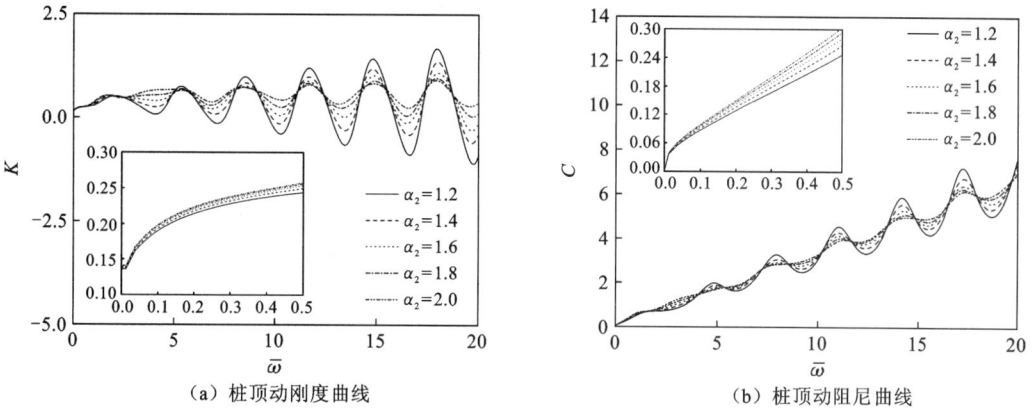

（a）桩顶动刚度曲线　　　　　　　　（b）桩顶动阻尼曲线

图 4.12　扰动区域硬化程度对桩顶复刚度的影响

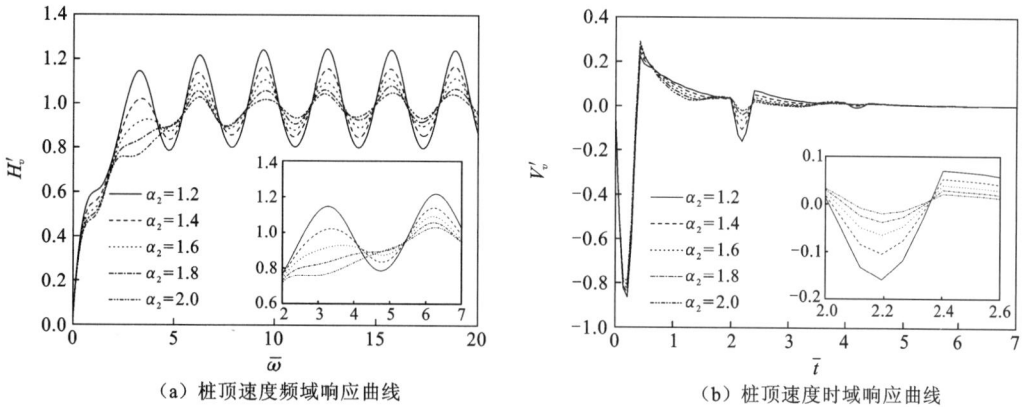

（a）桩顶速度频域响应曲线　　　　　　（b）桩顶速度时域响应曲线

图 4.13　扰动区域硬化程度对桩顶速度响应的影响

2. 扰动区域土体施工软化时的影响

分析扰动区域软化时扰动程度对桩顶动力响应的影响,计算参数取为:剪切波速比例系数(α_2)分别为 0.9,0.8,0.7,0.6,0.5,其余参数取值同扰动区域硬化程度对桩顶动力响应影响时的参数取值。

图 4.14 反映了桩侧土扰动区域软化程度对桩顶复刚度的影响。由图可以看出,在扰动区域软化厚度一定情况下,随着软化程度的增大,动刚度和动阻尼共振峰幅值均会逐渐增大,但共振频率基本不变。在动力基础设计关注的低频范围内,随着软化程度的增大,动刚度和动阻尼均逐渐减小。图 4.15 反映了桩侧土扰动区域软化程度对桩顶速度响应的影响。由图可以看出,在扰动区域软化厚度一定情况下,随着软化程度的增大,桩顶速度频域响应曲线共振峰幅值会逐渐增大,共振频率基本不变,桩顶速度时域响应曲线桩尖同向反射信号的幅值会逐渐增大,且在一次桩尖同向反射信号之前的曲线有逐渐下压的趋势,在

二次桩尖同向反射信号之前的曲线有逐渐上抬的趋势。

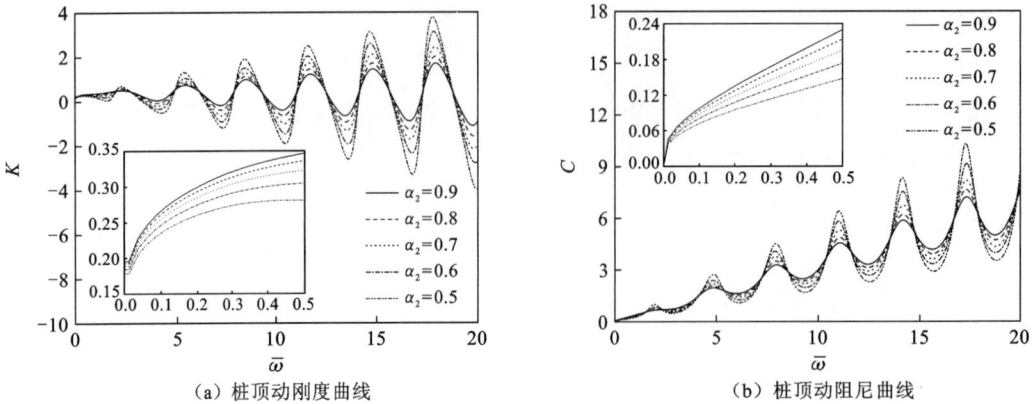

（a）桩顶动刚度曲线　　　　　　（b）桩顶动阻尼曲线

图 4.14　扰动区域软化程度对桩顶复刚度的影响

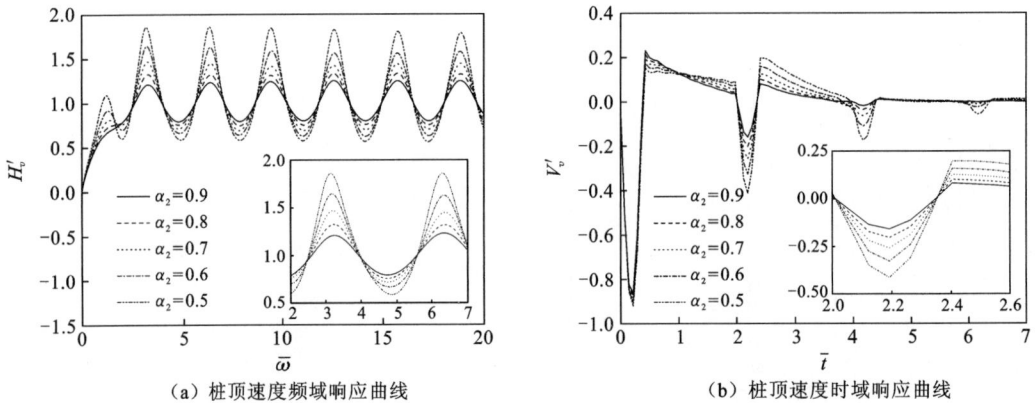

（a）桩顶速度频域响应曲线　　　　　（b）桩顶速度时域响应曲线

图 4.15　扰动区域软化程度对桩顶速度响应的影响

4.5　桩端土挤密效应对桩顶动力响应的影响分析

对于打入挤土型桩,除了在桩侧土形成一定范围的挤密区外,势必在桩端也会形成一定范围的挤密区,因此,接下来详细讨论桩端土挤密效应对桩顶动力响应的影响。为了突出桩端土挤密效应单因素的影响,分析时暂不考虑桩侧土的施工扰动效应。在随后的分析中,土体共分为三层,第一层为持力层,第二层为桩端挤密层,第三层为桩侧土层。如不做特别说明,桩参数取为:桩长为 15 m,截面半径为 0.5 m,密度为 2 500 kg/m³,弹性纵波波速为 3 800 m/s。桩侧土参数取为:密度为 1 800 kg/m³,剪切波速为 180 m/s,泊松比为 0.4,黏性阻尼系数为 1 000 N·s/m³。持力层参数取为:厚度为 3 倍桩径,密度为 2 000 kg/m³,剪切波速为 220 m/s,泊松比为 0.35,黏性阻尼系数为 1 000 N·s/m³。土层层间 Voigt 模型参数取值规则为:Voigt 模型的刚度系数为 1 倍的下层土弹性模量值,黏性阻尼系数为 10 000 N·s/m³。

4.5.1　桩端挤密层厚度的影响

　　首先分析桩端挤密层厚度对桩顶动力响应的影响,计算参数取为:桩端挤密层密度为 2 000 kg/m³,泊松比为 0.35,黏性阻尼系数为 1 000 N·s/m³,桩端挤密层径向挤密范围为 $b_2 = 1r_2$,假定桩端挤密层从原状区域到扰动区域,剪切波速从 220 m/s 线性增加到 400 m/s,桩端挤密层厚度(l_2)分别为 0 mm,50 mm,100 mm,500 mm,1 000 mm。

　　图 4.16 反映了桩端挤密层厚度对桩顶复刚度的影响。由图可以看出,随着挤密层厚度的增大,桩顶动刚度和动阻尼共振峰幅值均有小幅度的减小,共振频率基本不变。在动力基础设计关注的低频范围内,随着挤密层厚度的增大,动刚度逐渐增大,动阻尼基本不受挤密层厚度的影响。图 4.17 反映了桩端挤密层厚度对桩顶速度响应的影响。由图可以看出,随着挤密层厚度的增大,桩顶速度频域响应曲线共振峰幅值逐渐减小,但共振频率基本不变,桩顶速度时域响应曲线桩尖同向反射信号幅值逐渐减小,但信号宽度基本不变。

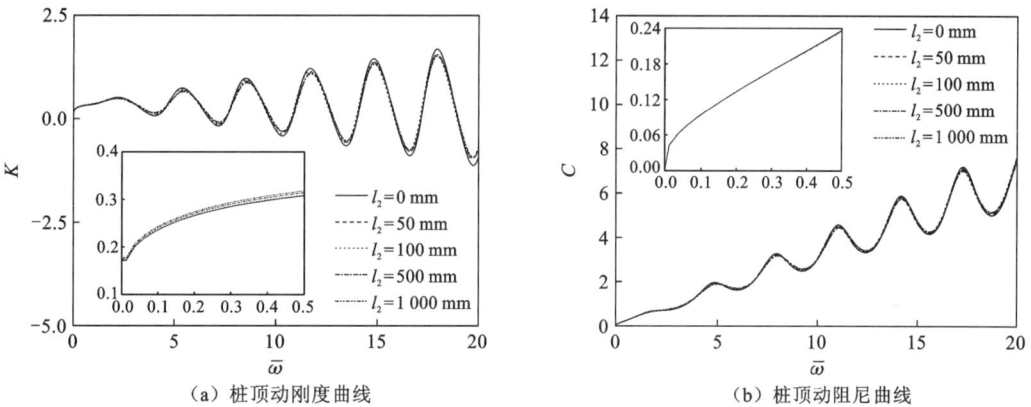

（a）桩顶动刚度曲线　　　　　　　　　（b）桩顶动阻尼曲线

图 4.16　桩端挤密层厚度对桩顶复刚度的影响

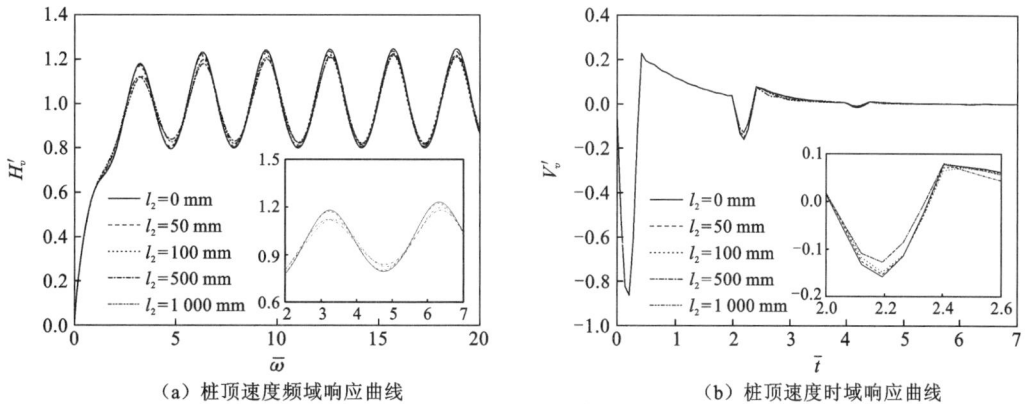

（a）桩顶速度频域响应曲线　　　　　　　（b）桩顶速度时域响应曲线

图 4.17　桩端挤密层厚度对桩顶速度响应的影响

4.5.2　桩端挤密层径向挤密范围的影响

分析桩端挤密层径向挤密范围对桩顶动力响应的影响,计算参数取为:桩端挤密层厚度为 1 000 mm,径向挤密范围(b_2)分别为 $0.0r_2$,$0.1r_2$,$0.5r_2$,$1.0r_2$,将这四种工况与桩端不含挤密区的工况进行对比。其余参数取值同 4.5.1 节中的参数取值。

图 4.18 反映了桩端挤密层径向挤密范围对桩顶复刚度的影响。由图可以看出,存在桩端挤密层时,桩顶动刚度和动阻尼共振峰幅值均比不含挤密区时的幅值要小,但在动力基础设计关注的低频范围内,桩顶动刚度要比不含挤密区时的动刚度大。随着径向挤密范围的增大,桩顶动刚度和动阻尼共振峰幅值均有一定幅度的减小,但当径向挤密范围增大到一定值之后(如本例中当 $b_2 > 0.5r_2$ 时),动刚度和动阻尼曲线逐渐趋于一致。图 4.19 反映了桩端挤密层径向挤密范围对桩顶速度响应的影响。由图可以看出,存在桩端挤密层时,桩顶速度频域响应曲线共振峰幅值及时域响应曲线桩尖同向反射信号幅值均比不含挤密区时的幅值要小,随着径向挤密范围的增大,桩顶速度频域响应曲线共振峰幅值及时域响应曲线桩尖同向反射信号幅值均有一定幅度减小,但当径向挤密范围增大到一定值之后(如本例中当 $b_2 > 0.5r_2$ 时),桩顶速度响应基本不再受桩端挤密层径向挤密范围的影响。

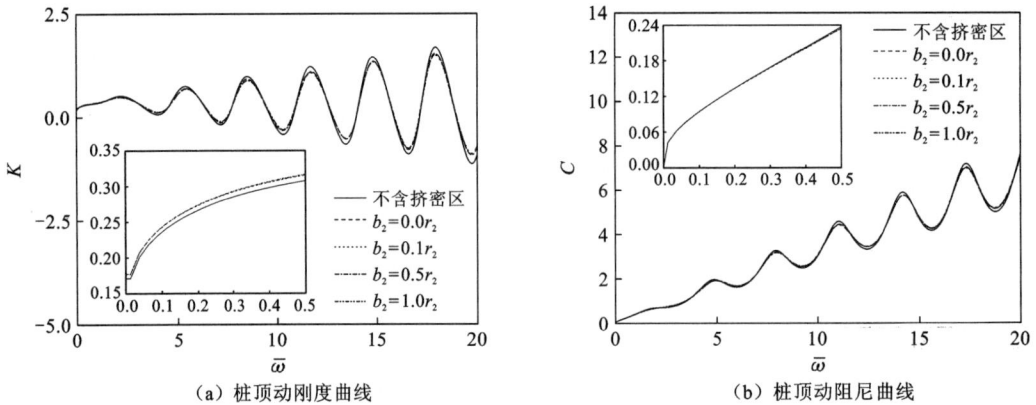

(a) 桩顶动刚度曲线　　　　　　(b) 桩顶动阻尼曲线

图 4.18　桩端挤密层径向挤密范围对桩顶复刚度的影响

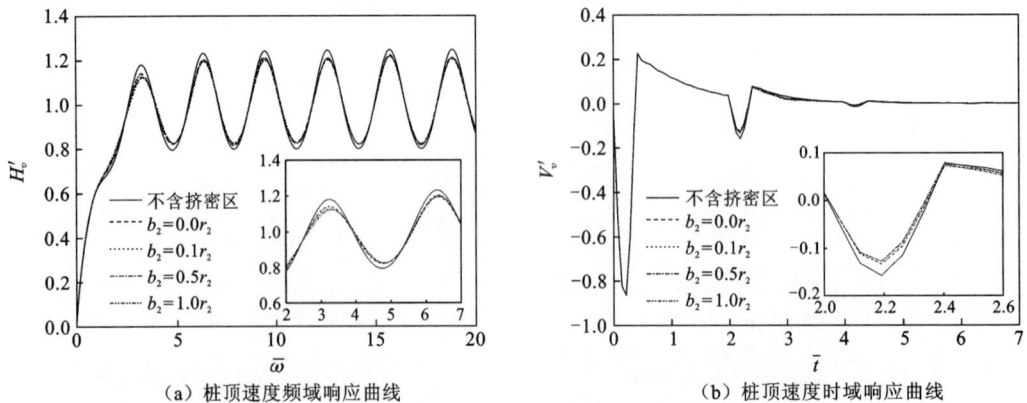

(a) 桩顶速度频域响应曲线　　　　(b) 桩顶速度时域响应曲线

图 4.19　桩端挤密层径向挤密范围对桩顶速度响应的影响

4.5.3　桩端挤密层径向挤密程度的影响

分析桩端挤密层径向挤密程度对桩顶动力响应的影响,计算参数取为:桩端挤密层挤密厚度为 $1\,000\,\text{mm}$,径向挤密范围为 $b_2 = 0.5 r_2$,用剪切波速比例系数(α_2)来反映桩端挤密层施工扰动程度,α_2 为扰动区域最内圈层剪切波速与原状区域剪切波速的比值,原状区域的剪切波速取为 $220\,\text{m/s}$,剪切波速比例系数(α_2)分别为 $1.2,1.4,1.6,1.8,2.0$。

图 4.20 反映了桩端挤密层径向挤密程度对桩顶复刚度的影响。由图可以看出,随着径向挤密程度的增大,动刚度和动阻尼共振峰幅值均会逐渐减小,但共振频率基本不变。在动力基础设计关注的低频范围内,随着径向挤密程度的增大,动刚度逐渐增大,但动阻尼基本不受桩端挤密层径向挤密程度的影响。图 4.21 反映了桩端挤密层径向挤密程度对桩顶速度响应的影响。由图可以看出,随着径向挤密程度的增大,桩顶速度频域响应曲线共振峰幅值会逐渐减小,共振频率基本不变,桩顶速度时域响应曲线桩尖同向反射信号的幅值会逐渐减小,信号宽度基本不变。

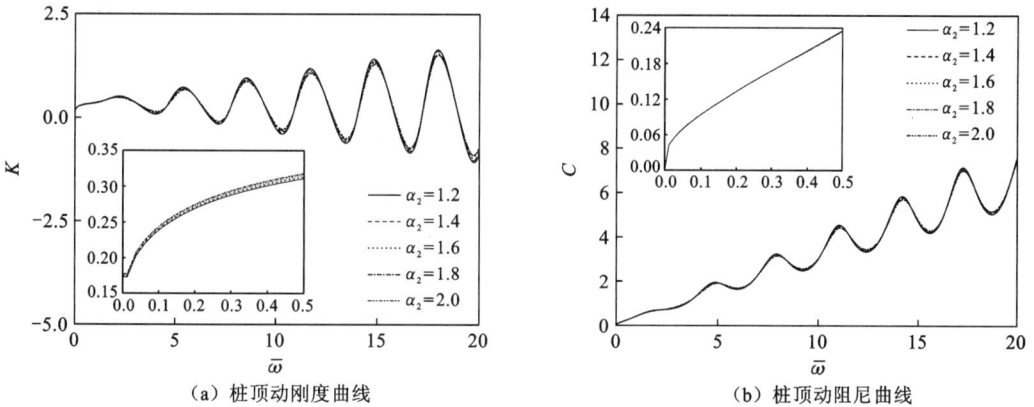

（a）桩顶动刚度曲线　　（b）桩顶动阻尼曲线

图 4.20　桩端挤密层径向挤密程度对桩顶复刚度的影响

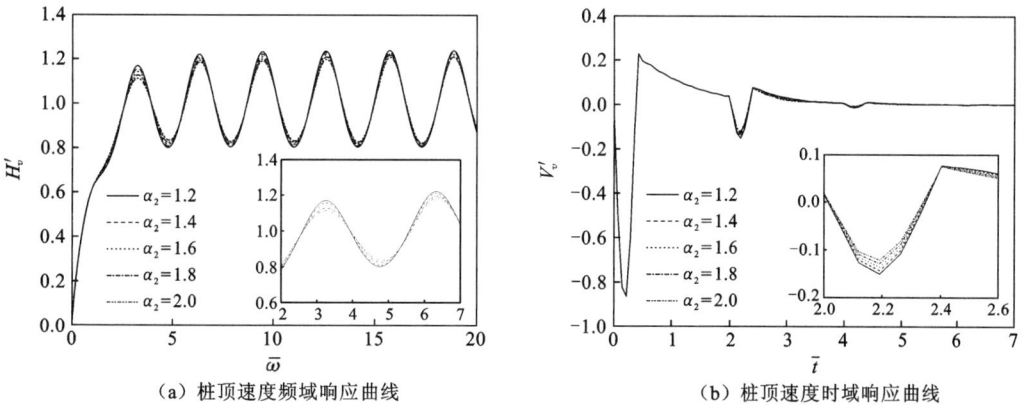

（a）桩顶速度频域响应曲线　　（b）桩顶速度时域响应曲线

图 4.21　桩端挤密层径向挤密程度对桩顶速度响应的影响

4.6　任意段变阻抗桩振动特性分析

本节主要研究变截面桩和变模量桩桩顶速度频域响应及时域响应的规律,从而为缺陷桩无损检测提供理论依据。为了突出变阻抗桩单因素的影响,桩侧土和桩端土暂不考虑施工扰动效应,且如不做特别说明,桩侧土参数为:密度为 1 800 kg/m³,剪切波速为 180 m/s,泊松比为 0.4,黏性阻尼系数为 1 000 N·s/m³。桩端土参数为:厚度为 3 倍桩径,密度为 2 000 kg/m³,剪切波速为 220 m/s,泊松比为 0.35,黏性阻尼系数为 1 000 N·s/m³。土层层间 Voigt 模型参数取值规则为:Voigt 模型的刚度系数为 1 倍的下层土弹性模量值,黏性阻尼系数为 10 000 N·s/m³。

4.6.1　任意段变截面桩

地基土层变异性较大及施工工艺相对不成熟,容易导致桩身在不同位置产生缩颈或扩颈现象,而根据工程经验可知,不同位置处的桩身截面变化所呈现出来的规律势必会有所差异。因此,接下来针对不同位置处桩身缩颈和扩颈程度对桩顶振动特性的影响进行分析。分析时桩的设计参数为:设计桩长为 20 m,截面半径为 0.5 m,密度为 2 500 kg/m³,纵波波速为 3 800 m/s。

1. 工况一:变截面桩段在桩顶

此时桩身因截面变化而分为两段,自下而上标识为 1 和 2,其中桩段 1 的截面半径满足设计要求,桩段 2 为变截面桩段,对应的桩段长分别为 $l_1 = 19$ m、$l_2 = 1$ m。用变截面系数比(R_A)来反映截面变化程度,即 R_A 为变截面桩段半径与设计桩端半径的比值,$R_A > 1$ 为扩颈桩,$R_A < 1$ 为缩颈桩,$R_A = 1$ 为均匀截面桩。

图 4.22 反映了变截面桩段在桩顶时变截面程度对桩顶速度响应的影响。由桩顶速度频域响应曲线可以看出:与均匀截面桩相比,当桩顶存在缩颈桩段时,低频段的速度频域响应曲线共振峰幅值会减小,高频段的速度频域响应曲线共振峰幅值会增大,且缩颈程度越大,高、低频段共振峰幅值变化的幅度越大;当桩顶存在扩颈桩段时,低频段的速度频域响应曲线共振峰幅值会增大,高频段的速度频域响应曲线共振峰幅值会减小,且扩颈程度越大,高、低频段共振峰幅值变化的幅度越大。由桩顶速度时域响应曲线可以看出:与均匀截面桩相比,当桩顶存在缩颈桩段时,速度时域响应曲线的入射波及桩尖同向反射信号的幅值均会减小,且缩颈程度越大,减小的幅度越大;在入射波附近会出现一定的振荡现象,且缩颈程度越大,振荡现象越明显;在入射波与桩尖一次同向反射信号之间,曲线出现下压现象,且缩颈程度越大,下压现象越明显。当桩顶存在扩颈桩段时,速度时域响应曲线的入射波及桩尖同向反射信号的幅值均会增大,且扩颈程度越大,增大的幅度越大;在入射波与桩尖一次同向反射信号之间,曲线出现上抬现象,且扩颈程度越大,上抬现象越明显。

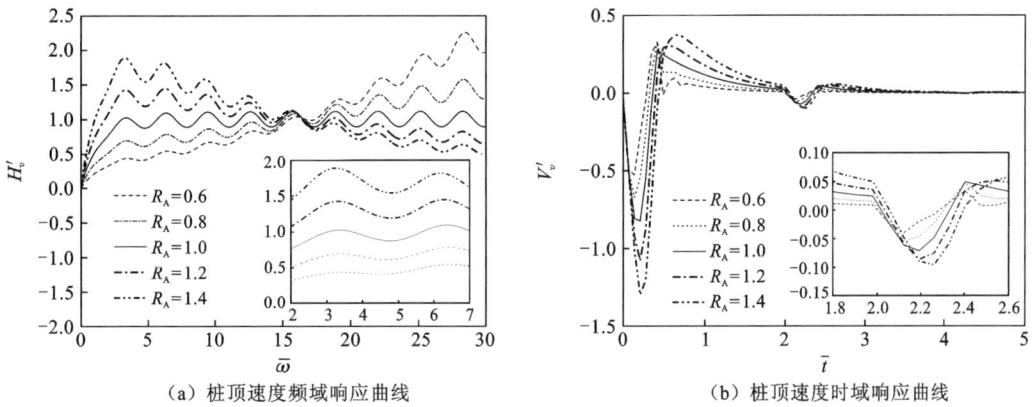

（a）桩顶速度频域响应曲线　　　　　　　（b）桩顶速度时域响应曲线

图 4.22　变截面程度对桩顶速度响应的影响

2. 工况二:变截面桩段在桩端

此时桩身因截面变化而分为两段,自下而上标识为 1 和 2,其中桩段 1 为变截面桩段,桩段 2 的截面半径满足设计要求,对应的桩段长分别为 $l_1 = 1$ m、$l_2 = 19$ m。

图 4.23 反映了变截面桩段在桩端时变截面程度对桩顶速度响应的影响。由桩顶速度频域响应曲线可以看出:与均匀截面桩相比,当桩端存在缩颈桩段时,共振频率总体呈增大趋势,但低频段共振峰幅值基本不变,高频段共振峰幅值会减小,且随着缩颈程度的增大,高、低频段速度频域响应的变化幅度越大;当桩端存在扩颈桩段时,共振频率总体呈减小趋势,但低频段共振峰幅值基本不变,高频段共振峰幅值会增大,且随着扩颈程度的增大,高、低频段速度频域响应的变化幅度越大。由桩顶速度时域响应曲线可以看出:与均匀截面桩相比,当桩端存在缩颈桩段时,桩尖同向反射信号幅值会减小,反射信号会前移,且缩颈程度越大,减小和前移的幅度越大,这由桩端缩颈引起的同向及反向反射信号与原桩尖同向反射信号叠加所致;当桩端存在扩颈桩段时,一次桩尖同向反射信号之前会出现一定幅度的反向反射信号,桩尖同向反射信号幅值会增大,反射信号会后移,且扩颈程度越

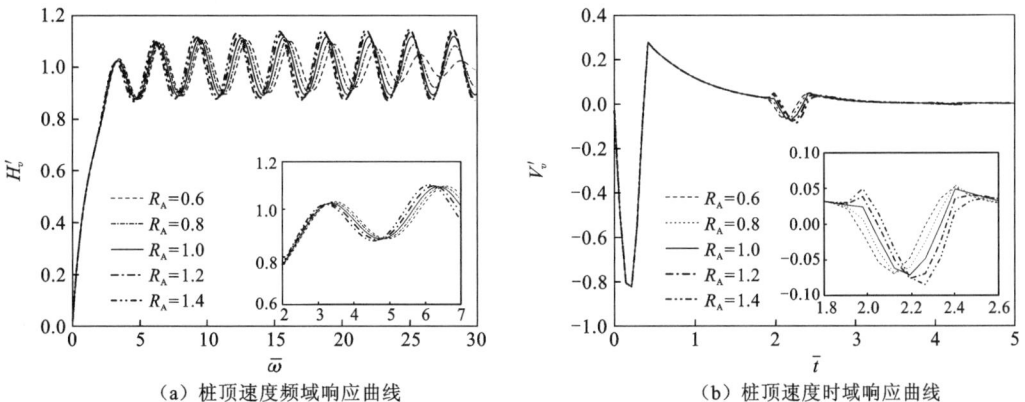

（a）桩顶速度频域响应曲线　　　　　　　（b）桩顶速度时域响应曲线

图 4.23　变截面程度对桩顶速度响应的影响

大,增大和后移的幅度越大,这由桩端扩颈引起的反向及同向反射信号与原桩尖同向反射信号叠加所致。

3. 工况三:变截面桩段在桩身正中间

此时桩身因截面变化而分为三段,自下而上标识为1、2及3,其中桩段1和桩段3的截面半径满足设计要求,桩段2为变截面桩段,对应的桩段长分别为 $l_1 = 9.5\text{ m}$, $l_2 = 1\text{ m}$, $l_3 = 9.5\text{ m}$。

图4.24反映了变截面桩段在桩身正中间时变截面程度对桩顶速度响应的影响。由桩顶速度频域响应曲线可以看出,与均匀截面桩相比,当桩身正中间存在缩颈及扩颈桩段时,桩顶速度频域响应曲线上存在大峰夹小峰的复杂特征,仅从桩顶速度频域响应曲线上较难直观判断出桩身变截面情况。由桩顶速度时域响应曲线可以看出:与均匀截面桩相比,当桩身正中间存在缩颈桩段时,在入射波与一次桩尖同向反射信号的正中间位置会先出现同向反射信号,然后接着出现反向反射信号,且缩颈程度越大,同向及反向反射信号幅值越大;受缩颈桩段二次同向及反向反射信号的叠加作用,一次桩尖同向反射信号的幅值会减小,且缩颈程度越大,一次桩尖同向反射信号的幅值越小。当桩身正中间存在扩颈桩段时,在入射波与一次桩尖同向反射信号的正中间位置会先出现反向反射信号,然后接着出现同向反射信号,且扩颈程度越大,反向及同向反射信号幅值越大;受扩颈桩段二次反向及同向反射信号的叠加作用,一次桩尖同向反射信号的幅值会减小,且扩颈程度越大,一次桩尖同向反射信号的幅值越小。

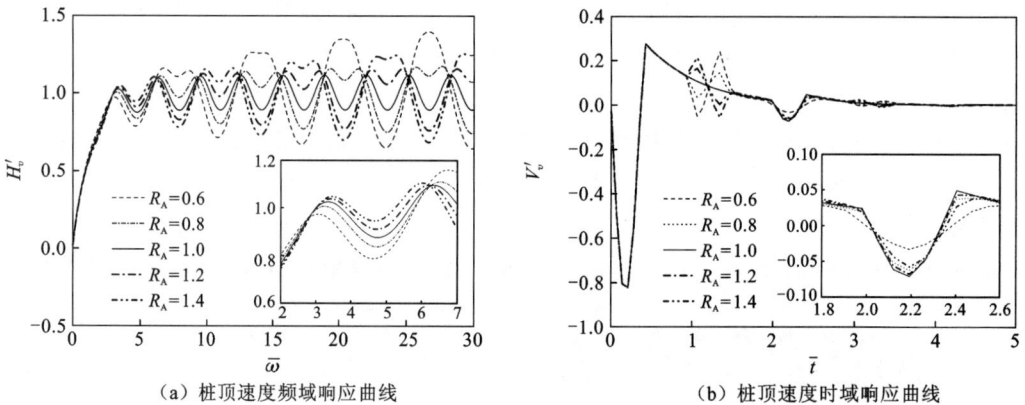

（a）桩顶速度频域响应曲线　　（b）桩顶速度时域响应曲线

图4.24　变截面程度对桩顶速度响应的影响

4. 工况四:变截面桩段在桩身正中间与桩顶之间

此时桩身因截面变化而分为三段,自下而上标识为1、2及3,其中桩段1和桩段3的截面半径满足设计要求,桩段2为变截面桩段,对应的桩段长分别为 $l_1 = 13\text{ m}$, $l_2 = 1\text{ m}$, $l_3 = 6\text{ m}$。

图4.25反映了变截面桩段在桩身正中间与桩顶之间时变截面程度对桩顶速度响应

的影响。由桩顶速度频域响应曲线可以看出,与工况三的结论类似,当桩身正中间与桩顶之间存在缩颈及扩颈桩段时,桩顶速度频域响应曲线上存在大峰夹小峰的复杂特征,仅从桩顶速度频域响应曲线上较难直观判断出桩身变截面情况。由桩顶速度时域响应曲线可以看出,与均匀截面桩相比,当桩身正中间与桩顶之间存在缩颈桩段时,在距桩顶 6 m 处先出现同向反射信号,紧接着出现反向反射信号,然后在距桩顶 12 m 处会出现由缩颈引起的二次同向及反向反射信号,随着缩颈程度的增大,上述同向及反向反射信号的幅值会增大,且桩尖一次同向反射信号的幅值也会有一定程度的减小。当桩身正中间与桩顶之间存在扩颈桩段时,在距桩顶 6 m 处先出现反向反射信号,紧接着出现同向反射信号,然后在距桩顶 12 m 处会出现由扩颈引起的二次反向及同向反射信号,且扩颈程度越大,上述反向及同向反射信号的幅值会越大。

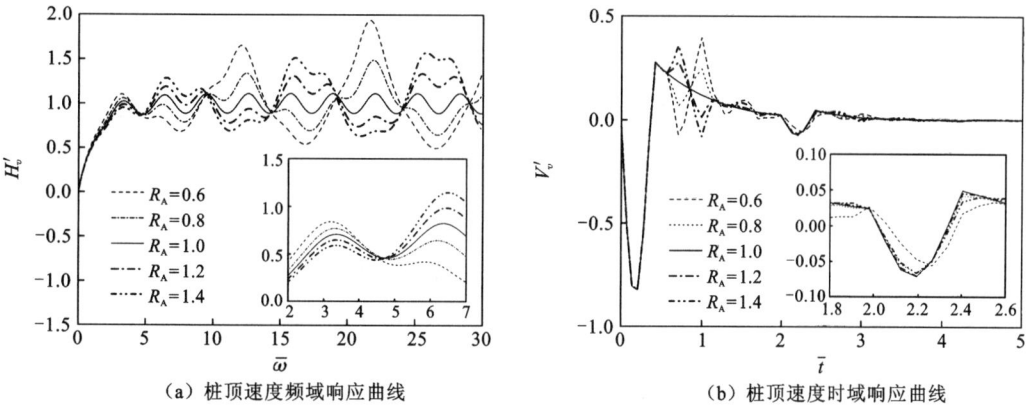

（a）桩顶速度频域响应曲线　　　　　（b）桩顶速度时域响应曲线

图 4.25　变截面程度对桩顶速度响应的影响

5. 工况五:变截面桩段在桩身正中间与桩端之间

此时桩身因截面变化而分为三段,自下而上标识为1、2及3,其中桩段1和桩段3的截面半径满足设计要求,桩段2为变截面桩段,对应的桩段长分别为 $l_1 = 6$ m, $l_2 = 1$ m, $l_3 = 13$ m。

图 4.26 反映了变截面桩段在桩身正中间与桩端之间时变截面程度对桩顶速度响应的影响。由桩顶速度频域响应曲线可以看出,与工况三及工况四的结论类似,当桩身正中间与桩端之间存在缩颈及扩颈桩段时,桩顶速度频域响应曲线上存在大峰夹小峰的复杂特征,仅从桩顶速度频域响应曲线上较难直观判断出桩身变截面情况。由桩顶速度时域响应曲线可以看出,与均匀截面桩相比,当桩身正中间与桩端之间存在缩颈桩段时,在距桩顶 13 m 处先出现同向反射信号,紧接着出现反向反射信号,随着缩颈程度的增大,上述同向及反向反射信号的幅值会增大,且桩尖一次同向反射信号的幅值也会有一定程度的减小。当桩身正中间与桩端之间存在扩颈桩段时,在距桩顶 13 m 处先出现反向反射信号,紧接着出现同向反射信号,且扩颈程度越大,上述反向及同向反射信号的幅值会越大。

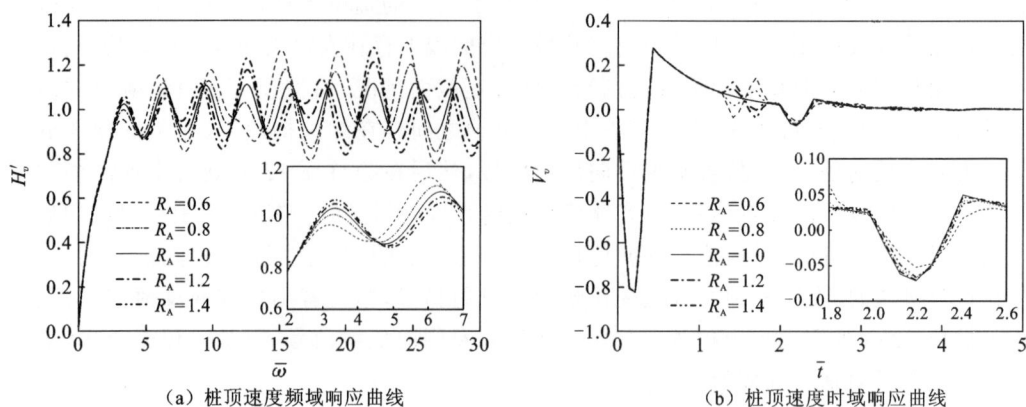

（a）桩顶速度频域响应曲线　　　　　（b）桩顶速度时域响应曲线

图 4.26　变截面程度对桩顶速度响应的影响

4.6.2　任意段变模量桩

在钻孔灌注桩现场施工过程中，由于施工工艺不成熟或者现场施工管理不当等原因，桩身方向上会出现材料性质不均匀现象，如混凝土离析、夹泥、蜂窝及裂隙等。下面分别讨论桩身不均匀位置及不均匀程度对桩顶速度响应的影响。

首先讨论桩身不均匀位置对桩顶速度响应的影响，桩身不均匀位置及不均匀桩段长度可以参考 4.6.1 节中的五种工况，其他参数为：设计桩长为 20 m，截面半径为 0.5 m，密度为 2 500 kg/m³，正常桩段的纵波波速为 3 800 m/s，不均匀桩段的纵波波速为 3 000 m/s。

图 4.27 反映了桩身不均匀位置对桩顶速度响应的影响。由桩顶速度频域响应曲线可以看出：对于工况一，即当桩顶存在不均匀桩段时，桩顶速度频域响应曲线随着激振频率的增大，共振峰呈现逐渐增大趋势；而对于其他四种工况，桩顶速度频域曲线上均存在大峰夹小峰的复杂特征，很难直观反映出桩身的不均匀情况。由桩顶速度时域响应曲线可以看出，五种工况下的桩身不均匀特性对桩顶时域响应曲线的影响规律与相应位置处存在缩颈段所反映出的规律基本一致。

进一步讨论桩身不均匀程度对桩顶动力响应的影响，此时桩身因存在不均匀桩段而分为三段，自下而上标识为 1、2 及 3，其中桩段 1 和桩段 3 为正常参数桩段，桩段 2 为不均匀桩段，对应的桩段长分别为 $l_1 = 6$ m，$l_2 = 1$ m，$l_3 = 13$ m。定义不均匀桩段与正常桩段的波阻抗比例系数为 R_V，$R_V > 1$ 表示不均匀段桩身波阻抗变大，$R_V < 1$ 表示不均匀段桩身波阻抗变小，$R_V = 1$ 表示桩身整体均匀。其余参数取值与分析不均匀位置影响时的参数取值一致。

图 4.28 反映了桩身不均匀程度对桩顶速度响应的影响。由桩顶速度频域响应曲线可以看出，与桩身相应位置处存在缩颈和扩颈时所反映出的桩顶速度频域响应曲线规律一致，当不均匀桩段波阻抗减小和增大时，桩顶速度频域响应曲线上存在大峰夹小峰的复杂特征，且波阻抗变化幅度越大，这种复杂特征越明显，此时仅从桩顶速度频域响应曲线上

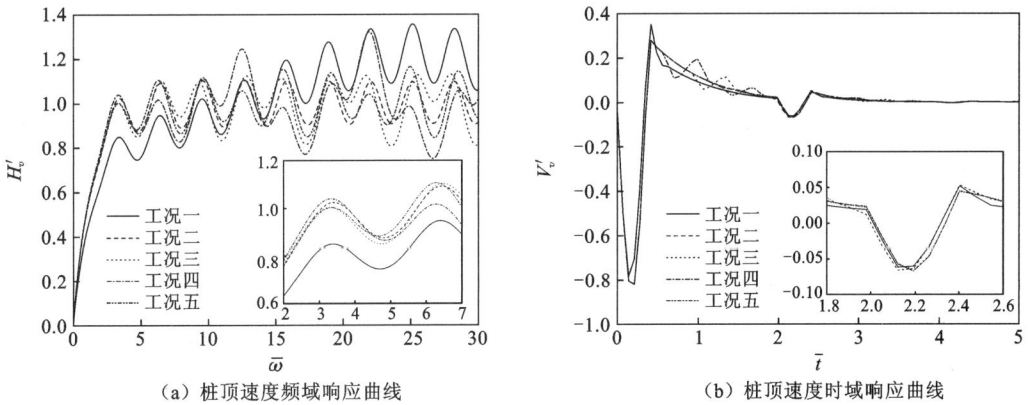

（a）桩顶速度频域响应曲线　　　　　　（b）桩顶速度时域响应曲线

图 4.27　桩身不均匀位置对桩顶速度响应的影响

很难直观判断出桩身不均匀情况。由桩顶速度时域响应曲线可以看出，当桩身不均匀桩段波阻抗减小时，其呈现出的规律与相应位置处存在缩颈桩段的桩顶速度时域响应曲线规律一致，当桩身不均匀桩段波阻抗增大时，其呈现出的规律与相应位置处存在扩颈桩段的桩顶速度时域响应曲线规律一致。

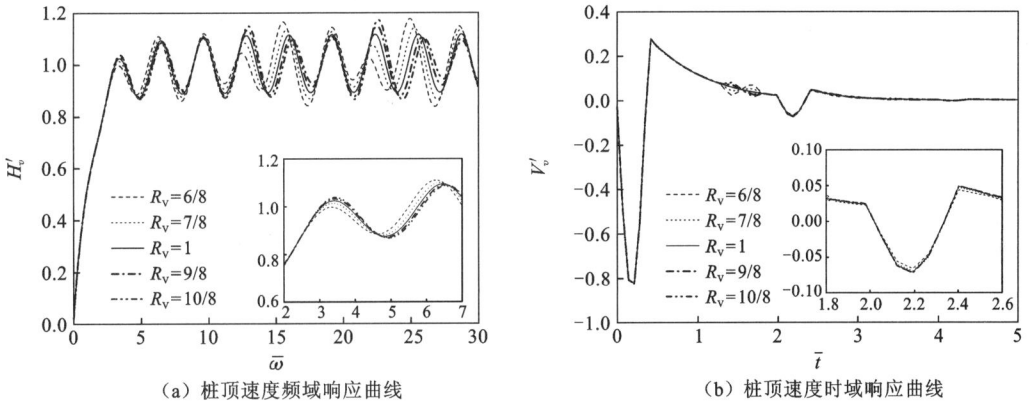

（a）桩顶速度频域响应曲线　　　　　　（b）桩顶速度时域响应曲线

图 4.28　桩身不均匀程度对桩顶速度响应的影响

4.7　本 章 小 结

本章考虑了施工效应导致的桩侧土体和桩端土体纵向成层及径向非均质特性，并考虑了土体的竖向波动效应，基于虚土桩法研究了桩-桩侧土、桩-桩端土严格耦合时桩土纵向振动问题。利用积分变换、多圈层复刚度传递特性及阻抗函数的递推特性，通过严格求解，得到了任意纵向动荷载作用下桩顶频域响应解析解，然后采用 Fourier 逆变换和卷积定理，进一步得到了半正弦脉冲荷载作用下桩顶速度时域响应半解析解。基于所得解，详细分析了桩侧土及桩端土施工扰动效应对桩顶动力响应的影响,并结合工程中常出现的桩身质量问题,分别对任意段变截面桩及任意段变模量桩的纵向振动特性进行了分析。通过分析计算得出以下结论:

(1) 不管是扰动区域土体硬化还是扰动区域土体软化,随着扰动区域厚度的减小,桩顶复刚度曲线和桩顶速度响应曲线均逐渐接近桩侧土为均质的情况。在扰动区域土体硬化或者软化条件下,即使桩侧土扰动范围很小,哪怕是施工效应只影响了桩侧附近几厘米厚度范围内的土体性质,也会对桩顶复刚度及速度响应曲线产生显著影响。当扰动区域厚度达到一定范围后,厚度再增大对桩顶复刚度及速度响应曲线总体影响不大,曲线逐渐趋于吻合。因此,影响桩顶动力响应特性的是靠近桩侧的土体性质,超出一定范围以外的土体,对桩顶动力响应影响不大。

(2) 随着扰动区域硬化厚度的增大,动刚度和动阻尼共振峰幅值逐渐减小,且共振频率有一定程度的减小,但在动力基础设计关注的低频范围内,动刚度和动阻尼均随着扰动区域硬化厚度的增大而增大。桩顶速度频域响应曲线的共振峰幅值及桩顶时域响应曲线的桩尖反射信号幅值均随着扰动区域硬化厚度的增大而减小。在扰动区域硬化厚度一定的情况下,动刚度和动阻尼共振峰幅值随着扰动区域硬化程度的增大而减小,在动力基础设计关注的低频范围内,动刚度和动阻尼随着扰动区域硬化程度的增大而增大。桩顶速度频域响应曲线共振峰幅值及桩顶速度时域响应曲线的桩尖反射信号幅值均随着扰动区域扰动程度的增大而减小。

(3) 随着扰动区域软化厚度的增大,动刚度和动阻尼共振峰幅值逐渐增大,且共振频率有一定程度的增大,动力基础设计关注的低频范围内,动刚度和动阻尼均逐渐减小。桩顶速度频域响应曲线的共振峰幅值及桩顶时域响应曲线的桩尖反射信号幅值均随着扰动区域软化厚度的增大而增大,且时域响应曲线上会逐渐出现反向反射信号。在扰动区域软化厚度一定的情况下,动刚度和动阻尼共振峰幅值随着扰动区域软化程度的增大而增大,在动力基础设计关注的低频范围内,动刚度和动阻尼随着扰动区域软化程度的增大而减小。桩顶速度频域响应曲线共振峰幅值及桩顶速度时域响应曲线的桩尖反射信号幅值均随着扰动区域扰动程度的增大而增大,且在桩顶速度时域响应曲线的一次桩尖同向反射信号之前的曲线有逐渐下压的趋势,在二次桩尖同向反射信号之前的曲线有逐渐上抬的趋势。

(4) 桩端挤密层厚度越大,桩顶动刚度和动阻尼共振峰幅值越小,且动力基础设计关注的低频范围内的动刚度越大,动阻尼基本不受影响。随着桩端挤密层厚度的增大,桩顶速度频域响应曲线共振峰幅值及时域响应曲线桩尖同向反射信号幅值均逐渐减小。随着桩端挤密层径向挤密范围的增大,桩顶动刚度及动阻尼共振峰幅值、桩顶速度频域响应曲线共振峰幅值及时域响应曲线桩尖同向反射信号幅值均有一定幅度的减小,当桩端挤密层径向挤密范围大到一定值之后,桩顶复刚度和桩顶速度响应曲线均趋于一致。在桩端挤密层径向挤密范围一定的情况下,随着径向挤密程度的增大,桩顶动刚度及动阻尼共振峰幅值、桩顶速度频域响应曲线共振峰幅值及时域响应曲线桩尖同向反射信号幅值均有一定幅度的减小,且在动力基础设计关注的低频范围内,动刚度逐渐增大,动阻尼基本不变。

(5) 当缩颈和扩颈桩段在桩顶及桩端之间时,桩顶速度频域响应曲线上均会出现大峰夹小峰的复杂特征,很难直观从桩顶速度频域响应曲线上判断出桩身是缩颈还是扩颈及其所在位置。从桩顶速度时域响应曲线来看,缩颈桩在一次桩尖反射信号前能接受到一个同向反射信号,而扩颈桩在一次桩尖反射信号前能接受到一个反向反射信号,且缩颈程度越大或扩颈程度越大,变截面处接收到的反射信号幅值越大。

(6) 当缩颈和扩颈桩段在桩顶时,对于缩颈桩,低频段速度频域响应曲线共振峰幅值会减小,高频段共振峰幅值会增大,且缩颈程度越大,高、低频段共振峰幅值变化的幅度越大;对于扩颈桩,低频段速度频域响应曲线共振峰幅值会增大,高频段共振峰幅值会减小,且扩颈程度越大,高、低频段共振峰幅值变化的幅度越大。当缩颈和扩颈桩段在桩端时,对于缩颈桩,速度频域响应曲线共振频率总体呈增大趋势,低频段共振峰幅值基本不变,高频段共振峰幅值会减小;对于扩颈桩,速度频域响应曲线共振频率总体呈减小趋势,低频段共振峰幅值基本不变,高频段共振峰幅值会增大。

(7) 从对位置不同的不均匀桩段的研究结果来看,当不均匀桩段在桩顶时,桩顶速度频域响应曲线随着激振频率的增大,共振峰呈现逐渐增大趋势,而当不均匀桩段在桩身其他位置时,桩顶速度频域响应曲线上会出现大峰夹小峰的复杂特征,很难直观判断出桩身不均匀的情况。

(8) 从对不均匀程度不同的不均匀桩段的研究结果来看,对于桩顶速度时域响应曲线,当桩身不均匀桩段波阻抗减小时,其呈现出的规律与相应位置处存在缩颈桩段的规律一致,当桩身不均匀桩端波阻抗增大时,其呈现出的规律与相应位置处存在扩颈桩段的规律一致。

第5章　横观各向同性地基中基于虚土桩法的桩纵向振动理论

5.1　引　言

天然地基的土颗粒及其组构单元排列的差异造成了土体的各向异性,同时土体在沉积过程中,扁平的土颗粒往往呈现出按一定方向排列的特征,进而导致土体的物理力学参数与相应的各向同性重塑土有很大的区别。由于各向异性土体性质复杂,力学参数较多,要完全反映其对桩土动力响应的影响存在一定困难,因此,现有研究中通常采用横观各向同性介质的力学模型来描述土体的这一特性。Liu 等[174] 研究了单桩在横观各向同性层状介质中的响应,但他们在场地的模型中采用了底部固定边界条件,不能考虑桩端土的成层性。陈镕等[175-176] 利用格林函数推导了单桩在横观各向同性层状场地中受水平-摇摆简谐荷载作用下的动力阻抗函数,并讨论了场地横观各向同性性质对单桩阻抗函数的影响。Chen 等[70] 在忽略桩侧土应力、位移分量沿深度变化的条件下,采用 Laplace 变换研究了横观各向同性饱和弹性半空间中埋置长桩受瞬态扭转荷载作用下的动力响应问题。张智卿等[177] 研究了轴对称条件下端承桩在横观各向同性土体中的耦合扭转振动响应问题。尽管关于横观各向同性地基中桩土振动问题的研究已经有了一定的进展,但总体来说关于成层横观各向同性地基中(桩侧土和桩端土均为层状)桩土纵向振动问题的研究还不够充分。

因此,本章基于单相弹性土体的运动方程及横观各向同性材料的本构关系,在柱坐标下推导得到了考虑竖向波动效应的横观各向同性土体受纵向荷载作用的动力控制方程,在引入土体线性黏弹性阻尼后,采用分离变量法求解得到了桩土竖向耦合振动时的桩顶频域响应解析解,在此基础上,进一步利用 Fourier 变换和卷积定理,求得了半正弦脉冲激励作用下桩顶速度时域响应的半解析解。基于所得解,详细讨论了土体横观各向同性参数对桩土纵向振动特性的影响。

5.2　桩土耦合振动的定解问题

5.2.1　计算模型与基本假设

本章研究的是成层横观各向同性成层黏弹性地基中,桩顶受任意激振力作用时,黏弹性桩的纵向振动问题。如图 5.1 所示,基于虚土桩法,根据桩侧土及桩端土的成层特性将桩土系统划分为 m 段,自下而上依次编号为 $1,2,\cdots,j,\cdots,m$,各段厚度依次为 $l_1,l_2,\cdots,$ $l_j,\cdots,l_m$,各段顶部深度依次为 $h_1,h_2,\cdots,h_j,\cdots,h_m$,各桩段的截面半径依次为 $r_1^{\mathrm{p}},r_2^{\mathrm{p}},\cdots,$ $r_j^{\mathrm{p}},\cdots,r_m^{\mathrm{p}}$,桩总长为 H^{p},桩端土厚度为 H^{s},桩顶作用有任意激振力 $q(t)$。

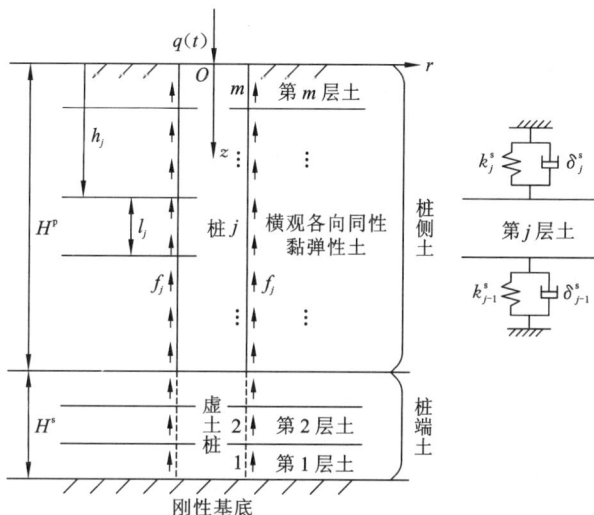

图 5.1　桩土系统动力模型

基本假设为:

(1) 桩侧土为纵向成层、横观各向同性的线性黏弹性体,土体材料阻尼为黏性阻尼,阻尼力与应变率成正比,第 j 层土的黏性比例系数为 η_j^{s};

(2) 土层上表面为自由边界,无正应力、剪应力,桩端土层底部为刚性支承边界;

(3) 桩侧土层间的相互作用等效为分布式的 Voigt 模型,第 j 层土体上层对其作用的 Voigt 模型的弹性系数和阻尼系数分别为 k_j^{s} 和 δ_j^{s},第 j 层土体下层对其作用的 Voigt 模型的弹性系数和阻尼系数分别为 k_{j-1}^{s} 和 $\delta_{j-1}^{\mathrm{s}}$;

(4) 桩土系统纵向振动时,考虑桩侧土竖向波动效应,桩侧土径向位移可忽略;

(5) 桩及虚土桩均为线性黏弹性、竖直、圆形截面桩,按一维杆件处理,桩与虚土桩各段交界面处应力应变连续;

(6) 桩土系统振动为小变形振动,桩(虚土桩)与桩侧土完全连续接触。

5.2.2　定解问题

1. 横观各向同性土体动力平衡方程

从三维弹性理论出发,根据丁皓江[178]对横观各向同性弹性介质本构关系的描述,横观各向同性材料在柱坐标系下的几何方程和物理方程可分别表示如下:

$$\begin{cases} \varepsilon_r = \dfrac{\partial u_r}{\partial r}, \quad \gamma_{rz} = \dfrac{\partial w}{\partial r} + \dfrac{\partial u_r}{\partial z} \\[2mm] \varepsilon_\theta = \dfrac{1}{r}\dfrac{\partial u_\theta}{\partial \theta} + \dfrac{u_r}{r}, \quad \gamma_{r\theta} = \dfrac{1}{r}\dfrac{\partial u_r}{\partial \theta} + \dfrac{\partial u_\theta}{\partial r} - \dfrac{u_\theta}{r} \\[2mm] \varepsilon_z = \dfrac{\partial w}{\partial z}, \quad \gamma_{\theta z} = \dfrac{\partial u_\theta}{\partial z} + \dfrac{1}{r}\dfrac{\partial w}{\partial \theta} \end{cases} \tag{5.1}$$

$$\begin{cases} \sigma_r = C_{11}\varepsilon_r + C_{12}\varepsilon_\theta + C_{13}\varepsilon_z, \quad \tau_{\theta z} = C_{44}\gamma_{\theta z} \\[2mm] \sigma_\theta = C_{12}\varepsilon_r + C_{22}\varepsilon_\theta + C_{23}\varepsilon_z, \quad \tau_{rz} = C_{55}\gamma_{rz} \\[2mm] \sigma_z = C_{13}\varepsilon_r + C_{23}\varepsilon_\theta + C_{33}\varepsilon_z, \quad \tau_{r\theta} = C_{66}\gamma_{r\theta} \end{cases} \tag{5.2}$$

式中：u_r、u_θ 和 w 分别为土体的径向、环向和竖向位移，ε_r、ε_θ 和 ε_z 分别为土体的径向、环向和竖向正应变；γ_{rz}、$\gamma_{r\theta}$ 和 $\gamma_{\theta z}$ 分别为土体的 $r\text{-}z$ 向、$r\text{-}\theta$ 向和 $\theta\text{-}z$ 向剪应变；σ_r、σ_θ 和 σ_z 分别为土体的径向、环向和竖向正应力；z_{rz}、$z_{r\theta}$ 和 $z_{\theta z}$ 分别为土体的 $r\text{-}z$ 向、$r\text{-}\theta$ 向和 $\theta\text{-}z$ 向剪应力；C_{11}、C_{12}、C_{13}、C_{22}、C_{23}、C_{33}、C_{44}、C_{55} 和 C_{66} 为土骨加的弹性常数，且满足

$$C_{11} = C_{22} = \frac{E_h^s(1-\mu_{hv}^s\mu_{vh}^s)}{(1+\mu_{hh}^s)(1-\mu_{hh}^s-2\mu_{hv}^s\mu_{vh}^s)} \tag{5.3a}$$

$$C_{12} = \frac{E_h^s(\mu_{hh}^s+\mu_{hv}^s\mu_{vh}^s)}{(1+\mu_{hh}^s)(1-\mu_{hh}^s-2\mu_{hv}^s\mu_{vh}^s)} \tag{5.3b}$$

$$C_{13} = C_{23} = \frac{E_h^s\mu_{hh}^s}{1-\mu_{hh}^s-2\mu_{hv}^s\mu_{vh}^s} \tag{5.3c}$$

$$C_{33} = \frac{E_v(1-\mu_{hh}^s)}{1-\mu_{hh}^s-2\mu_{hv}^s\mu_{vh}^s} \tag{5.3d}$$

$$C_{44} = C_{55} = G_v^s \tag{5.3e}$$

$$C_{66} = (C_{11}-C_{22})/2 \tag{5.3f}$$

式中：E_h^s，E_v^s 分别为水平向和竖直向弹性模量；G_v^s 为竖直面上的剪切模量；μ_{hv}^s 为水平向应力引起的竖直向应变的泊松比；μ_{vh}^s 为竖直向应力引起的水平向应变的泊松比，且有 $\dfrac{\mu_{vh}^s}{E_v^s} = \dfrac{\mu_{hv}^s}{E_h^s}$；$\mu_{hh}^s$ 为水平向应力引起的正交水平向应变的泊松比。

单相弹性土介质的运动方程可以表示为

$$\frac{\partial \sigma_r}{\partial r} + \frac{1}{r}\frac{\partial \tau_{r\theta}}{\partial \theta} + \frac{\partial \tau_{rz}}{\partial z} + \frac{\sigma_r-\sigma_\theta}{r} = \rho^s\frac{\partial^2 u_r}{\partial t^2} \tag{5.4}$$

$$\frac{\partial \tau_{r\theta}}{\partial r} + \frac{1}{r}\frac{\partial \sigma_\theta}{\partial \theta} + \frac{\partial \tau_{\theta z}}{\partial z} + \frac{2\tau_{r\theta}}{r} = \rho^s\frac{\partial^2 u_\theta}{\partial t^2} \tag{5.5}$$

$$\frac{\partial \tau_{rz}}{\partial r} + \frac{1}{r}\frac{\partial \tau_{\theta z}}{\partial \theta} + \frac{\partial \sigma_z}{\partial z} + \frac{\tau_{rz}}{r} = \rho^s\frac{\partial^2 w}{\partial t^2} \tag{5.6}$$

式中：ρ^s 为土体密度。

将式(5.1)、式(5.2)分别代入式(5.4)～式(5.6)中，可得用位移表示的横观各向同性弹性土体的运动方程，为

$$\left[C_{11}\left(\frac{\partial^2}{\partial r^2} + \frac{1}{r}\frac{\partial}{\partial r} - \frac{1}{r^2}\right) + C_{66}\frac{1}{r^2}\frac{\partial^2}{\partial \theta^2} + C_{44}\frac{\partial^2}{\partial z^2}\right]u_r$$

$$+\left(\frac{C_{11}-C_{66}}{r}\frac{\partial^2}{\partial r\partial\theta}-\frac{C_{11}+C_{66}}{r^2}\frac{\partial}{\partial\theta}\right)u_\theta+(C_{13}+C_{44})\frac{\partial^2 w}{\partial r\partial z}=\rho^s\frac{\partial^2 u_r}{\partial t^2} \quad (5.7)$$

$$\left[(C_{11}-C_{66})\frac{1}{r}\frac{\partial^2}{\partial r\partial\theta}+(C_{11}+C_{66})\frac{1}{r^2}\frac{\partial}{\partial\theta}\right]u_r+(C_{13}+C_{44})\frac{1}{r}\frac{\partial^2 w}{\partial\theta\partial z}$$

$$+\left[C_{66}\left(\frac{\partial^2}{\partial r^2}+\frac{1}{r}\frac{\partial}{\partial r}-\frac{1}{r^2}\right)+C_{11}\frac{1}{r^2}\frac{\partial^2}{\partial\theta^2}+C_{44}\frac{\partial^2}{\partial z^2}\right]u_\theta=\rho^s\frac{\partial^2 u_\theta}{\partial t^2} \quad (5.8)$$

$$(C_{13}+C_{44})\left(\frac{\partial^2}{\partial r\partial z}+\frac{1}{r}\frac{\partial}{\partial z}\right)u_r+(C_{13}+C_{44})\frac{1}{r}\frac{\partial^2 u_\theta}{\partial\theta\partial z}$$

$$+\left[C_{44}\left(\frac{\partial^2}{\partial r^2}+\frac{1}{r}\frac{\partial}{\partial r}+\frac{1}{r^2}\frac{\partial^2}{\partial\theta^2}\right)+C_{33}\frac{\partial^2}{\partial z^2}\right]w=\rho^s\frac{\partial^2 w}{\partial t^2} \quad (5.9)$$

对于本章研究的轴对称纵向振动问题而言,考虑土体的竖向波动效应,三个位移分量中仅存在竖向位移 $w(r,z,t)$,而且任何分量对 θ 方向的导数均为零,则可得轴对称情况下考虑土体竖向波动效应时横观各向同性弹性土体纵向振动控制方程,如下:

$$C_{33}\frac{\partial^2 w(r,z,t)}{\partial z^2}+C_{44}\left[\frac{\partial^2 w(r,z,t)}{\partial r^2}+\frac{1}{r}\frac{\partial w(r,z,t)}{\partial r}\right]=\rho^s\frac{\partial^2 w(r,z,t)}{\partial t^2} \quad (5.10)$$

在式(5.10)的基础上,考虑土体的黏性特性,可建立成层横观各向同性地基中第 j 层土体纵向振动的控制方程,如下:

$$\delta_j^s\frac{\partial^2 w_j}{\partial z^2}+\frac{\eta_j^s}{G_{vj}^s}\frac{\partial}{\partial t}\left(\frac{\partial^2 w_j}{\partial z^2}\right)+\left(\frac{1}{r}\frac{\partial w_j}{\partial r}+\frac{\partial^2 w_j}{\partial r^2}\right)+\frac{\eta_j^s}{G_{vj}^s}\frac{\partial}{\partial t}\left(\frac{1}{r}\frac{\partial w_j}{\partial r}+\frac{\partial^2 w_j}{\partial r^2}\right)=\frac{\rho_j^s}{G_{vj}^s}\frac{\partial^2 w_j}{\partial t^2} \quad (5.11a)$$

式中:$w_j=w_j(r,z,t)$ 为第 j 层土体中任一点的纵向振动位移;η_j^s、ρ_j^s、G_{vj}^s 分别为第 j 层土体的黏性阻尼系数、密度及竖直面上的剪切模量;δ_j^s 为第 j 层土体的各向异性系数,表达为

$$\delta_j^s=\frac{2(1-\mu_{hhj}^s)(1+\mu_{vhj}^s)}{1-\mu_{hhj}^s-2(\mu_{vhj}^s)^2\kappa_j^s} \quad (5.11b)$$

其中:$\kappa_j^s=\dfrac{(1+\mu_{hhj}^s)G_{hj}^s}{(1+\mu_{vhj}^s)G_{vj}^s}$ 为第 j 层土体水平向与竖直向弹性模量比;G_{hj}^s 为第 j 层土体中水平向弹性模量;μ_{vhj}^s 为第 j 层土体中竖直向应力引起的水平向应变的泊松比;μ_{hhj}^s 为第 j 层土体中水平向应力引起的正交水平向应变的泊松比。

2. 黏弹性桩的动力平衡方程

假定桩(虚土桩)为一维黏弹性体,第 j 段桩(虚土桩)的纵向振动位移用 $u_j=u_j(z,t)$ 表示,根据 Euler-Bernoulli 杆件理论,可得第 j 段黏弹性桩(虚土桩)作纵向振动的控制方程如下:

$$E_j^p A_j^p\frac{\partial^2 u_j}{\partial z^2}+A_j^p\eta_j^p\frac{\partial^3 u_j}{\partial t\partial z^2}-m_j^p\frac{\partial^2 u_j}{\partial t^2}-f_j=0 \quad (5.12)$$

式中:$E_j^p=\rho_j^p(V_j^p)^2$、$A_j^p=\pi(r_j^p)^2$、m_j^p、ρ_j^p、V_j^p 和 η_j^p 分别为第 j 段桩(虚土桩)的弹性模量、桩身截面面积、单位长度质量、密度、弹性纵波波速及桩材料黏性阻尼系数;$f_j=2\pi r_j^p\tau_{rzj}^s(r_j^p,z,t)$,$\tau_{rzj}^s(r_j^p,z,t)$ 为第 j 层土体对该段桩(虚土桩)身单位面积的侧壁切应力,满足如下形式:

$$\tau_{rzj}^{s}(r_j^{p},z,t) = G_{vj}^{s}\frac{\partial w_j(r_j^{p},z,t)}{\partial r} + \eta_j^{s}\frac{\partial^{2}w_j(r_j^{p},z,t)}{\partial t\partial r} \tag{5.13}$$

5.2.3　定解条件

结合假设条件,在整体坐标系中建立桩土系统边界条件和初始条件如下。

1. 第 j 层土体的边界条件

第 j 层土体顶面:

$$E_{vj}^{s}\frac{\partial w_j}{\partial z}\bigg|_{z=h_j} = \left(k_j^{s}w_j + \delta_j^{s}\frac{\partial w_j}{\partial t}\right)\bigg|_{z=h_j} \tag{5.14a}$$

第 j 层土体底面:

$$E_{vj}^{s}\frac{\partial w_j}{\partial z}\bigg|_{z=h_j+l_j} = -\left(k_{j-1}^{s}w_j + \delta_{j-1}^{s}\frac{\partial w_j}{\partial t}\right)\bigg|_{z=h_j+l_j} \tag{5.14b}$$

水平无穷远处:

$$\sigma_j(\infty,z) = 0, \quad w_j(\infty,z) = 0 \tag{5.14c}$$

2. 第 j 段黏弹性桩(虚土桩)的边界条件

第 j 段桩(虚土桩)顶部:

$$\left[\frac{\partial u_j}{\partial z} + \frac{\eta_j^{p}}{E_j^{p}}\frac{\partial^{2}U_j}{\partial z\partial t}\right]\bigg|_{z=h_j} = -\frac{Z_j(s)u_j}{E_j^{p}A_j^{p}}\bigg|_{z=h_j} \tag{5.15a}$$

第 j 段桩(虚土桩)底部:

$$\left[\frac{\partial u_j}{\partial z} + \frac{\eta_j^{p}}{E_j^{p}}\frac{\partial^{2}U_j}{\partial z\partial t}\right]\bigg|_{z=h_j+l_j} = -\frac{Z_{j-1}(s)u_j}{E_j^{p}A_j^{p}}\bigg|_{z=h_j+l_j} \tag{5.15b}$$

式中: $Z_j(s)$、$Z_{j-1}(s)$ 分别为第 j 段桩(虚土桩)顶部和底部的位移阻抗函数。

3. 桩土接触面上的边界条件

$$w(r_j^{p},z,t) = u_j(z,t) \tag{5.16}$$

4. 桩土系统的初始条件

第 j 层土体:

$$w_j\big|_{t=0} = 0, \quad \frac{\partial w_j}{\partial t}\bigg|_{t=0} = 0, \quad \frac{\partial^{2}w_j}{\partial t^{2}}\bigg|_{t=0} = 0 \tag{5.17a}$$

第 j 段桩(虚土桩):

$$u_j\big|_{t=0} = 0, \quad \frac{\partial u_j}{\partial t}\bigg|_{t=0} = 0 \tag{5.17b}$$

5.3　定解问题的求解

5.3.1　土层振动问题

令 $W_j(r,z,s) = \int_0^{+\infty} w_j(r,z,t)\mathrm{e}^{-st}\,\mathrm{d}t$ 为 $w_j(r,z,t)$ 的 Laplace 变换形式,结合初始条件式(5.17a),对第 j 层土体动力控制方程式(5.11a) 两边进行 Laplace 变换并化简,可得

$$\left(\delta_j^s + \frac{\eta_j^s \cdot s}{G_{vj}^s}\right)\frac{\partial^2 W_j}{\partial z^2} + \left(1 + \frac{\eta_j^s \cdot s}{G_{vj}^s}\right)\left(\frac{1}{r}\frac{\partial W_j}{\partial r} + \frac{\partial^2 W_j}{\partial r^2}\right) = \left(\frac{s}{V_{vj}^s}\right)^2 W_j \quad (5.18)$$

式中:V_{vj}^s 为第 j 层土体竖直向剪切波速;s 为 Laplace 变换常数。

采用分离变量法,令第 j 层土体位移 $W_j(r,z,s) = R_j(r)Z_j(z)$,将其代入式(5.18)并化简可得

$$\left(\delta_j^s + \frac{\eta_j^s \cdot s}{G_{vj}^s}\right)\frac{1}{Z_j(z)}\frac{\partial^2 Z_j(z)}{\partial z^2} + \left(1 + \frac{\eta_j^s \cdot s}{G_{vj}^s}\right)\frac{1}{R_j(r)}\left[\frac{1}{r}\frac{\partial R_j(r)}{\partial r} + \frac{\partial^2 R_j(r)}{\partial r^2}\right] = \left(\frac{s}{V_{vj}^s}\right)^2 \quad (5.19)$$

根据式(5.19) 的特点,将其分解为两个常微分方程:

$$\frac{\mathrm{d}^2 R_j(r)}{\mathrm{d}r^2} + \frac{1}{r}\frac{\mathrm{d}R_j(r)}{\mathrm{d}r} - \xi_j^2 R_j(r) = 0 \quad (5.20)$$

$$\frac{\mathrm{d}^2 Z_j(z)}{\mathrm{d}z^2} + \beta_j^2 Z_j(z) = 0 \quad (5.21)$$

式中:ξ_j、β_j 为常数,且满足如下关系式:

$$\xi_j^2 = \frac{\left(\delta_j^s + \frac{\eta_j^s \cdot s}{G_{vj}^s}\right)\beta_j^2 + \left(\frac{s}{V_{vj}^s}\right)^2}{\left(1 + \frac{\eta_j^s \cdot s}{G_{vj}^s}\right)} \quad (5.22)$$

方程式(5.20)、式(5.21) 的通解分别为

$$R_j(r) = A_j K_0(\xi_j r) + B_j I_0(\xi_j r) \quad (5.23)$$

$$Z_j(z) = C_j \sin(\beta_j z) + D_j \cos(\beta_j z) \quad (5.24)$$

式中:$I_0(\cdot)$、$K_0(\cdot)$ 分别为零阶第一类、第二类虚宗量 Bessel 函数;A_j、B_j、C_j 和 D_j 为由边界条件确定的待定系数。

由式(5.23)、式(5.24) 可以得到第 j 层土体位移 $W_j(r,z,s)$ 的表达式如下:

$$W_j(r,z,s) = [A_j K_0(\xi_j r) + B_j I_0(\xi_j r)][C_j \sin(\beta_j z) + D_j \cos(\beta_j z)] \quad (5.25)$$

同时对第 j 层土体边界条件式(5.14a)、式(5.14b) 进行 Laplace 变换,并将整体坐标系进行局部化,即将局部坐标的零点建立在第 j 层土体的顶部,原来整体坐标中的 $z = h_j$、$z = h_j + l_j$ 分别变换为 $z' = 0$、$z' = l_j$,可得

$$\left[\frac{(k_j^s + \delta_j^s \cdot s)}{E_{vj}^s}W_j(r,z',s) - \frac{\partial W_j(r,z',s)}{\partial z'}\right]\bigg|_{z'=0} = 0 \quad (5.26a)$$

$$\left[\frac{(k_{j-1}^{s}+\delta_{j-1}^{s} \cdot s)}{E_{vj}^{s}}W_{j}(r,z',s)+\frac{\partial W_{j}(r,z',s)}{\partial z'}\right]\bigg|_{z'=l_{j}}=0 \tag{5.26b}$$

$$\bar{\sigma}_{j}(\infty,z')=0, \quad W_{j}(\infty,z')=0 \tag{5.26c}$$

由虚宗量 Bessel 函数的性质可知:当 $r \to \infty$ 时, $I_{0}(\cdot) \to \infty$, $K_{0}(\cdot) \to 0$,结合边界条件式(5.26c) 可以得到 $B_{j} = 0$。由边界条件式(5.26a)、式(5.26b) 可以得到

$$\tan(\beta_{j}l_{j})=\frac{\left(\frac{k_{j}^{s}+\delta_{j}^{s} \cdot s}{E_{vj}^{s}}l_{j}+\frac{k_{j-1}^{s}+\delta_{j-1}^{s} \cdot s}{E_{vj}^{s}}l_{j}\right)\beta_{j}l_{j}}{(\beta_{j}l_{j})^{2}-\left(\frac{k_{j}^{s}+\delta_{j}^{s} \cdot s}{E_{vj}^{s}}l_{j}\right)\left(\frac{k_{j-1}^{s}+\delta_{j-1}^{s} \cdot s}{E_{vj}^{s}}l_{j}\right)}=\frac{(\overline{K}_{j}+\overline{K}_{j}')\beta_{j}l_{j}}{(\beta_{j}l_{j})^{2}-\overline{K}_{j}\overline{K}_{j}'} \tag{5.27}$$

式中: $\overline{K}_{j}=\frac{k_{j}^{s}+\delta_{j}^{s} \cdot s}{E_{vj}^{s}}l_{j}$、$\overline{K}_{j}'=\frac{k_{j-1}^{s}+\delta_{j-1}^{s} \cdot s}{E_{vj}^{s}}l_{j}$ 分别表示第 j 层土体顶部和底部复刚度作用的无量纲参数。

将 $s = i\omega$ 代入超越方程式(5.27),并在频域内采用二分法对其进行求解,可以得到一系列特征值 β_{jn},将 β_{jn} 代入式(5.22),可以得到一系列与其对应的特征值 ξ_{jn}。

至此,可以将第 j 层土体的振动位移 $W_{j}(r,z',s)$ 写成如下形式:

$$W_{j}(r,z',s)=\sum_{n=1}^{\infty}A_{jn}K_{0}(\xi_{jn}r)\sin(\beta_{jn}z'+\phi_{jn}) \tag{5.28}$$

式中: $\phi_{jn} = \arctan(\beta_{jn}l_{j}/\overline{K}_{j})$; A_{jn} 为一系列由边界条件决定的常数,反映了土层各阶振动模态与桩的耦合振动作用。

5.3.2　桩振动问题

由式(5.28)可得第 j 层土体对第 j 段桩(虚土桩)侧单位面积的侧壁应力,表达式如下:

$$\tau_{rzj}^{s}(r_{j}^{p},z',s)=(G_{vj}^{s}+\eta_{j}^{s} \cdot s)\sum_{n=1}^{\infty}A_{jn}\xi_{jn}K_{1}(\xi_{jn}r_{j}^{p})\sin(\beta_{jn}z'+\phi_{jn}) \tag{5.29}$$

式中: $K(\cdot)$ 为一阶第二类虚宗量 Bessel 函数。

令 $U_{j}(z,s)$ 为第 j 段桩身位移 $u_{j}(z,t)$ 的 Laplace 变换形式,将式(5.29)代入式(5.12),并对等式两边进行 Laplace 变换,采用局部坐标系,可得

$$(V_{j}^{p})^{2}\left(1+\frac{\eta_{j}^{p}}{E_{j}^{p}} \cdot s\right)\frac{\partial^{2}U_{j}}{\partial z'^{2}}-s^{2}U_{j}-\frac{2\pi r_{j}^{p}}{\rho_{j}^{p}A_{j}^{p}}(G_{vj}^{s}+\eta_{vj}^{s} \cdot s)\sum_{n=1}^{\infty}A_{jn}\xi_{jn}K_{1}(\xi_{jn}r_{j}^{p})\sin(\beta_{jn}z'+\phi_{jn})=0$$

$$\tag{5.30}$$

基于第 3 章提出的求解方法,可得第 j 段桩身纵向振动的位移响应如下:

$$U_{j}=M_{j}\left[\cos(\bar{\lambda}_{j}z'/l_{j})+\sum_{n=1}^{\infty}\chi_{jn}'\sin(\beta_{jn}z'+\phi_{jn})\right]+N_{j}\left[\sin(\bar{\lambda}_{j}z'/l_{j})+\sum_{n=1}^{\infty}\chi_{jn}''\sin(\beta_{jn}z'+\phi_{jn})\right]$$

$$\tag{5.31}$$

式中:

$$\chi_{jn}'=\chi_{jn}\left[\frac{\cos(\bar{\beta}_{jn}+\bar{\lambda}_{j}+\phi_{jn})-\cos\phi_{jn}}{\bar{\beta}_{jn}+\bar{\lambda}_{j}}+\frac{\cos(\bar{\beta}_{jn}-\bar{\lambda}_{j}+\phi_{jn})-\cos\phi_{jn}}{\bar{\beta}_{jn}-\bar{\lambda}_{j}}\right] \tag{5.32}$$

$$\chi''_{jn} = \chi_{jn} \left[\frac{\sin(\bar{\beta}_{jn} + \bar{\lambda}_j + \phi_{jn}) - \sin\phi_{jn}}{\bar{\beta}_{jn} + \bar{\lambda}_j} - \frac{\sin(\bar{\beta}_{jn} - \bar{\lambda}_j + \phi_{jn}) - \sin\phi_{jn}}{\bar{\beta}_{jn} - \bar{\lambda}_j} \right] \quad (5.33)$$

$$\chi_{jn} = \frac{(G^{\mathrm{s}}_{\mathrm{v}j} + \eta^{\mathrm{s}}_j \cdot s) \bar{\xi}_{jn} K_1(\bar{\xi}_{jn} \bar{r}^{\mathrm{p}}_j) t^2_j}{\rho^{\mathrm{p}}_j l_j \bar{r}^{\mathrm{p}}_j \left[\bar{\beta}^2_{jn} \left(1 + \frac{\eta^{\mathrm{p}}_j}{E^{\mathrm{p}}_j} \cdot s \right) + s^2 t^2_j \right] \varphi_{jn} L_{jn}} \quad (5.34)$$

$$\varphi_{jn} = K_0(\bar{\xi}_{jn} \bar{r}^{\mathrm{p}}_j) + \frac{2(G^{\mathrm{s}}_{\mathrm{v}j} + \eta^{\mathrm{s}}_j \cdot s) \bar{\xi}_{jn} K_1(\bar{\xi}_{jn} \bar{r}^{\mathrm{p}}_j) t^2_j}{\rho^{\mathrm{p}}_j l^2_j \bar{r}^{\mathrm{p}}_j \left[\bar{\beta}^2_{jn} \left(1 + \frac{\eta^{\mathrm{p}}_j}{E^{\mathrm{p}}_j} \cdot s \right) + s^2 t^2_j \right]} \quad (5.35)$$

$$L_{jn} = \int_0^{l_j} \sin^2(\beta_{jn} z' + \phi_{jn}) \mathrm{d}z' \quad (5.36)$$

其中：$\bar{\lambda}_j = \sqrt{-\dfrac{s^2 t^2_j}{1 + \dfrac{\eta^{\mathrm{p}}_j}{E^{\mathrm{p}}_j} \cdot s}}$，$\bar{\beta}_{jn} = \beta_{jn} l_j$，$\bar{\xi}_{jn} = \xi_{jn} l_j$，$\bar{r}^{\mathrm{p}}_j = r^{\mathrm{p}}_j / l_j$ 均为无量纲参数；$t_j = l_j / V^{\mathrm{p}}_j$ 为弹性纵波在第 j 段桩身传播的时间。

结合边界条件式(5.15)，采用局部坐标系，可得第 j 段桩身顶部的位移阻抗函数表达式为

$$\begin{aligned}
Z_j(s) &= \frac{-\left[E^{\mathrm{p}}_j A^{\mathrm{p}}_j \dfrac{\partial U_j}{\partial z'} + \eta^{\mathrm{p}}_j A^{\mathrm{p}}_j \cdot S \dfrac{\partial U_j}{\partial z'} \right]\Big|_{z'=0}}{U_j \big|_{z'=0}} \\
&= -\frac{E^{\mathrm{p}}_j A^{\mathrm{p}}_j}{l_j} \frac{\dfrac{M_j}{N_j} \sum_{n=1}^{\infty} \chi'_{jn} \bar{\beta}_{jn} \cos\phi_{jn} + \bar{\lambda}_j + \sum_{n=1}^{\infty} \chi''_{jn} \bar{\beta}_{jn} \cos\phi_{jn}}{\dfrac{M_j}{N_j} \left(1 + \sum_{n=1}^{\infty} \chi'_{jn} \sin\phi_{jn} \right) + \sum_{n=1}^{\infty} \chi''_{jn} \sin\phi_{jn}}
\end{aligned} \quad (5.37)$$

式中：

$$\frac{M_j}{N_j} = -\frac{\sum_{n=1}^{\infty} \chi''_{jn} \bar{\beta}_{jn} \cos(\bar{\beta}_{jn} + \phi_{jn}) + \bar{\lambda}_j \cos\bar{\lambda}_j + \dfrac{Z_{j-1}(s) l_j}{E^{\mathrm{p}}_j A^{\mathrm{p}}_j} \left[\sin\bar{\lambda}_j + \sum_{n=1}^{\infty} \chi''_{jn} \sin(\bar{\beta}_{jn} + \phi_{jn}) \right]}{\sum_{n=1}^{\infty} \chi'_{jn} \bar{\beta}_{jn} \cos(\bar{\beta}_{jn} + \phi_{jn}) - \bar{\lambda}_j \sin\bar{\lambda}_j + \dfrac{Z_{j-1}(s) l_j}{E^{\mathrm{p}}_j A^{\mathrm{p}}_j} \left[\cos\bar{\lambda}_j + \sum_{n=1}^{\infty} \chi'_{jn} \sin(\bar{\beta}_{jn} + \phi_{jn}) \right]}$$

$$(5.38)$$

$Z_{j-1}(s)$ 是第 $(j-1)$ 段桩身顶部的位移阻抗函数，可结合边界条件式(5.15)利用阻抗函数递推特性得到。利用阻抗函数的递推特性，可以得到桩顶(即第 m 段桩)的位移阻抗函数如下：

$$Z_m(s) = \frac{-\left[E^{\mathrm{p}}_m A^{\mathrm{p}}_m \dfrac{\partial U_m}{\partial z'} + \eta^{\mathrm{p}}_m A^{\mathrm{p}}_m \cdot S \dfrac{\partial U_m}{\partial z'} \right]\Big|_{z'=0}}{U_m \big|_{z'=0}} = -\frac{E^{\mathrm{p}}_m A^{\mathrm{p}}_m}{l_m} Z'_m(s) \quad (5.39)$$

式中：$Z'_m(s)$ 为无量纲桩顶位移阻抗函数，且满足

$$Z'_m(s) = \frac{\dfrac{M_m}{N_m} \sum_{n=1}^{\infty} \chi'_{mn} \bar{\beta}_{mn} \cos\phi_{mn} + \bar{\lambda}_m + \sum_{n=1}^{\infty} \chi''_{mn} \bar{\beta}_{mn} \cos\phi_{mn}}{\dfrac{M_m}{N_m} \left(1 + \sum_{n=1}^{\infty} \chi'_{mn} \sin\phi_{mn} \right) + \sum_{n=1}^{\infty} \chi''_{mn} \sin\phi_{mn}} \quad (5.40)$$

$$\frac{M_m}{N_m} = -\frac{\displaystyle\sum_{n=1}^{\infty}\chi''_{mn}\bar{\beta}_{mn}\cos(\bar{\beta}_{mn}+\phi_{mn}) + \bar{\lambda}_m\cos\bar{\lambda}_m + \frac{Z_{m-1}(s)l_m}{E_m^p A_m^p}\Big[\sin\bar{\lambda}_m + \displaystyle\sum_{n=1}^{\infty}\chi''_{mn}\sin(\bar{\beta}_{mn}+\phi_{mn})\Big]}{\displaystyle\sum_{n=1}^{\infty}\chi'_{mn}\bar{\beta}_{mn}\cos(\bar{\beta}_{mn}+\phi_{mn}) - \bar{\lambda}_m\sin\bar{\lambda}_m + \frac{Z_{m-1}(s)l_m}{E_m^p A_m^p}\Big[\cos\bar{\lambda}_m + \displaystyle\sum_{n=1}^{\infty}\chi'_{mn}\sin(\bar{\beta}_{mn}+\phi_{mn})\Big]}$$

$$(5.41)$$

$$\chi'_{mn} = \chi_{mn}\left[\frac{\cos(\bar{\beta}_{mn}+\bar{\lambda}_m+\phi_{mn}) - \cos\phi_{mn}}{\bar{\beta}_{mn}+\bar{\lambda}_m} + \frac{\cos(\bar{\beta}_{mn}-\bar{\lambda}_m+\phi_{mn}) - \cos\phi_{mn}}{\bar{\beta}_{mn}-\bar{\lambda}_m}\right] \quad (5.42)$$

$$\chi''_{mn} = \chi_{mn}\left[\frac{\sin(\bar{\beta}_{mn}+\bar{\lambda}_m+\phi_{mn}) - \sin\phi_{mn}}{\bar{\beta}_{mn}+\bar{\lambda}_m} - \frac{\sin(\bar{\beta}_{mn}-\bar{\lambda}_m+\phi_{mn}) - \sin\phi_{mn}}{\bar{\beta}_{mn}-\bar{\lambda}_m}\right] \quad (5.43)$$

$$\chi_{mn} = \frac{(G_{vm}^s + \eta_m^s \cdot s)\bar{\xi}_{mn}K_1(\bar{\xi}_{mn}\bar{r}_m^p)t_m^2}{\rho_m^p l_m \bar{r}_m^p\Big[\bar{\beta}_{mn}^2\Big(1+\frac{\eta_m^p}{E_m^p}\cdot s\Big)+s^2 t_m^2\Big]\varphi_{mn}L_{mn}} \quad (5.44)$$

$$\varphi_{mn} = K_0(\bar{\xi}_{mn}\bar{r}_m^p) + \frac{2(G_{vm}^s + \eta_m^s \cdot s)\bar{\xi}_{mn}K_1(\bar{\xi}_{mn}\bar{r}_m^p)t_m^2}{\rho_m^p l_m^2 \bar{r}_m^p\Big[\bar{\beta}_{mn}^2\Big(1+\frac{\eta_m^p}{E_m^p}\cdot s\Big)+s^2 t_m^2\Big]} \quad (5.45)$$

$$L_{mn} = \int_0^{l_m}\sin^2(\beta_{mn}z'+\phi_{mn})\mathrm{d}z' \quad (5.46)$$

其中：$\bar{\lambda}_m = \sqrt{-\dfrac{s^2 t_m^2}{1+\dfrac{\eta_m^p}{E_m^p}\cdot s}}$，$\bar{\beta}_{mn}=\beta_{mn}l_m$，$\bar{\xi}_{mn}=\xi_{mn}l_m$，$\bar{r}_m^p=r_m^p/l_m$ 均为无量纲参数；$t_m = l_m/V_m^p$ 为弹性纵波在第 m 段桩身传播的时间。

式中的 ϕ_{mn} 和 β_{mn} 可分别由下面两式得到：

$$\phi_{mn} = \arctan(\beta_{mn}l_m/\overline{K}_m) \quad (5.47)$$

$$\tan(\beta_m l_m) = \frac{(\overline{K}_m + \overline{K}'_m)\beta_m l_m}{(\beta_m l_m)^2 - \overline{K}_m\overline{K}'_m} \quad (5.48)$$

式中：$\overline{K}_m = \dfrac{k_m^s + \delta_m^s \cdot s}{E_{vm}^s}l_m$，$\overline{K}'_m = \dfrac{k_{m-1}^s + \delta_{m-1}^s \cdot s}{E_{vm}^s}l_m$ 分别为第 m 段土层顶部和底部复刚度作用的无量纲参数，l_m 为第 m 层土层厚度。

由桩顶位移阻抗函数可得桩顶位移响应函数如下：

$$G_u(s) = \frac{1}{Z_m(s)}$$

$$= -\frac{l_m}{E_m^p A_m^p}\frac{\dfrac{M_m}{N_m}\Big(1+\displaystyle\sum_{n=1}^{\infty}\chi'_{mn}\sin\phi_{mn}\Big)+\displaystyle\sum_{n=1}^{\infty}\chi''_{mn}\sin\phi_{mn}}{\dfrac{M_m}{N_m}\displaystyle\sum_{n=1}^{\infty}\chi'_{mn}\bar{\beta}_{mn}\cos\phi_{mn}+\bar{\lambda}_m+\displaystyle\sum_{n=1}^{\infty}\chi''_{mn}\bar{\beta}_{mn}\cos\phi_{mn}} \quad (5.49)$$

进一步可得到桩顶速度响应函数为

$$G_v(s) = \frac{s}{Z_m(s)}$$

$$= -\frac{l_m \cdot s}{E_m^p A_m^p} \frac{\dfrac{M_m}{N_m}\left(1+\sum\limits_{n=1}^{\infty}\chi'_{mn}\sin\phi_{mn}\right)+\sum\limits_{n=1}^{\infty}\chi''_{mn}\sin\phi_{mn}}{\dfrac{M_m}{N_m}\sum\limits_{n=1}^{\infty}\chi'_{mn}\bar{\beta}_{mn}\cos\phi_{mn}+\bar{\lambda}_m+\sum\limits_{n=1}^{\infty}\chi''_{mn}\bar{\beta}_{mn}\cos\phi_{mn}} \tag{5.50}$$

令 $s = \mathrm{i}\omega$（$\mathrm{i}=\sqrt{-1}$ 为虚数单位，ω 为激振圆频率，与普通频率 f 的关系为 $\omega=2\pi f$），由式(5.40)可得桩顶复刚度：

$$K_d = Z'_m(\mathrm{i}\omega) = K + \mathrm{i}C \tag{5.51}$$

式中：实部 K 为真实的桩顶动刚度，反映桩土系统抵抗纵向变形的能力；虚部 C 为动阻尼，反映应力波的能量耗散特性。

由式(5.49)可得桩顶位移频域响应：

$$H_u(\mathrm{i}\omega) = \frac{1}{Z_m(\mathrm{i}\omega)} = \frac{l_m}{E_m^p A_m^p} H'_u \tag{5.52}$$

式中：H'_u 为无量纲桩顶位移频域响应函数，表达为

$$H'_u = -\frac{\dfrac{M_m}{N_m}\left(1+\sum\limits_{n=1}^{\infty}\chi'_{mn}\sin\phi_{mn}\right)+\sum\limits_{n=1}^{\infty}\chi''_{mn}\sin\phi_{mn}}{\dfrac{M_m}{N_m}\sum\limits_{n=1}^{\infty}\chi'_{mn}\bar{\beta}_{mn}\cos\phi_{mn}+\bar{\lambda}_m+\sum\limits_{n=1}^{\infty}\chi''_{mn}\bar{\beta}_{mn}\cos\phi_{mn}} \tag{5.53}$$

相位差为

$$\theta(\omega) = \arctan\left[\frac{\mathrm{Im}(H_u)}{\mathrm{Re}(H_u)}\right] \tag{5.54}$$

由式(5.50)可得桩顶速度频域响应(速度导纳)：

$$H_v(\mathrm{i}\omega) = \frac{\mathrm{i}\omega}{Z_2(\mathrm{i}\omega)} = -\frac{1}{\rho_m^p A_m^p V_m^p} H'_v \tag{5.55}$$

式中：H'_v 为速度频域响应函数，表达为

$$H'_v = \mathrm{i}\omega t_m \frac{\dfrac{M_m}{N_m}\left(1+\sum\limits_{n=1}^{\infty}\chi'_{mn}\sin\phi_{mn}\right)+\sum\limits_{n=1}^{\infty}\chi''_{mn}\sin\phi_{mn}}{\dfrac{M_m}{N_m}\sum\limits_{n=1}^{\infty}\chi'_{mn}\bar{\beta}_{mn}\cos\phi_{mn}+\bar{\lambda}_m+\sum\limits_{n=1}^{\infty}\chi''_{mn}\bar{\beta}_{mn}\cos\phi_{mn}} \tag{5.56}$$

在基桩低应变动测时，可将桩顶荷载简化为半正弦脉冲激励，即 $q(t)=Q_{\max}\sin\dfrac{\pi t}{T}$ [其中 $t\in(0,T)$，T 为脉冲宽度，$Q_{\max}$ 为半正弦脉冲激励峰值]，根据 Fourier 变换的性质，对桩顶荷载与桩顶速度时域响应进行卷积，可得半正弦脉冲激励作用下的桩顶速度时域响应半解析解，表达如下：

$$V(t) = q(t) * \mathrm{IFT}[H_v(\mathrm{i}\omega)] = \mathrm{IFT}[Q(\mathrm{i}\omega) \cdot H_v(\mathrm{i}\omega)]$$

$$= -\frac{Q_{\max}}{\rho_m^p A_m^p V_m^p} V'_v \tag{5.57}$$

式中：V'_v 为桩顶无量纲速度时域响应，表达为

$$V'_v = \frac{1}{2}\int_{-\infty}^{\infty} \mathrm{i}\bar{\omega}\bar{t}_m \frac{\dfrac{M_m}{N_m}\left(1+\sum\limits_{n=1}^{\infty}\chi'_{mn}\sin\phi_{mn}\right)+\sum\limits_{n=1}^{\infty}\chi''_{mn}\sin\phi_{mn}}{\dfrac{M_m}{N_m}\sum\limits_{n=1}^{\infty}\chi'_{mn}\bar{\beta}_{mn}\cos\phi_{mn}+\bar{\lambda}_m+\sum\limits_{n=1}^{\infty}\chi''_{mn}\bar{\beta}_{mn}\cos\phi_{mn}} \frac{\bar{T}}{\pi^2-\bar{T}^2\bar{\omega}^2} \cdot (1+\mathrm{e}^{-\mathrm{i}\bar{\omega}\bar{T}})\mathrm{e}^{\mathrm{i}\bar{\omega}\bar{t}}\,\mathrm{d}\bar{\omega}$$

$$\tag{5.58}$$

式中：$\bar{\omega} = \omega T_c$ 为无量纲频率；$\bar{T} = T/T_c$ 为无量纲脉冲宽度因子；$\bar{t}_m = t_m/T_c$，$\bar{t} = t/T_c$ 为无量纲时间；T_c 为弹性纵波在桩身中传播的总时间。

5.4　土的各向异性对桩顶动力响应的影响分析

由 5.3 节的推导过程可知，土体竖直面上剪切模量及水平面上剪切模量之间的差异是反映土体各向异性的参数，因此，接下来分别讨论桩侧土和桩端土两种模量的变化对桩顶动力响应的影响，从而探索土体各向异性对桩顶动力响应的影响规律。在随后的分析中，桩参数取为：桩长为 15 m，截面半径为 0.5 m，密度为 2 500 kg/m³，弹性纵波波速为 3 800 m/s；土层层间 Voigt 模型参数取值规则为：Voigt 模型的刚度系数为 1 倍的下层土弹性模量值，黏性阻尼系数为 10 000 N·s/m³。

5.4.1　桩侧土各向异性的影响

首先分析桩侧土竖直面上的剪切模量对桩顶动力响应的影响。桩端土参数为：桩端土厚度为 3 倍的桩径，密度为 2 000 kg/m³，水平面和竖直面内的剪切模量均为 120 MPa，竖直向应力引起水平向应变的泊松比及水平向应力引起正交水平向应变的泊松比均取为 0.35，黏性阻尼系数为 1 000 N·s/m³。桩侧土参数为：密度为 1 800 kg/m³，竖直向应力引起水平向应变的泊松比及水平向应力引起正交水平向应变的泊松比均取为 0.4，黏性阻尼系数为 1 000 N·s/m³，水平面上的剪切模量为 60 MPa，竖直面上的剪切模量（G_{v2}^s）分别为 20 MPa，40 MPa，60 MPa，80 MPa，100 MPa。

图 5.2 反映了桩侧土竖直面上剪切模量对桩顶速度响应的影响。由桩顶速度频域响应曲线可以看出，随着桩侧土竖直面上剪切模量的增大，速度频域响应曲线的共振峰幅值逐渐减小，共振频率基本不变。由桩顶速度时域响应曲线可以看出，随着桩侧土竖直面上剪切模量的增大，桩尖一次同向反射信号的幅值逐渐减小，入射波与桩尖一次同向反射信号之间的曲线段出现上抬现象，桩尖一次同向反射信号与二次同向反射信号之间的曲线段出现下压现象，且竖直面上的剪切模量越大，上抬和下压现象越明显。

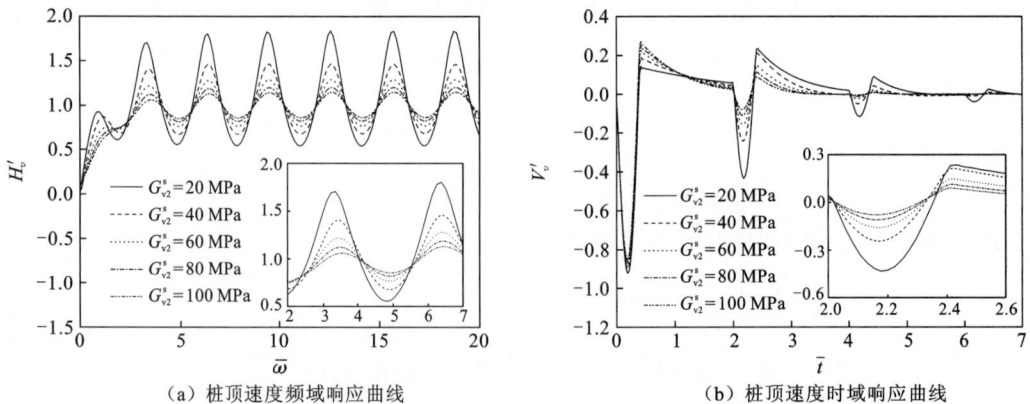

（a）桩顶速度频域响应曲线　　　　　　　　（b）桩顶速度时域响应曲线

图 5.2　桩侧土竖直面上剪切模量对桩顶速度响应的影响

分析桩侧土水平面上的剪切模量对桩顶动力响应的影响时,用于计算的桩侧土参数为:竖直面上的剪切模量为 60 MPa,水平面上的剪切模量(G_{h2}^s)分别为 20 MPa,40 MPa,60 MPa,80 MPa,100 MPa,其他参数取值与分析竖直面上剪切模量对桩顶动力响应影响时的参数取值一致。

图 5.3 反映了桩侧土水平面上剪切模量对桩顶速度响应的影响。由桩顶速度频域响应曲线可以看出,随着桩侧土水平面上剪切模量的增大,速度频域响应曲线的共振峰幅值逐渐增大,但增大幅度较小,低频段共振频率有增大趋势,高频段共振频率基本不变。由桩顶速度时域响应曲线可以看出,随着桩侧土水平面上剪切模量的增大,桩尖一次同向反射信号的幅值逐渐减小,但减小幅度较小,在桩尖一次同向反射信号处会出现反向反射信号,且水平面上的剪切模量越大,反向反射信号幅值越大。

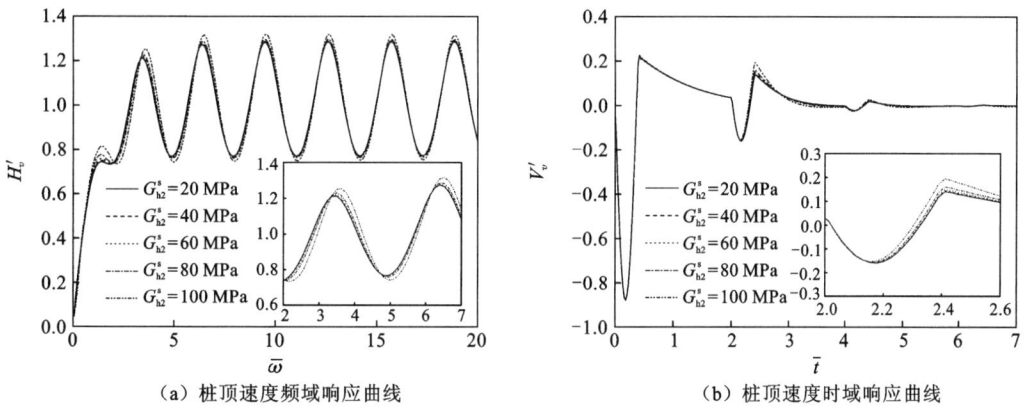

（a）桩顶速度频域响应曲线　　　　　　（b）桩顶速度时域响应曲线

图 5.3　桩侧土水平面上剪切模量对桩顶速度响应的影响

5.4.2　桩端土各向异性的影响

首先分析桩端土竖直面上剪切模量对桩顶动力响应的影响。桩侧土参数为:密度为 1 800 kg/m³,水平面和竖直面内的剪切模量均取为 60 MPa,竖直向应力引起水平向应变的泊松比及水平向应力引起正交水平向应变的泊松比均取为 0.4,黏性阻尼系数为 1 000 N·s/m³。桩端土参数为:桩端土厚度取为 3 倍的桩径,密度为 2 000 kg/m³,竖直向应力引起水平向应变的泊松比及水平向应力引起正交水平向应变的泊松比均取为 0.35,黏性阻尼系数为 1 000 N·s/m³,水平面上的剪切模量为 120 MPa,竖直面上的剪切模量(G_{v1}^s)分别为 80 MPa,100 MPa,120 MPa,140 MPa,160 MPa。

图 5.4 反映了桩端土竖直面上剪切模量对桩顶速度响应的影响。由桩顶速度频域响应曲线可以看出,速度频域响应曲线的共振峰幅值随着桩端土竖直面上剪切模量的增大而逐渐减小,但共振频率基本不变。由桩顶速度时域响应曲线可以看出,随着桩端土竖直面上剪切模量的增大,桩尖一次同向反射信号的幅值逐渐减小,但反射信号的宽度基本不变。

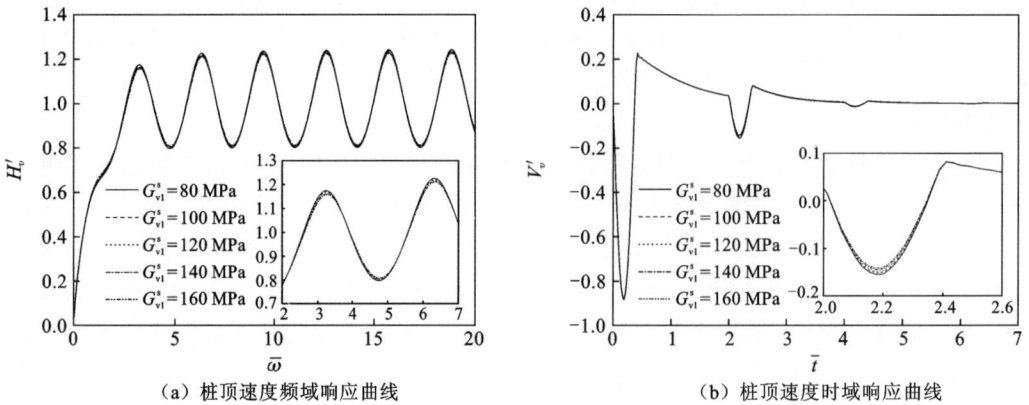

（a）桩顶速度频域响应曲线   （b）桩顶速度时域响应曲线

图 5.4   桩端土竖直面上剪切模量对桩顶速度响应的影响

分析桩端土水平面上剪切模量对桩顶动力响应的影响时，用于计算的桩端土参数为：竖直面上的剪切模量为 120 MPa，水平面上的剪切模量（G_{h1}^s）分别为 80 MPa，100 MPa，120 MPa，140 MPa，160 MPa，其他参数取值与分析竖直面上的剪切模量对桩顶动力响应影响时的参数取值一致。

图 5.5 反映了桩端土水平面上剪切模量对桩顶速度响应的影响。由图可以看出，桩端土水平面上剪切模量的变化对桩顶速度响应的影响很小，基本可忽略。

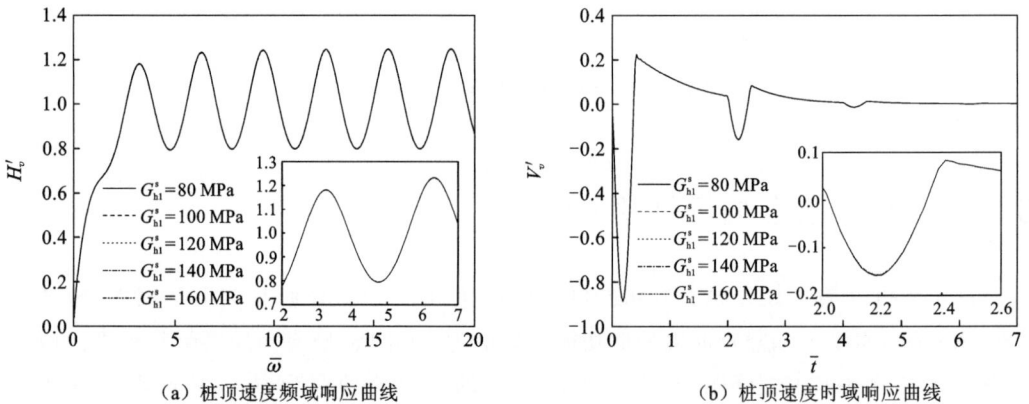

（a）桩顶速度频域响应曲线   （b）桩顶速度时域响应曲线

图 5.5   桩端土水平面上剪切模量对桩顶速度响应的影响

5.5   本章小结

本章首先推导建立了考虑竖向波动效应时横观各向同性黏弹性土体受纵向荷载作用的动力控制方程，然后基于虚土桩法，建立了成层地基中桩土系统纵向振动的定解问题，通过解析及半解析求解，分别得到了桩顶频域响应解析解及半正弦脉冲荷载作用下桩顶速度时域响应半解析解。通过分析计算得出以下结论：

（1）不管是桩端土还是桩侧土，竖直面上剪切模量对桩顶动力响应的影响程度要比水平面上剪切模量的影响大得多。因此，当考虑土体竖向波动效应时，竖直面上的剪切模量对桩土系统振动特性起着主导作用。

（2）随着桩侧土竖直面上剪切模量的增大，桩顶速度频域响应曲线的共振峰幅值及速度时域响应曲线桩尖同向反射信号幅值均逐渐减小；随着桩侧土水平面上剪切模量的增大，桩顶速度频域响应曲线的共振峰幅值逐渐增大，速度时域响应曲线桩尖同向反射信号幅值逐渐减小。

（3）随着桩端土竖直面上剪切模量的增大，桩顶速度频域响应曲线的共振峰幅值及速度时域响应曲线桩尖同向反射信号幅值均逐渐减小；桩端土水平面上的剪切模量对桩顶速度响应的影响基本可忽略。

第6章 三维轴对称地基中基于虚土桩法的桩纵向振动理论

6.1 引　言

目前,用于分析桩土动力相互作用体系的模型有很多,包括动态 Winkler 模型、平面应变模型、桩土耦合接触模型等,这些模型中,大多数都是用来分析桩与桩侧土作用关系的。针对桩与桩端土的作用关系,较多的做法是根据桩型的类别,假定桩端存在刚性支承或者弹(黏)性支承等。刚性支承适用于端承桩,弹(黏)性支承类似于 Winkler 地基梁模型,假定桩端与土体之间通过弹簧和阻尼器连接,多应用于摩擦型桩,这种假定使桩端与土体之间没有严格耦合。陈嘉熹[160]、杨冬英[173] 和刘凯[179] 都利用虚土桩模型代替了桩端支承的假设,使桩端与土体之间形成了一种较严格的耦合关系。这些虚土桩模型基本都是基于土体的平面应变假设的,没有充分考虑振动的三维波动效应,忽略了土体的径向位移,属于一种简化方式。

在上述成果的基础上,本章将土体的径向位移考虑在内,以三维轴对称土体振动模型为基础,结合虚土桩法,通过改变求解方法,得到了一种桩侧和桩端同时耦合的计算结果,并对均质地基土中桩土相互作用体系的纵向振动问题进行求解。着重讨论桩端土层各参数对单桩纵向振动的影响,并对轴对称体系下的虚土桩模型和平面应变体系下的虚土桩模型进行对比,指出两者的不同和优缺点。在此基础上,对桩端土体的成层性进行分析,研究多层土体对桩体复刚度的影响。

6.2 桩土耦合振动的定解问题

6.2.1 计算模型与基本假设

桩土相互作用的计算简图如图 6.1 所示。图中,实体桩长 l,虚土桩长 h,桩体半径 r^p,桩顶作用有大小为 $q(t)$ 的激振荷载,桩身单位面积侧摩阻力为 $f(t,z)$。以实体桩与虚土桩分界线为界将地基土层分为上下两层。两层土体之间的相互作用简化为 Winkler 弹性地基,以分布式弹簧相接,弹簧系统的总刚度系数为 K^s。桩体和土体材料的密度和弹性模量分别用 ρ^p、E^p 和 ρ^s、E^s 表示。

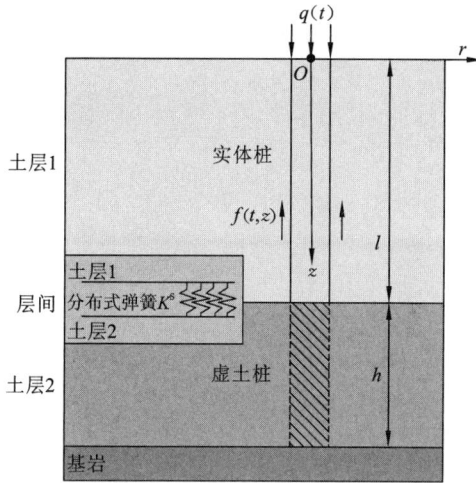

图 6.1　桩土体系动力学模型

桩土相互作用体系所遵循的基本假定：

（1）土体为均质、各向同性的单相弹性介质，在外力的作用下，土体会产生竖向位移和径向位移。土体上表面为自由面，无外荷载。

（2）不同桩体之间的距离足够远，保证其为单桩体系。

（3）桩身假定为弹性圆形均质杆件，桩身振动按一维弹性杆件处理。

（4）桩土体系振动为小变形，桩土接触面上位移连续、受力平衡。在小变形的情况下，桩身的径向变形可以忽略，因此桩土径向接触面上的位移为零。

6.2.2　桩土耦合振动控制方程

假设土体围绕桩轴线作轴对称振动，那么土体的动力平衡方程可表示为如下形式：

$$(\lambda + 2\mu)\left(\nabla^2 - \frac{1}{r^2}\right)u_r^s + (\lambda + \mu)\frac{\partial \overline{w}}{\partial z} = \rho^s \frac{\partial^2 u_r^s}{\partial t^2} \tag{6.1}$$

$$(\lambda + 2\mu)\nabla^2 u_z^s - (\lambda + \mu)\left(\frac{\partial}{\partial r} + \frac{1}{r}\right)\overline{w} = \rho^s \frac{\partial^2 u_z^s}{\partial t^2} \tag{6.2}$$

式中：$\nabla^2 = \dfrac{\partial^2}{\partial r^2} + \dfrac{1}{r}\dfrac{\partial}{\partial r} + \dfrac{\partial^2}{\partial z^2}$；$\overline{w} = \dfrac{\partial u_z^s}{\partial r} - \dfrac{\partial u_r^s}{\partial z}$；$u_r^s$ 为土体的径向位移；u_z^s 为土体的竖向位移；λ 和 μ 为土体材料的 Lame 常数；ρ^s 为土体的材料密度。

桩体为一维弹性杆，只考虑纵向振动，则桩体的动力平衡控制方程可表示为

$$E^p A^p \frac{\partial^2 u^p}{\partial z^2} - 2\pi r^p f(t,z) = \rho^p A^p \frac{\partial^2 u^p}{\partial t^2} \tag{6.3}$$

式中：u^p 为桩体的竖向位移；E^p 为桩身材料的弹性模量；ρ^p 为桩身材料的密度；r^p 为桩身半径；$A^p = \pi (r^p)^2$ 为桩身横截面积。

6.2.3　桩土体系的边界条件及初始条件

1. 土体的边界条件

径向无穷远处,即 $r \rightarrow +\infty$ 处:

$$\begin{cases} \sigma_r^s = \sigma_z^s = 0 \\ u_r^s = u_z^s = 0 \end{cases} \tag{6.4}$$

式中: σ_r^s 为土体的径向应力; σ_z^s 为土体的竖向应力。

土体自由面处:

$$z = 0, \quad \sigma_z^s = 0 \tag{6.5}$$

土层界面变化处:

$$E^s \frac{\partial u_z^s}{\partial z} + K^s u_z^s = 0 \tag{6.6}$$

特别指出的是,土层自由面处 $K^s = 0$,土层与基岩接触面上 $K^s \rightarrow +\infty$。

2. 桩土径向接触面上的边界条件

$$u_r^s(r^p) = 0 \tag{6.7}$$
$$f(z) = \tau_{rz}^s(r^p, z) \tag{6.8}$$
$$u^p(z) = u_z^s(r^p, z) \tag{6.9}$$

式中: τ_{rz}^s 为土体竖向剪应力。

3. 桩体的竖向边界条件

$$z = 0, \quad E^p A^p \frac{\partial u^p}{\partial z} = -q(t) \tag{6.10}$$

$$z = l + h, \quad u^p = 0 \tag{6.11}$$

桩体单元交接面上第 i 个单元与第 $(i+1)$ 个单元接触的位置:

$$u_{i,2}^p = u_{i+1,1}^p \tag{6.12}$$

式中: $u_{i,2}^p$ 为第 i 个单元顶部的位移, $u_{i+1,1}^p$ 为第 $i+1$ 个单元底部的位移。
第 $(i+1)$ 个单元的底面位置:

$$E_{i+1,1}^p A_{i+1,1}^p \frac{\partial u^p}{\partial z} + K_{i,2}^p u^p = 0 \tag{6.13}$$

式中: $K_{i,2}^p$ 为第 i 个单元顶部的刚度, $E_{i+1,1}^p$, $A_{i+1,1}^p$ 分别为第 $i+1$ 单元底部的位移。

4. 土体的初始条件

当 $t = 0$ 时,满足:

$$\begin{cases} u_r^s = u_z^s = 0 \\ \frac{\partial u_r^s}{\partial t} = \frac{\partial u_z^s}{\partial t} = 0 \end{cases} \tag{6.14}$$

5. 桩体的初始条件

当 $t = 0$ 时,满足:

$$\begin{cases} u^{\mathrm{p}} = 0 \\ \dfrac{\partial u^{\mathrm{p}}}{\partial t} = 0 \end{cases} \tag{6.15}$$

6.3　定解问题的求解

6.3.1　土层振动问题

土体竖向位移 $u_z^{\mathrm{s}}(r,z,t)$ 和径向位移 $u_r^{\mathrm{s}}(r,z,t)$ 是相互关联的,直接求解比较困难,因此引入势函数 $\phi(r,z,t)$ 和 $\psi(r,z,t)$ 表示土体的位移:

$$u_r^{\mathrm{s}} = \frac{\partial \phi}{\partial r} + \frac{\partial^2 \psi}{\partial z \partial r} \tag{6.16}$$

$$u_z^{\mathrm{s}} = \frac{\partial \phi}{\partial z} - \frac{1}{r} \frac{\partial}{\partial r} \left(r \frac{\partial \psi}{\partial r} \right) \tag{6.17}$$

式中:$\phi(r,z,t)$ 为位移标量势;$\psi(r,z,t)$ 为位移矢量势。

将式(6.16)、式(6.17)代入式(6.1)、式(6.2),结合土层的初始状态,对式(6.1)和式(6.2)进行关于时间 t 的 Laplace 变换,记 $F(r,z,\xi) = \int_0^{+\infty} f(r,z,t) \mathrm{e}^{-\xi t} \mathrm{d}t$,$\varepsilon$ 为 Laplace 变换常数,则 $F(r,z,\xi)$ 为 $f(r,z,t)$ 关于时间 t 的 Laplace 变换形式,经过变换后可得到如下公式:

$$\frac{\partial}{\partial r} \left[(\lambda + 2\mu) \nabla^2 - \rho^{\mathrm{s}} \xi^2 \right] \varPhi + \frac{\partial^2}{\partial z \partial r} (\mu \nabla^2 - \rho^{\mathrm{s}} \xi^2) \varPsi = 0 \tag{6.18}$$

$$\frac{\partial}{\partial z} \left[(\lambda + 2\mu) \nabla^2 - \rho^{\mathrm{s}} \xi^2 \right] \varPhi - \left(\frac{\partial^2}{\partial r^2} + \frac{1}{r} \frac{\partial}{\partial r} \right) (\mu \nabla^2 - \rho^{\mathrm{s}} \xi^2) \varPsi = 0 \tag{6.19}$$

式中:$\varPhi$ 和 $\varPsi$ 分别为势函数 $\phi(r,z,t)$ 和 $\psi(r,z,t)$ 的 Laplace 变换形式。

式(6.18)、式(6.19)要同时成立,则势函数必须满足以下两个方程式:

$$\nabla^2 \varPhi - \frac{\rho^{\mathrm{s}} \xi^2}{\lambda + 2\mu} \varPhi = 0 \tag{6.20}$$

$$\nabla^2 \varPsi - \frac{\rho^{\mathrm{s}} \xi^2}{\mu} \varPsi = 0 \tag{6.21}$$

式(6.20)、式(6.21)为势函数微分方程的解耦形式。对于如上形式可采用分离变量法求解。令 $\varPhi = R(r)Z(z)$,并将其代入式(6.20)可以得到如下两个分量式:

$$R(r) = B_1 K_0(g_1 r) + B_2 I_0(g_1 r) \tag{6.22}$$

$$Z(z) = B_3 \mathrm{e}^{g_2 z} + B_4 \mathrm{e}^{-g_2 z} \tag{6.23}$$

式中:$I_0(\bullet)$ 和 $K_0(\bullet)$ 分别为零阶第一类和第二类的虚宗量 Bessel 函数;$g_1^2 + g_2^2 = \dfrac{\rho^{\mathrm{s}} \xi^2}{\lambda + 2\mu}$;

B_1、B_2、B_3 和 B_4 为待定系数,由边界条件确定。

根据土体径向无穷远处的边界条件式(6.4)及虚宗量 Bessel 函数的性质可知:

$$B_2 = 0 \tag{6.24}$$

于是位移标量势函数便可简化表示为

$$\Phi = K_0(g_1 r)(B_3 e^{g_2 z} + B_4 e^{-g_2 z}) \tag{6.25}$$

注意待定系数 B_1 包含在 B_3 和 B_4 中。

根据上述相同的计算方法可以得到位移矢量势的方程:

$$\Psi = K_0(g_3 r)(D_3 e^{g_4 z} + D_4 e^{-g_4 z}) \tag{6.26}$$

式中: $g_3^2 + g_4^2 = \dfrac{\rho^s \xi^2}{\mu}$; D_3 和 D_4 为待定系数。

对式(6.16)、式(6.17)两边做关于时间域的 Laplace 变换,然后将式(6.25)、式(6.26)代入其中,可以得到土体位移在 Laplace 变换下的解析方程:

$$U_r^s = -g_1 K_1(g_1 r)(B_3 e^{g_2 z} + B_4 e^{-g_2 z}) - g_3 g_4 K_1(g_3 r)(D_3 e^{g_4 z} - D_4 e^{-g_4 z}) \tag{6.27}$$

$$U_z^s = g_2 K_0(g_1 r)(B_3 e^{g_2 z} - B_4 e^{-g_2 z}) - g_3^2 K_0(g_3 r)(D_3 e^{g_4 z} + D_4 e^{-g_4 z}) \tag{6.28}$$

通过式(6.27)、式(6.28)可以得到土体内部的竖向剪应力:

$$T_{rz}^s = -2\mu g_1 g_2 K_1(g_1 r)(B_3 e^{g_2 z} - B_4 e^{-g_2 z}) - \mu(g_3 g_4^2 - g_3^3) K_1(g_3 r)(D_3 e^{g_4 z} + D_4 e^{-g_4 z}) \tag{6.29}$$

将式(6.28)代入土层交界面的条件式(6.6)的 Laplace 变换式,可以得到:

$$B_4 = -\frac{E^s g_2 + K^s}{E^s g_2 - K^s} B_3 e^{2 g_2 z} \tag{6.30}$$

$$D_4 = \frac{E^s g_4 + K^s}{E^s g_4 - K^s} D_3 e^{2 g_4 z} \tag{6.31}$$

对于某一层土体,将其底表面与上表面分别编号为 I 和 II,对于式(6.30),可以得到两个等式,将两式结合可以得到以下关于 g_2 的超越方程:

$$\frac{E^s g_2 + K_I^s}{E^s g_2 - K_I^s} e^{2 g_2 h_I} - \frac{E^s g_2 + K_{II}^s}{E^s g_2 - K_{II}^s} e^{2 g_2 h_{II}} = 0 \tag{6.32}$$

式中: h_I 为该土层底表面的深度; h_{II} 为该土层上表面的深度; K_I^s 为该土层底表面的刚度; K_{II}^s 为该土层上表面的刚度。

同理通过式(6.31),可以证明,g_4 同样满足这一超越方程。因此,可将 g_2 和 g_4 同记为 g_n,相应地,g_1 记为 g_{1n},g_3 记为 g_{3n}。

令 $\delta = \dfrac{E^s g_n + K_I^s}{E^s g_n - K_I^s} e^{2 g_n h_I} = \dfrac{E^s g_n + K_{II}^s}{E^s g_n - K_{II}^s} e^{2 g_n h_{II}}$,可得

$$\begin{cases} B_4 = -\delta B_3 \\ D_4 = \delta D_3 \end{cases} \tag{6.33}$$

将桩土径向接触面上的径向位移条件式(6.7)、式(6.33)代入式(6.27)得到:

$$D_3 = -\frac{g_{1n} K_1(g_{1n} r^p)}{g_{3n} g_n K_1(g_{3n} r^p)} B_3 \tag{6.34}$$

记 B_3 为 B_n,当 $r = r^p$ 时,将式(6.28)、式(6.29)转化为级数的形式:

$$U_z^s = \sum_{n=1}^{+\infty} B_n \eta_{1n} (e^{g_n z} + \delta e^{-g_n z}) \tag{6.35}$$

$$T_{rz}^s = \sum_{n=1}^{+\infty} B_n \eta_{2n} (e^{g_n z} + \delta e^{-g_n z}) \tag{6.36}$$

式中：

$$\eta_{1n} = \frac{g_n^2 K_0 (g_{1n} r^p) K_1 (g_{3n} r^p) + g_{1n} g_{3n} K_1 (g_{1n} r^p) K_0 (g_{3n} r^p)}{g_n K_1 (g_{3n} r^p)}$$

$$\eta_{2n} = \frac{-\mu g_{1n} (g_n^2 + g_{3n}^2) K_1 (g_{1n} r^p)}{g_n}$$

6.3.2　桩振动问题

将式(6.8)式代入式(6.3)，并对方程进行 Laplace 变换，可将桩体的振动平衡方程转化为

$$\frac{\partial^2 U^p}{\partial z^2} - \frac{\rho^p \xi^2}{E^p} U^p + \frac{2}{E^p r^p} \sum_{n=1}^{+\infty} B_n \eta_{2n} (e^{g_n z} + \delta e^{-g_n z}) = 0 \tag{6.37}$$

式中：$U^p = \int_0^{+\infty} u^p (z,t) e^{-\xi t} dt$。

求解式(6.37)，可得桩体位移方程：

$$U^p = C_1 e^{\kappa z} + C_2 e^{-\kappa z} - \sum_{n=1}^{+\infty} B_n \frac{2\eta_{2n}}{E^p r^p (g_n^2 - \kappa^2)} (e^{g_n z} + \delta e^{-g_n z}) \tag{6.38}$$

式中：$\kappa = \sqrt{\dfrac{\rho^p \xi^2}{E^p}}$，$C_1$、$C_2$ 为由边界条件确定的待定系数。

根据桩土径向接触面上的位移连续条件式(6.9)可得

$$C_1 e^{\kappa z} + C_2 e^{-\kappa z} = \sum_{n=1}^{+\infty} B_n \left[\eta_{1n} + \frac{2\eta_{2n}}{E^p r^p (g_n^2 - \kappa^2)} \right] (e^{g_n z} + \delta e^{-g_n z}) \tag{6.39}$$

对式(6.39)两边同时进行如下积分：

$$\int_{h_I}^{h_{II}} (C_1 e^{\kappa z} + C_2 e^{-\kappa z}) (e^{g_m z} + \delta e^{-g_m z}) dz$$

$$= \sum_{n=1}^{+\infty} B_n \left[\eta_{1n} + \frac{2\eta_{2n}}{E^p r^p (g_n^2 - \kappa^2)} \right] \int_{h_I}^{h_{II}} (e^{g_n z} + \delta e^{-g_n z}) (e^{g_m z} + \delta e^{-g_m z}) dz \tag{6.40}$$

不难证明，当 $m \neq n$ 时，$\int_{h_I}^{h_{II}} (e^{g_n z} + \delta e^{-g_n z}) (e^{g_m z} + \delta e^{-g_m z}) dz = 0$，即 $(e^{g_n z} + \delta e^{-g_n z})$ 具有正交性。通过积分可以得到 B_n 与 C_1 和 C_2 的关系式：

$$B_n = C_1 X_1 + C_2 X_2 \tag{6.41}$$

记 $L_1 = \int_{h_I}^{h_{II}} e^{\kappa z} (e^{g_n z} + \delta e^{-g_n z}) dz$、$L_2 = \int_{h_I}^{h_{II}} e^{-\kappa z} (e^{g_n z} + \delta e^{-g_n z}) dz$、$L_3 = \int_{h_I}^{h_{II}} (e^{g_n z} + \delta e^{-g_n z})^2 dz$、

$\eta_3 = \eta_{1n} + \dfrac{2\eta_{2n}}{E^p r^p (g_n^2 - \kappa^2)}$，则 X_1 和 X_2 可表示为

$$\begin{cases} X_1 = \dfrac{L_1}{L_3\,\eta_3} \\[3mm] X_2 = \dfrac{L_2}{L_3\,\eta_3} \end{cases} \tag{6.42}$$

将式(6.41)代入式(6.38),桩身位移可表示为

$$U^{\mathrm{p}} = C_1 \Big[\mathrm{e}^{\kappa z} - \sum_{n=1}^{+\infty} \frac{2X_1\eta_{2n}}{E^{\mathrm{p}} r^{\mathrm{p}} (g_n^2 - \kappa^2)} (\mathrm{e}^{g_n z} + \delta \mathrm{e}^{-g_n z}) \Big]$$
$$+ C_2 \Big[\mathrm{e}^{-\kappa z} - \sum_{n=1}^{+\infty} \frac{2X_2\eta_{2n}}{E^{\mathrm{p}} r^{\mathrm{p}} (g_n^2 - \kappa^2)} (\mathrm{e}^{g_n z} + \delta \mathrm{e}^{-g_n z}) \Big] \tag{6.43}$$

根据虚土桩桩端位移为零的边界条件,可得

$$\frac{C_1}{C_2} = - \frac{\mathrm{e}^{-\kappa(l+h)} - \displaystyle\sum_{n=1}^{+\infty} \frac{2X_2\eta_{2n}}{E^{\mathrm{p}} r^{\mathrm{p}} (g_n^2 - \kappa^2)} \big[\mathrm{e}^{g_n(l+h)} + \delta \mathrm{e}^{-g_n(l+h)} \big]}{\mathrm{e}^{\kappa(l+h)} - \displaystyle\sum_{n=1}^{+\infty} \frac{2X_1\eta_{2n}}{E^{\mathrm{p}} r^{\mathrm{p}} (g_n^2 - \kappa^2)} \big[\mathrm{e}^{g_n(l+h)} + \delta \mathrm{e}^{-g_n(l+h)} \big]} \tag{6.44}$$

令 $\xi = \mathrm{j}\omega$,ω 为动荷载的角频率,j 为虚数单位。根据刚度的定义可得到虚土桩顶端的复刚度:

$$Z = - E^{\mathrm{p}} A^{\mathrm{p}} \frac{\dfrac{C_1}{C_2} \Big[\kappa \mathrm{e}^{\kappa l} - \displaystyle\sum_{n=1}^{+\infty} \dfrac{2X_1\eta_{2n}g_n}{E^{\mathrm{p}} r^{\mathrm{p}} (g_n^2 - \kappa^2)} (\mathrm{e}^{g_n l} - \delta \mathrm{e}^{-g_n l}) \Big]}{\dfrac{C_1}{C_2} \Big[\mathrm{e}^{\kappa l} - \displaystyle\sum_{n=1}^{+\infty} \dfrac{2X_1\eta_{2n}}{E^{\mathrm{p}} r^{\mathrm{p}} (g_n^2 - \kappa^2)} (\mathrm{e}^{g_n l} + \delta \mathrm{e}^{-g_n l}) \Big]} \longrightarrow$$

$$\longleftarrow \frac{+ \Big[-\kappa \mathrm{e}^{-\kappa l} - \displaystyle\sum_{n=1}^{+\infty} \dfrac{2X_2\eta_{2n}g_n}{E^{\mathrm{p}} r^{\mathrm{p}} (g_n^2 - \kappa^2)} (\mathrm{e}^{g_n l} - \delta \mathrm{e}^{-g_n l}) \Big]}{+ \Big[\mathrm{e}^{-\kappa l} - \displaystyle\sum_{n=1}^{+\infty} \dfrac{2X_2\eta_{2n}}{E^{\mathrm{p}} r^{\mathrm{p}} (g_n^2 - \kappa^2)} (\mathrm{e}^{g_n l} + \delta \mathrm{e}^{-g_n l}) \Big]} \tag{6.45}$$

结合桩体连续条件式(6.12)、式(6.13),进而可求得实体桩顶端的复刚度 Z^{p}。将 Z^{p} 表示为以下形式:

$$Z^{\mathrm{p}} = K^{\mathrm{p}} + C^{\mathrm{p}}\mathrm{j} \tag{6.46}$$

$$\begin{cases} U = (Z^{\mathrm{p}})^{-1} \\ V = \xi (Z^{\mathrm{p}})^{-1} \end{cases} \tag{6.47}$$

式中:K^{p} 为桩顶的实际刚度;C^{p} 为桩顶的阻尼;U 和 V 分别为阶跃脉冲下桩顶的位移导纳响应和速度导纳响应。

假设桩顶的作用荷载为 $q(t)$,进而通过卷积定理和 Laplace 逆变换得到桩顶位移和桩顶速度时域响应函数:

$$u = \mathrm{ILT}[U(\xi) * Q(\xi)] = \frac{1}{2\pi\mathrm{j}} \int_{-\mathrm{j}\infty}^{+\mathrm{j}\infty} U(\xi) Q(\xi) \mathrm{e}^{\xi t} \,\mathrm{d}\xi \tag{6.48}$$

$$v = \mathrm{ILT}[V(\xi) * Q(\xi)] = \frac{1}{2\pi\mathrm{j}} \int_{-\mathrm{j}\infty}^{+\mathrm{j}\infty} V(\xi) Q(\xi) \mathrm{e}^{\xi t} \,\mathrm{d}\xi \tag{6.49}$$

式中:$Q(\xi) = \displaystyle\int_0^{+\infty} q(t) \mathrm{e}^{-\xi t} \,\mathrm{d}t$,ILT 表示求 Laplace 逆变换。

6.4　精度分析

为了对轴对称模型的振动方程进行求解,书中引入了两个参数。其中参数 g_n 是一个跟模态有关的数,理论上其数量应该是无穷多的,但在进行数值分析时,只能取有限值,并且 g_n 的数量也将影响计算的速度,因此 g_n 的数量对计算结果的影响是一个需要讨论的问题。第二个参数 K^s 表示不同土层间的接触关系,由于其数值没有明确的确定方式,因此需要通过枚举法来观察它对桩体动力响应的影响。

在没有特别说明的情况下,本章中关于土体和桩体材料的具体参数取值见表 6.1。土体和桩体的弹性模量和剪切模量可按照下式进行转换:

$$E = \rho (V^p)^2 \tag{6.50}$$
$$G = \rho (V^s)^2 \tag{6.51}$$
$$E = 2G(1+\nu) \tag{6.52}$$

在计算桩顶的速度时域响应时,假设桩顶作用有半正弦的瞬态激振力 $g(t) = \sin\left(\dfrac{\pi}{T}t\right)$ $(0 \leqslant t \leqslant T)$。在没有特别说明的情况下 $T = \dfrac{T^p}{4}$,$T^p = \dfrac{l}{V^p}$ 表示纵波穿过桩身所用的时间。

表 6.1　桩身和土体的性质

材料	密度(ρ)/(kg/m³)	泊松比(ν)	纵波波速(V^p)/(m/s)	剪切波速(V^s)/(m/s)
桩体	2 300	0.20	3 790	—
土体	1 924	0.30	—	200

6.4.1　关于 g_n 取值的精度问题

本小节中 $\text{size}(g_n)$ 表示 g_n 的个数,考虑 $\text{size}(g_n)$ 为 5,50 和 500 三种情况。$\overline{K^s} = \dfrac{K^s}{E^s}$ 表示土层间的相对刚度,这里假设 $\overline{K^s} = 0.01$。桩长 $l = 10\,\text{m}$,桩体半径 $r^p = 0.5\,\text{m}$,虚土桩长度 $h = 5r^p$。为了分析讨论的方便,引入无量纲频率系数 $a_0 = \dfrac{Wr^p}{V^s}$。

图 6.2 为在低频域中 $\text{size}(g_n)$ 对桩端支承复刚度的影响曲线。$\text{size}(g_n) = 5$ 时的曲线与其他两条曲线略有差异,相同频率下,g_n 的数量越少,刚度和阻尼都相对较小,但差异不大。$\text{size}(g_n) = 50$ 和 $\text{size}(g_n) = 500$ 两条曲线几乎没有分别,说明在低频域中,即使 g_n 取值较少的情况下,也能满足计算精度。图 6.3 的桩顶复刚度曲线进一步印证了这一结论。

图 6.4 表示在高频域时,$\text{size}(g_n)$ 对桩顶复刚度的影响。可以看出,在 $\text{size}(g_n) = 5$ 时,计算结果明显出现了很多瑕疵,这说明在高频荷载下,计算桩体动力响应时,g_n 取值不宜过少。$\text{size}(g_n) = 50$ 和 $\text{size}(g_n) = 500$ 两条曲线差别很小,因此应保证 g_n 数量在 50 以上。

从图 6.5 可以看出,g_n 数量过少将会导致桩顶时域响应信号出现震荡瑕疵,对桩顶速度响应的影响尤为明显,不仅使反射波出现错误的反射信号,而且导致桩端反射信号过大,严重影响对桩土相互作用体系的判断。

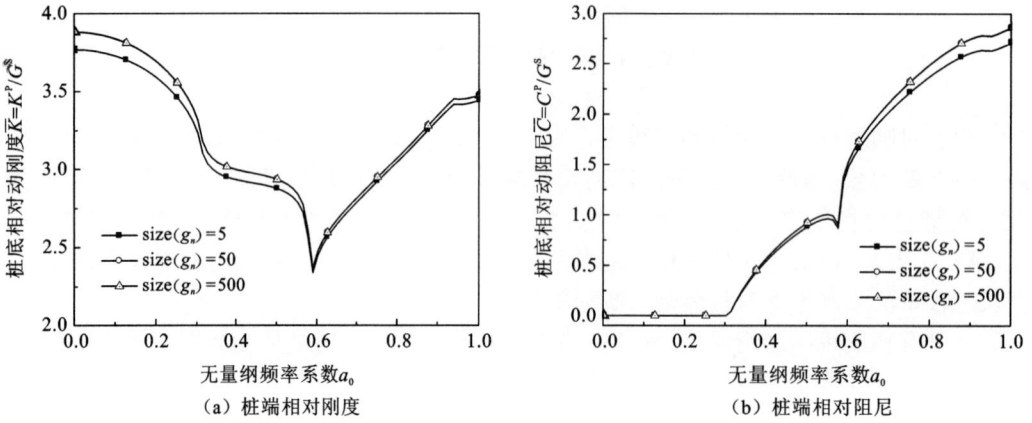

（a）桩端相对刚度　　　　　　（b）桩端相对阻尼

图 6.2　size(g_n) 对桩端复刚度精度的影响

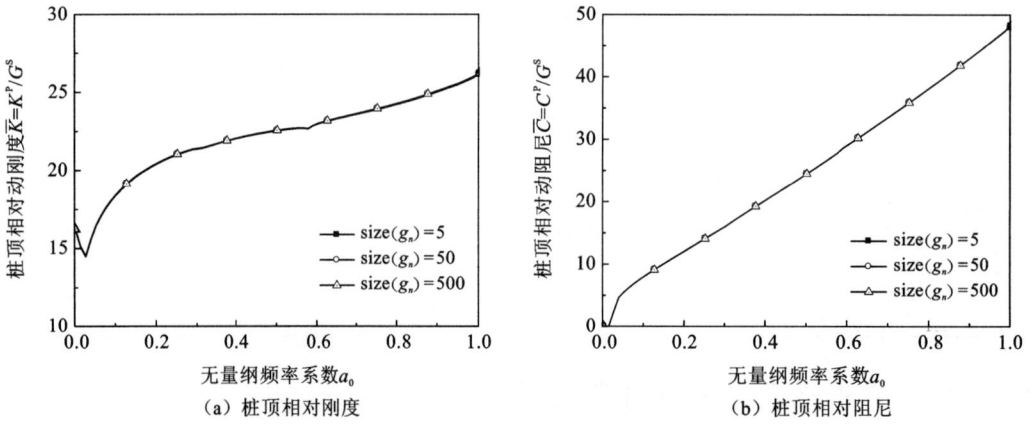

（a）桩顶相对刚度　　　　　　（b）桩顶相对阻尼

图 6.3　size(g_n) 对低频域桩顶复刚度精度的影响

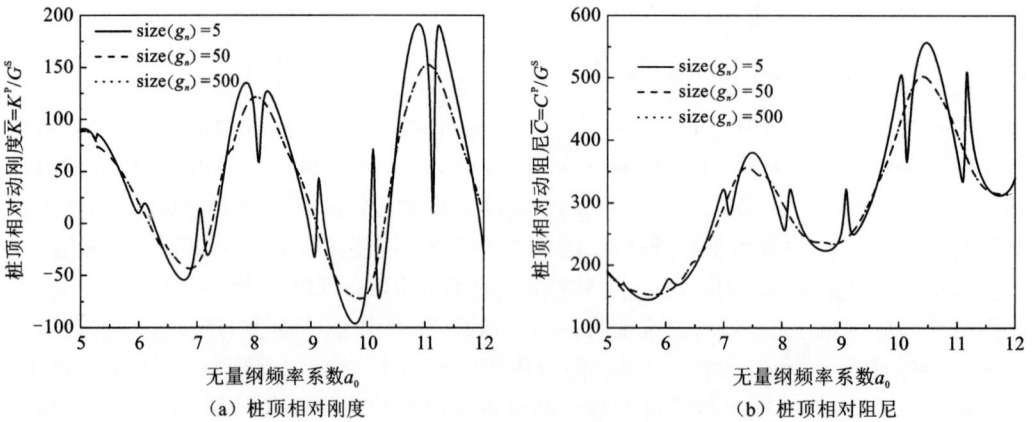

（a）桩顶相对刚度　　　　　　（b）桩顶相对阻尼

图 6.4　size(g_n) 对高频域桩顶复刚度精度的影响

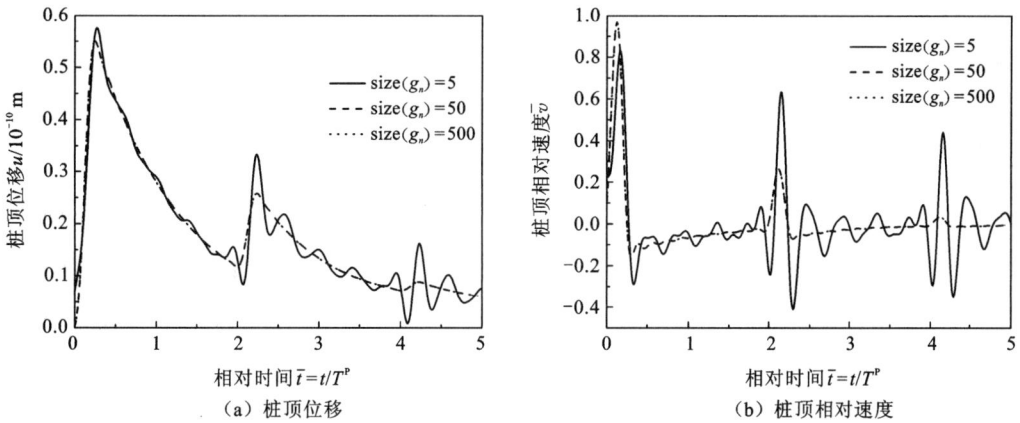

（a）桩顶位移　　　　　　　　　　　（b）桩顶相对速度

图 6.5　size(g_n) 对桩顶时域响应精度的影响

6.4.2　关于 $\overline{K}^{\mathrm{s}}$ 的精度分析

根据 6.4.1 节的结论，g_n 取 500 个数进行下面的计算。关于 $\overline{K}^{\mathrm{s}}$ 对桩体动力响应的影响，将分五种情况进行讨论，$\overline{K}^{\mathrm{s}}$ 分别取为 1，0.1，0.01，0.001 和 0.000 1。仍然假定桩长 $l = 10\,\mathrm{m}$，桩体半径 $r^{\mathrm{p}} = 0.5\,\mathrm{m}$，虚土桩长度 $h = 5r^{\mathrm{p}}$。

图 6.6(a) 为 $\overline{K}^{\mathrm{s}}$ 对桩端动刚度的影响曲线。可以看出当 $\overline{K}^{\mathrm{s}} \leqslant 0.01$ 时，$\overline{K}^{\mathrm{s}}$ 对桩端支承刚度的影响将不再明显，当 $\overline{K}^{\mathrm{s}} = 0.1$ 时，支承刚度略微下降。图中第一个拐点处表示桩端处土体的自振频率，在此频率下，支承刚度会明显减小。当 $\overline{K}^{\mathrm{s}} = 1$ 时，桩端支承刚度曲线明显与之前的曲线不同，减小很多。从图 6.6(b) 的阻尼图中，可以看出对于 $\overline{K}^{\mathrm{s}} = 1$ 的情况，只有在更大的频率下，才会出现几何阻尼，说明 $\overline{K}^{\mathrm{s}}$ 很大时，桩端土自振频率更高。

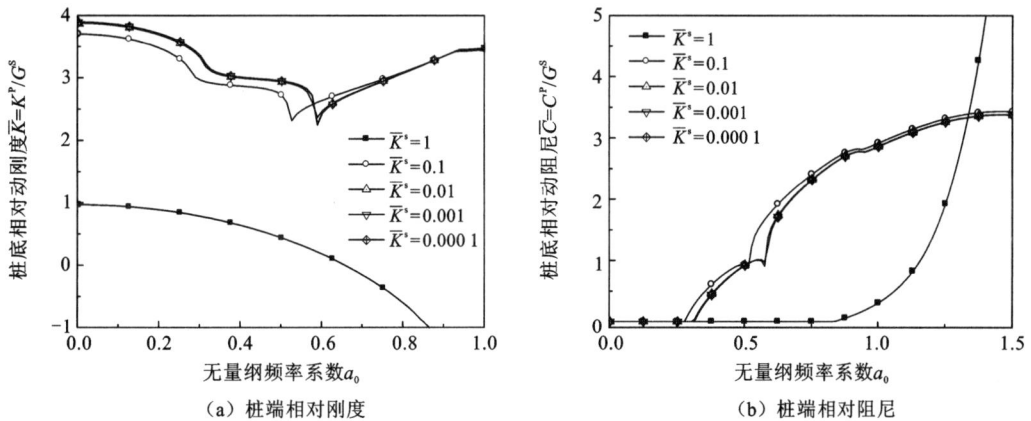

（a）桩端相对刚度　　　　　　　　　（b）桩端相对阻尼

图 6.6　土层间相对弹簧刚度系数对桩端复刚度的影响

图 6.7 表示在低频域中 $\overline{K}^{\mathrm{s}}$ 对桩顶复刚度的影响。从桩顶的复刚度图中可以更加明显地看出 $\overline{K}^{\mathrm{s}}$ 对于低频荷载影响更大。$\overline{K}^{\mathrm{s}}$ 越小，桩顶的自振频率越小。当 $\overline{K}^{\mathrm{s}} = 0.001$ 时，曲线更加接近于平面应变模型下得到的结果。

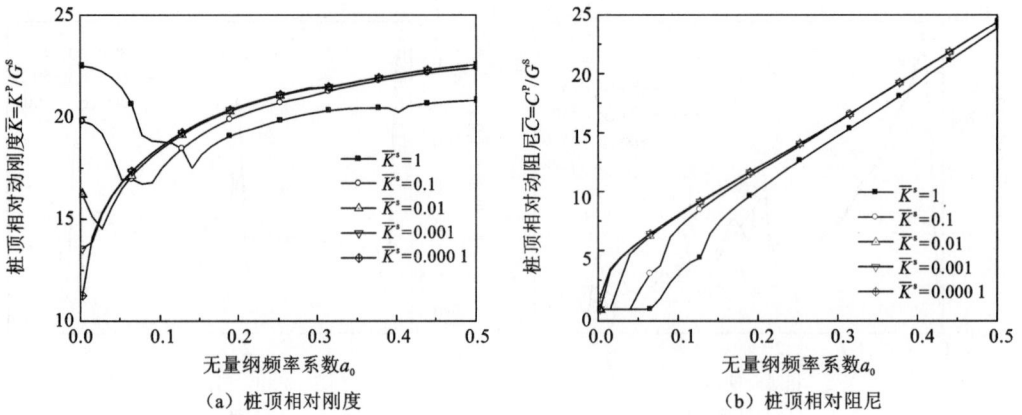

图 6.7　土层间相对弹簧刚度系数对低频域桩顶复刚度的影响

图 6.8 表示在高频中 $\overline{K}^s$ 对桩顶复刚度的影响。结合图 6.7 可以看出，只有在低频域中，$\overline{K}^s$ 才对桩体复刚度存在较大影响，这与 g_n 个数的作用正好相反。

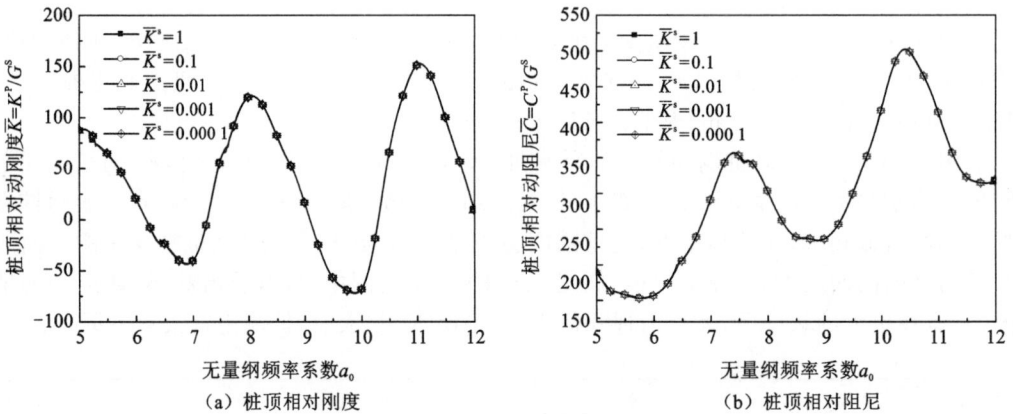

图 6.8　土层间相对弹簧刚度系数对高频域桩顶复刚度的影响

桩顶时域曲线图 6.9 表明，$\overline{K}^s$ 的取值对桩顶位移和桩顶相对速度响应的影响很小。

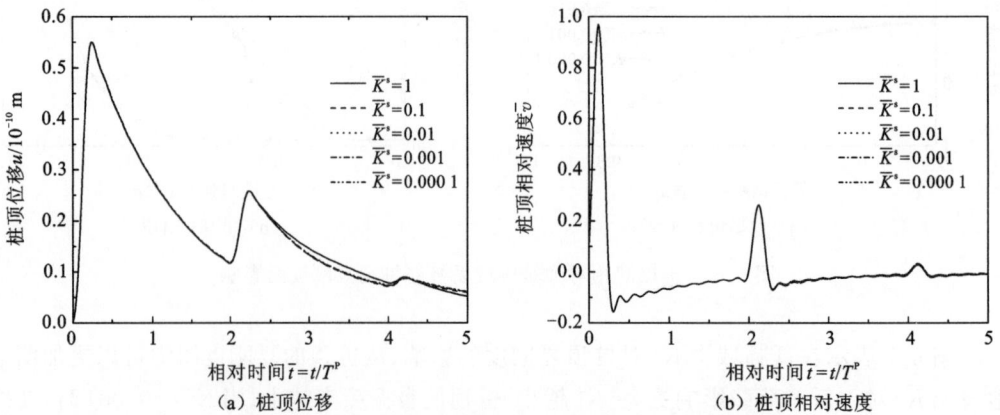

图 6.9　土层间相对弹簧刚度系数对桩顶时域响应的影响

6.5　虚土桩部分对桩体动力响应的影响

6.5.1　虚土桩厚度的影响

无论是采用平面应变模型还是轴对称模型,合适的计算深度是虚土桩模型的一个重要因素。假定存在五种不同的虚土桩长度,分别为 $r^p, 3r^p, 5r^p, 7r^p$ 和 $9r^p$, $\overline{K}^s = 0.01$, $\text{size}(g_n) = 500$,桩长 $l = 10$ m,桩体半径 $r^p = 0.5$ m。

图 6.10 为不同虚土桩厚度下,桩端支承复刚度在频率域中的变化曲线。从图中可以看出,虚土桩长度越短,桩端的支承刚度越大,相应的阻尼越小。虚土桩长度越短,桩土体系中出现几何阻尼时对应的振动频率越高。当 h 为 $7r^p$ 和 $9r^p$ 时,所对应的两条曲线在相同频率下差异较小。

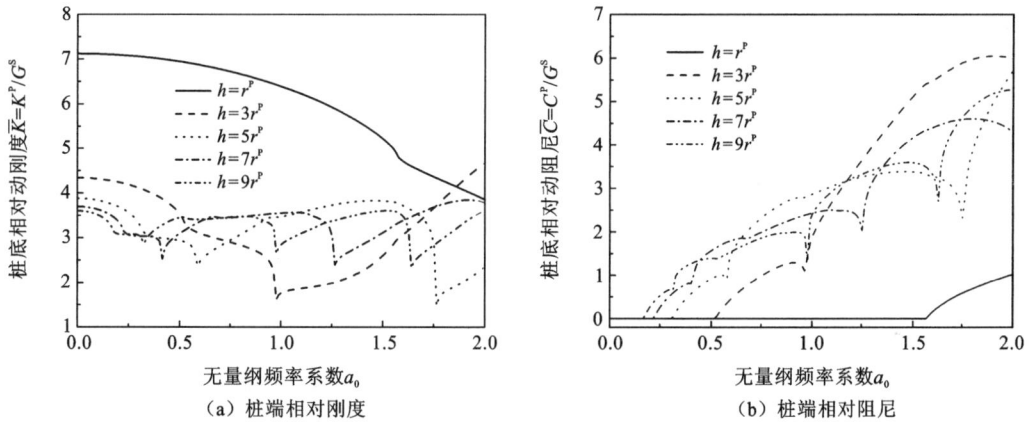

（a）桩端相对刚度　　　　　　　　　（b）桩端相对阻尼

图 6.10　虚土桩厚度对桩端复刚度的影响

图 6.11 表示不同厚度的虚土桩对桩顶复刚度的影响。从图中曲线可以看出,只有 $h = r^p$ 的曲线与其他曲线差异较大,在低频段,其所对应的刚度大、阻尼小。对比图 6.11 和图 6.10 可以看出,桩端土厚度对桩顶的影响明显减小。在不同厚度的虚土桩下,桩顶的自振频率几乎没有太大的差别。

从图 6.12 可以看出,虚土桩厚度对桩顶时域响应的影响不是非常明显。只有当 $h = r^p$ 时,可以观察到来自基岩的速度反射信号。

6.5.2　虚土桩弹性模量的影响

假定桩侧土体与桩端土体为两种不同的土体,两者之间的弹性模量存在差异。按照如图 6.1 所示的土体编号, E_1^s 和 E_2^s 分别表示第一层土体的弹性模量和第二层土的弹性模量,假定上层土体弹性模量不变,即 E_1^s 保持不变。通过改变桩端土的弹性模量来分析桩体

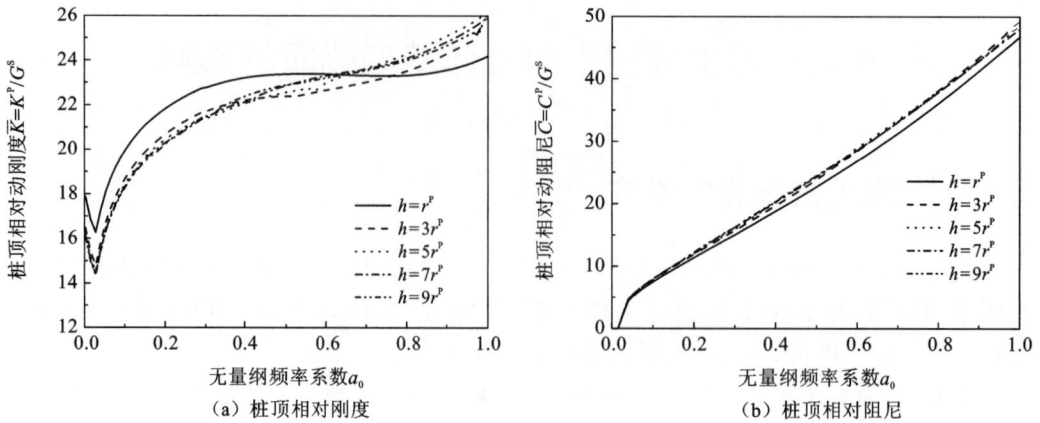

（a）桩顶相对刚度　　　　　　　　　　　（b）桩顶相对阻尼

图 6.11　虚土桩厚度对桩顶复刚度的影响

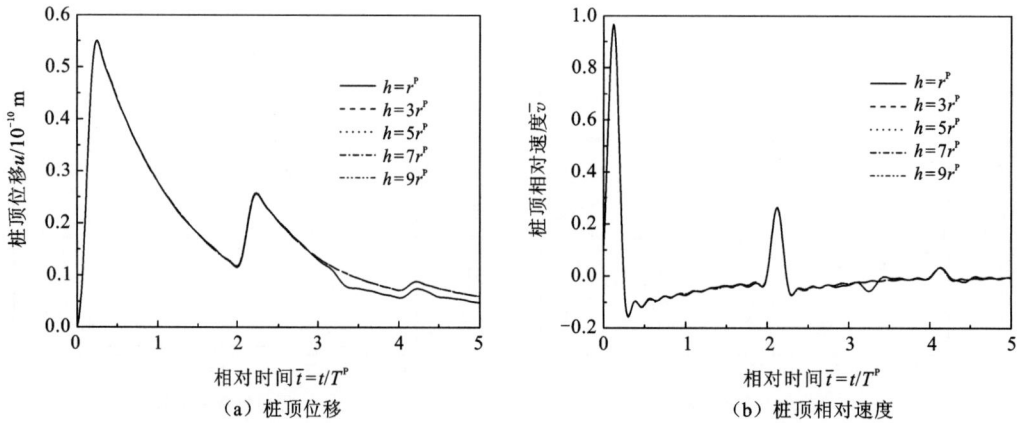

（a）桩顶位移　　　　　　　　　　　（b）桩顶相对速度

图 6.12　虚土桩厚度对桩顶时域响应的影响

的动力响应变化。令 E_1^s/E_2^s 分别为 $4:1,1:1,1:16$ 和 $1:64,\overline{K}^s=0.01,\mathrm{size}(g_n)=500$，桩长 $l=10$ m，桩体半径 $r^p=0.5$ m，虚土桩长度 $h=5r^p$。

图 6.13(a) 中的曲线显示，桩端土体的弹性模量对桩端支承刚度的影响明显。频率接近零时，四条曲线对应的支承刚度比大约为 $2:4:16:64$，这一比例与土体弹性模量的变化率也较为接近，桩端土体弹性模量越大，桩端支承刚度越大。图 6.13(b) 的阻尼曲线说明，整体上来说，桩端土体弹性模量越大，桩端阻尼的提升速率越快，土体自振频率越高。

桩端土体弹性模量对桩顶刚度的影响与桩端支承刚度类似，桩端土体弹性模量越大，桩顶的刚度也越大，如图 6.14(a) 所示。值得注意的是，桩端土体弹性模量的大小将影响桩顶自振频率的大小，桩端土体弹性模量越大，自振频率越大，阻尼图中这一现象更加明显。

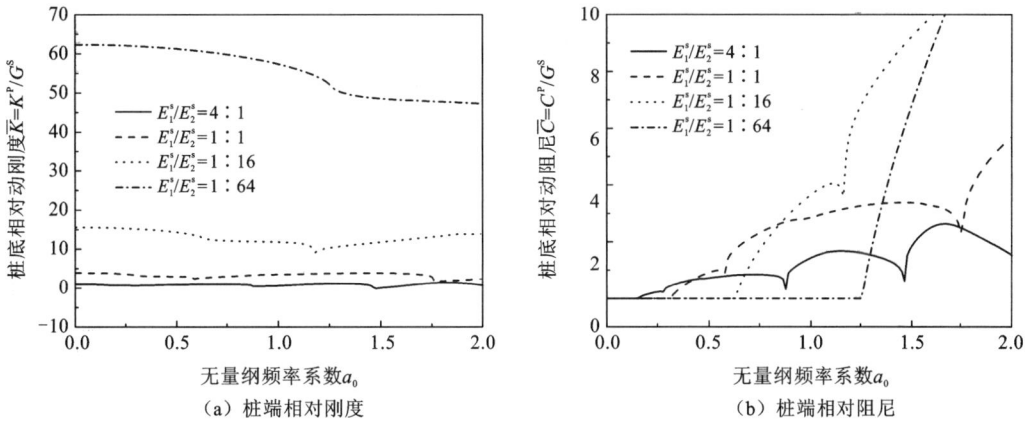

（a）桩端相对刚度　　　　　　　　（b）桩端相对阻尼

图 6.13　土层刚度比对桩端复刚度的影响

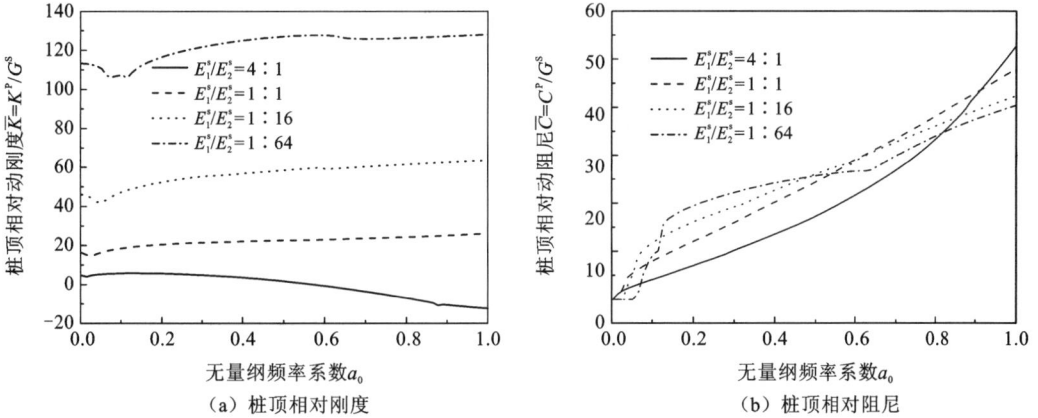

（a）桩顶相对刚度　　　　　　　　（b）桩顶相对阻尼

图 6.14　土层刚度比对桩顶复刚度的影响

从图 6.15 的时域响应曲线可以看出，桩端土体弹性模量对桩顶位移和速度的影响较大。当桩端土体弹性模量较小时，桩顶位移非常明显，而且二次反射引起的位移可以超过初期位移。而对于桩端土体弹性模量很大的情况，桩顶位移衰减很快，二次反射几乎不会引起位移叠加。这说明即使针对摩擦桩，也应尽量将桩端置于承载力较好的土层上。从速度时域曲线可以看出，桩端土体弹性模量的增大，可大大提高桩端能量的消散，可减少能量在桩体中的振荡传播，以免应力叠加破坏桩身。

6.5.3　桩体长径比的影响

桩体长径比($\bar{l}$)在桩体分析中是一个非常重要的参数。本节将讨论长径比的变化对桩体动力响应的影响。假设存在五种长径比分别为 10,30,50,70 和 90 的桩体，表示短桩（长径比为 10）、中长桩（长径比为 30 和 50）和长桩（长径比为 70 和 90）。$\bar{K}^s = 0.01$，$\mathrm{size}(g_n) = 500$，

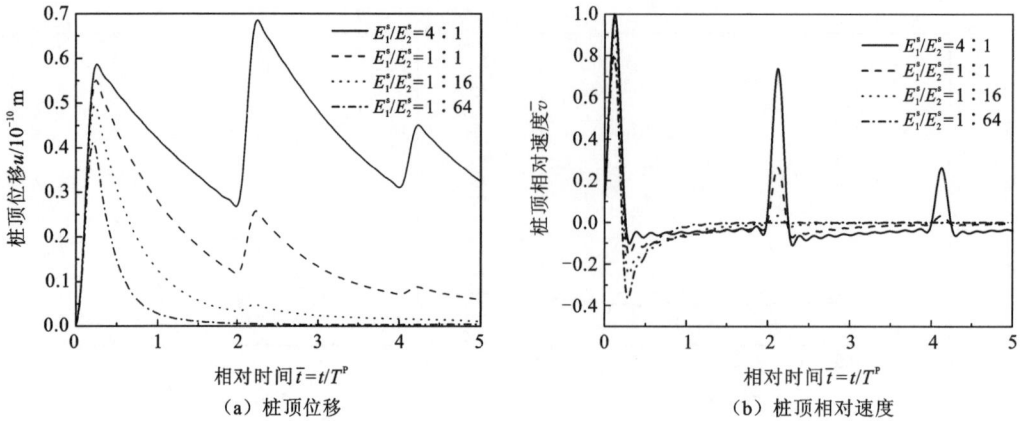

（a）桩顶位移　　　　　　　　　　　　　　（b）桩顶相对速度

图 6.15　土层刚度比对桩顶时域响应的影响

桩体半径 $r^p = 0.5\,\mathrm{m}$，虚土桩长度 $h = 5r^p$。

图 6.16 为不同长径比下桩顶复刚度的频域曲线。从刚度曲线和阻尼曲线都可以看出，相同荷载频率下，长径比很大时复刚度响应几乎相同，如图中长径比 $\geqslant 50$ 的三条曲线，不管是在数值上还是在曲率上都非常接近，说明中长以上的桩体，桩身长度的增加不会显著提高桩体刚度，阻尼规律也如是。对于短桩，桩身长度变化对桩顶刚度的影响明显，桩长加大，刚度提高。对于长径比为 30 的桩，其桩顶刚度相对较高，桩顶阻尼相对较大，其抗动荷载能力相对较好。

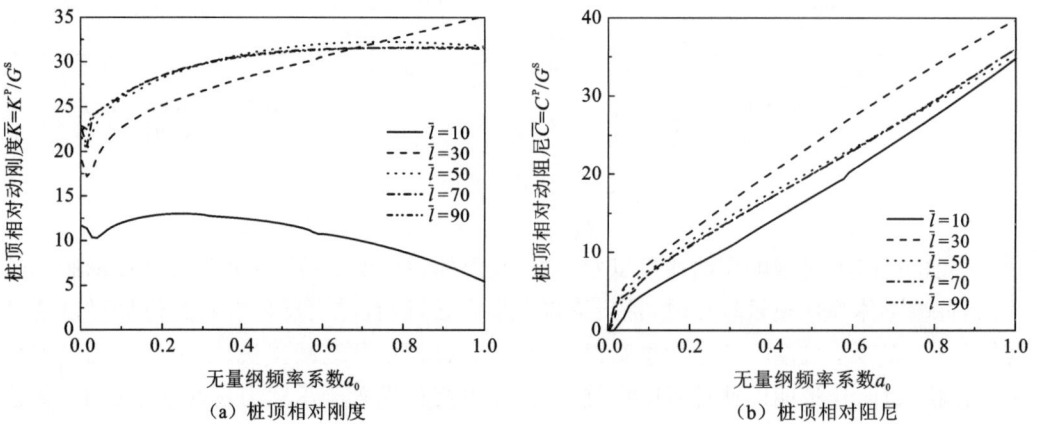

（a）桩顶相对刚度　　　　　　　　　　　　（b）桩顶相对阻尼

图 6.16　桩体长径比对桩顶复刚度的影响

在计算桩顶位移时，采用了固定荷载周期的方法，而图 6.17(a) 中的横坐标采用的是相对时间坐标，因此图中位移曲线达到峰值的时间不同。从图中可以看出，桩长对位移的衰减非常重要。对于中长桩，桩顶位移会迅速降低，对于短桩，桩顶位移衰减慢，容易与桩端二次反射位移叠加，而引起更大的位移。

图 6.17(b) 为桩顶速度时域曲线。图中曲线表明，速度反射波在短桩中更容易出现震荡反射，这些反射可能来自桩体侧壁，桩端处的反射信号相对强烈。当长径比 > 50 时，在

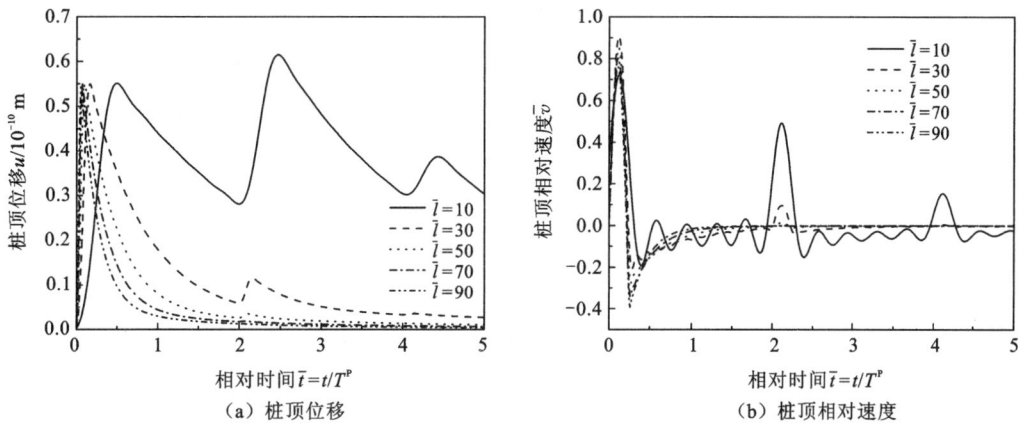

（a）桩顶位移　　　　　　　　　（b）桩顶相对速度

图 6.17　桩体长径比对桩顶时域响应的影响

书中给定的土体状态下,桩端已经观察不到反射信号,说明在长桩中能量消散很快,不宜使用反射波法检测桩身的完整性。

6.6　轴对称模型与平面应变模型下虚土桩的特性比较

6.6.1　摩擦桩

轴对称模型下假定 $\overline{K}^s = 0.01$,$\mathrm{size}(g_n) = 500$,桩长 $l = 10$ m,桩体半径 $r^p = 0.5$ m,虚土桩长度 $h = 5r^p$,土体参数见表 6.1。

轴对称模型与平面应变模型的区别在于对土体位移的考虑,平面应变模型只考虑了土体的竖向位移,轴对称模型则考虑了竖向和径向两个方向的位移。虚土桩 C 模型、虚土桩 B-T 模型、虚土桩 T 模型的具体定义参见第 7 章。

图 6.18 为不同模型下桩端的支承复刚度频域响应图。可以看出轴对称模型的计算结果与平面应变模型的计算结果最大的不同在于系统自振频率。轴对称模型可以反映出桩端土的自振频率,在自振频率处,刚度和阻尼(几何阻尼)都会明显减弱。图 6.18(b) 表明,当 $a_0 \leqslant 0.3$ 时,桩端的阻尼为零,这表示在没有达到土体自振频率之前,不会产生几何阻尼,此时主要是材料阻尼发挥作用。

图 6.19 为不同模型下桩顶的复刚度曲线。从刚度图中可以看出,轴对称模型下的计算结果与 Novak[4] 的计算结果几乎完全吻合,其他模型下的刚度值略小。不同模型对于阻尼的计算结果影响不大。

桩顶的时域响应曲线(图 6.20)表明,轴对称模型下,计算得到的桩顶位移更小,衰减更快,桩端的反射信号强度更低。

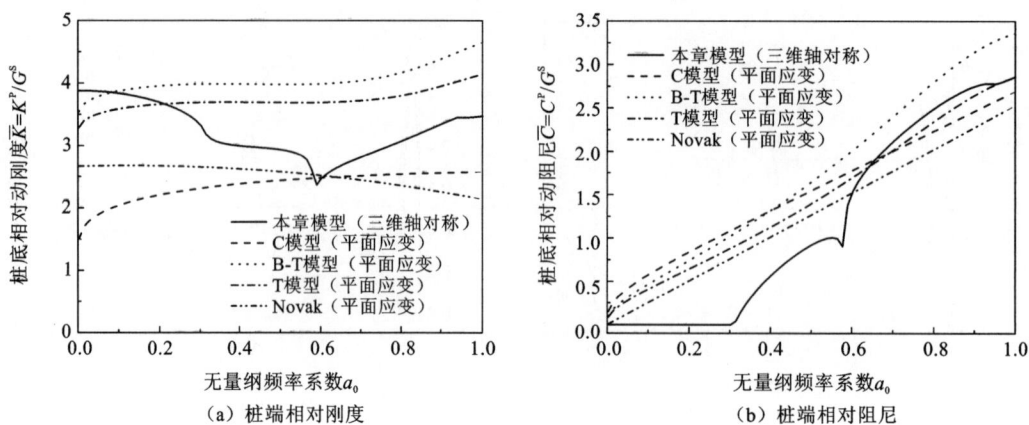

（a）桩端相对刚度

（b）桩端相对阻尼

图 6.18　摩擦桩下不同模型间的桩端复刚度比较

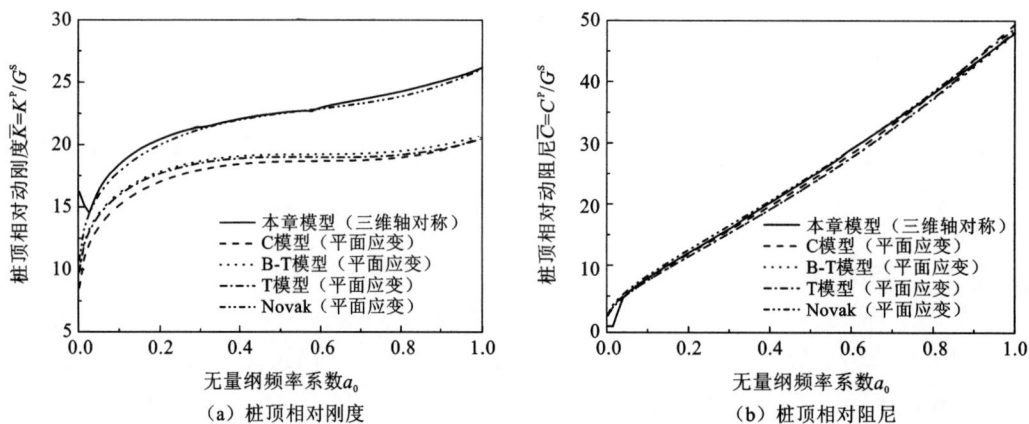

（a）桩顶相对刚度

（b）桩顶相对阻尼

图 6.19　摩擦桩下不同模型间的桩顶复刚度比较

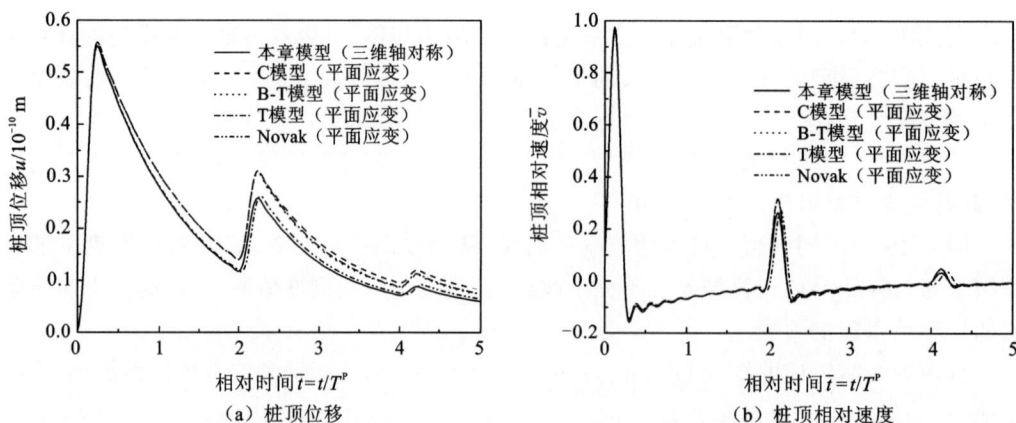

（a）桩顶位移

（b）桩顶相对速度

图 6.20　摩擦桩下不同模型间的桩顶时域响应比较

6.6.2　端承桩

本节采用三种厚度的虚土桩来模拟端承桩的特性,假设 h 分别为 0.1 m,0.01 m 和 0.001 m 三种状态。

从图 6.21 可以看出,相同 h 得到的桩顶刚度,轴对称模型下相对更大。但无论是轴对称模型还是平面应变模型,随着 h 的减小,刚度值和阻尼值都向端承状态收敛,最终结果与 Novak[4] 的建议值逼近。与平面应变模型不同,在频率接近零时,轴对称模型下桩体刚度会固定于某一较大的数值,而平面应变模型将减小到某一较小的数值。在 $a_0 \leqslant 0.2$ 的情况下,轴对称模型得到的刚度大于任何平面应变模型的结果。

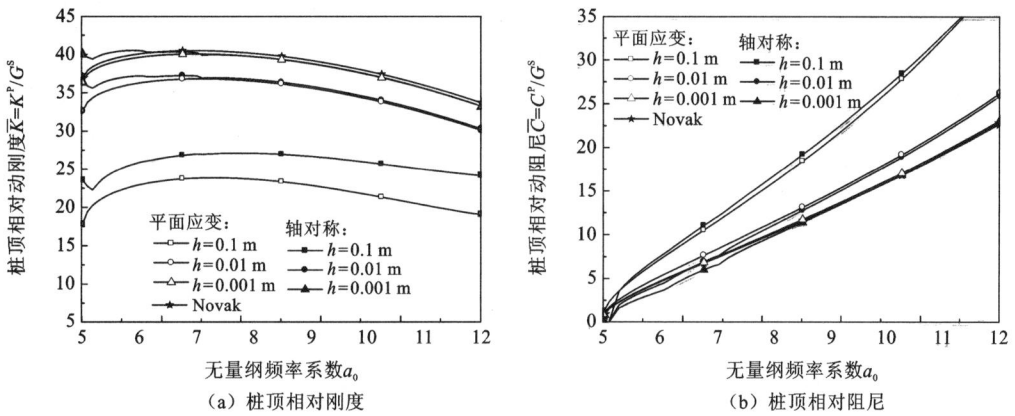

图 6.21　端承桩下两种模型间的桩顶复刚度比较

图 6.22 为轴对称模型和平面应变模型下桩顶速度响应的时域曲线。h 从 0.1 m 到 0.001 m 的过程,显示了桩体由摩擦桩向端承桩转变的过程。从图中可以看出,平面应变模型和轴对称模型都可以很好地反映桩端的承接状态。从桩端反射信号来看,除了平面应变模型得到的反射信号微强外,没有很大的差别,这说明平面应变模型在反映桩体的纵向振动特性方面误差不大。

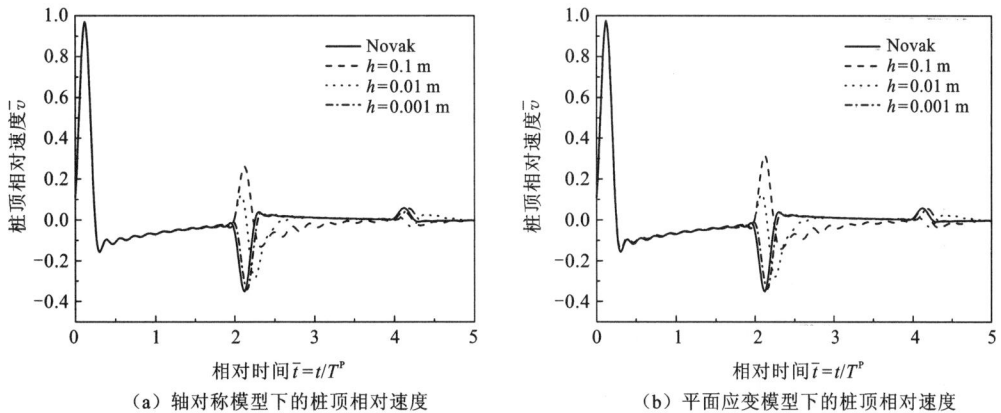

图 6.22　端承桩下两种模型间的桩顶速度时域响应比较

6.7　桩端土成层性对桩体复刚度的影响

Lysmer 等[156] 根据对浅置基础的研究提出了基础底部刚度和阻尼的经验公式,此后该公式被广泛应用于桩基础的理论分析中,表达式如下所示:

$$\begin{cases} K^{b} = \dfrac{4G^{s}r^{p}}{1-v} \\ C^{b} = \dfrac{3.4\,(r^{p})^{2}\rho^{s}V^{s}}{1-v} \end{cases} \tag{6.53}$$

上式中的土体参数,是与桩端接触的这层土体的参数,即只考虑了桩端第一层土对桩端刚度和阻尼的影响,没有将下部的多层土体包含在内。

本书所提出的虚土桩模型则可充分考虑桩端土的分层状况。根据 6.5 节的分析结果,假定桩端土层厚度 $h = 6r^{p}$,针对桩端土体分层问题,设定如图 6.23 所示的两种工况讨论土体成层性对桩体复阻抗的作用。

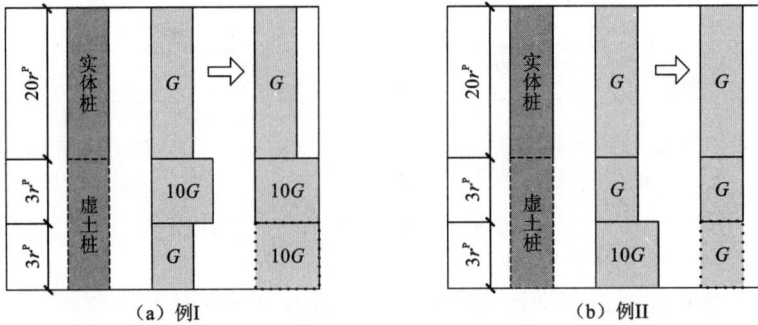

图 6.23　桩端土分层状况示意图

每种工况分两种模式计算,即考虑分层和不考虑分层。为了反映不同状态下,桩体复刚度的差异,定义两个无量纲化的参数:

$$\begin{cases} \varepsilon_{K} = \dfrac{K - K_{L}}{K_{L}} \times 100\% \\ \varepsilon_{C} = \dfrac{C - C_{L}}{C_{L}} \times 100\% \end{cases} \tag{6.54}$$

式中:K 和 C 分别为不考虑桩端土成层性时得到的刚度和阻尼;K_{L} 和 C_{L} 为考虑桩端土成层性的结果。

图 6.23 中,G 表示土体的剪切模量,在例 I 中桩端到基岩之间存在两层等厚的土体,上层土的剪切模量为 $10G$,下层土的剪切模量为 G。例 II 中的情况正好与例 I 相反,下部土层剪切模量是上部土层的 10 倍。如果忽略土层的成层性,则认为桩端土层性质相同。

图 6.24 表示忽略桩端土成层性引起的桩端支承刚度的误差。

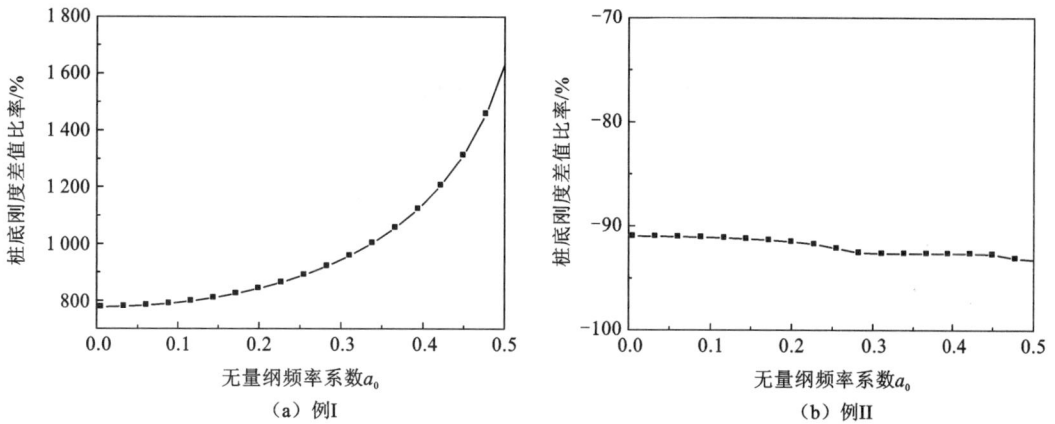

图 6.24　桩端土成层性对桩端刚度的影响

针对例 I,从图 6.24(a) 中可以看出,对硬土层下存在软土层的情况,忽略桩端土的成层性对桩端支承刚度的影响非常大。由于没有考虑土层的成层性,对桩端支承刚度过高估计了 8 ~ 18 倍,误差远远大于考虑分层的情况。曲线的上升区表示当荷载频率接近土体的自振频率时,误差更大。

从图 6.24(b) 中可以看出,对于软土层下存在硬土层的情况,土层成层性对桩端刚度的影响小于硬土层下存在软土层的情况。刚度误差 ε_K 在 -90% 左右,负号表示低估。

由于当荷载频率小于土体自振频率时,土体中不会出现几何阻尼,因此在低频域时几何阻尼基本为零,计算阻尼的变化误差没有意义,因此在图 6.25 中绘制了桩端的阻尼曲线,阻尼曲线可以反映土体的自振频率。

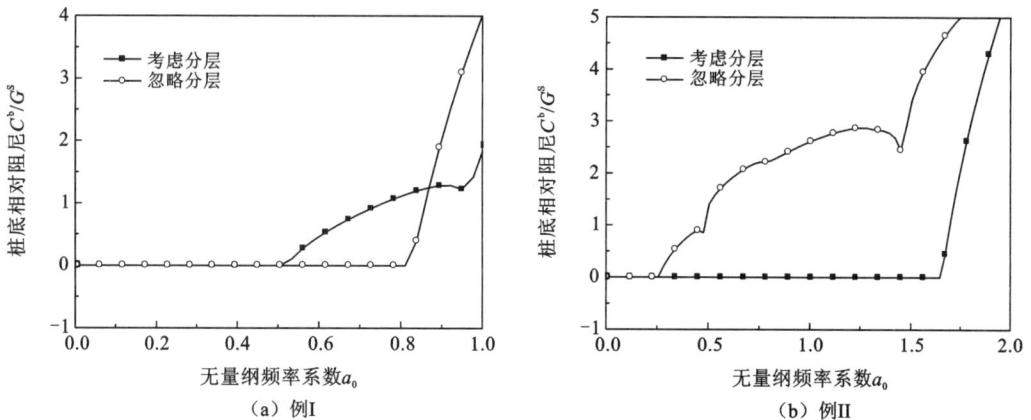

图 6.25　桩端土成层性对桩端阻尼的影响

从图 6.25 可以看出,对于例 I 的情况,假设考虑分层时得到的桩端系统的自振频率为 f,那么忽略土体成层性得到的桩端土自振频率约为 $1.6f$,这就解释了图 6.24(a) 中刚度误差随着频率的提高会迅速增大。对于例 II 的情况,不考虑桩端土分层时,得到的桩端土自振频率只有实际频率的 1/6 左右。

图 6.26 表示桩端土成层性对桩顶刚度和阻尼的影响。从图中可以看出,对硬土层下存在软土层的情况,忽略土体成层性,使桩顶刚度误差达到了 $100\% \sim 140\%$,阻尼误差较小,约为 -15%。对于弱土层下存在硬土层的情况,忽略土体成层性,造成的桩顶刚度误差约为 -60%,阻尼误差约为 20%。

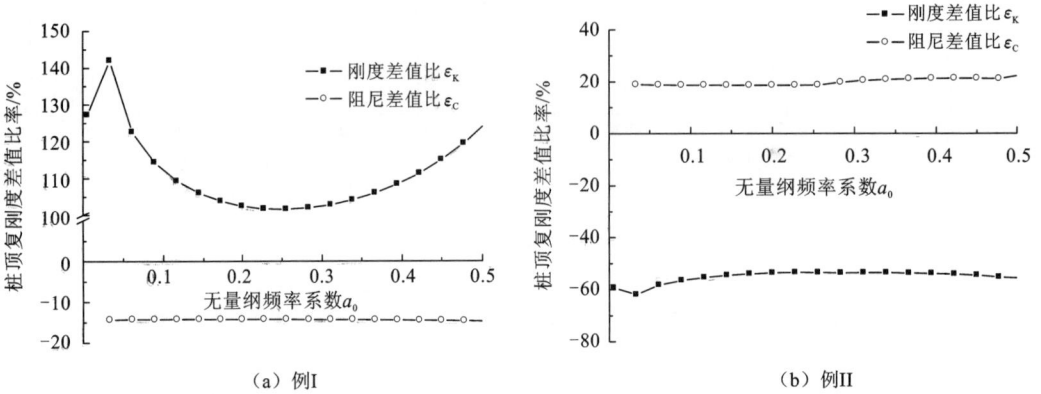

(a) 例 I　　　　　　　　　　　　　(b) 例 II

图 6.26　桩端土成层性对桩顶复刚度的影响

例 I 和例 II 的分析结果表明,当桩端土层中存在下部软土层时,应充分考虑土体的分层情况,如果忽视了软土层的存在,可能会引起很大的刚度误差。

6.8　本章小结

为了更加真实地反映土体中的三维波动效应,本章采用了轴对称的桩土共同作用模型,将土体的径向振动位移纳入体系,采用虚土桩法模拟桩端的边界条件,从而建立更为严格的桩土耦合体系。首先引入势函数并利用分离变量法将土体竖向位移和径向位移解耦,通过桩土接触条件和桩体单元的连续条件得到桩体的复刚度响应,进而通过 Laplace 逆变换得到半正弦脉冲荷载作用下桩顶时域响应半解析解。通过分析计算得到以下结论:

(1) 桩端土层厚度越小即桩尖距基岩越近,桩端的支承刚度越大,阻尼越小,桩端处的自振频率越高。桩端土厚度对桩顶响应的影响较小。当 $h > 3r^p$ 时,桩顶复刚度在数值上几乎没有区别,表明桩端土体的有效影响厚度不大。

(2) 随桩端土体弹性模量的增大,桩体支承刚度增大,阻尼的提升速率增大,体系的自振频率增大,从而可提高桩端处的能量消散,减弱应力波在桩体中的振荡传播。

当桩端土体弹性模量较小时,桩顶位移明显,二次反射引起的位移叠加甚至可以超过初期位移。当桩端土体弹性模量很大时,桩顶位移衰减快,二次反射几乎不会引起位移叠加。

(3) 桩体的动力响应对于长径比存在收敛性,长桩桩身长度增加不会显著提高桩体的刚度。对于中长桩,桩顶位移会随桩长的增加迅速降低,而短桩桩顶位移衰减慢,容易与桩端二次反射位移叠加,而引起更大的位移。在短桩中速度反射波更容易出现震荡反射,桩端处的反射信号相对强烈。当长径比超过 50 时,桩端反射不明显,说明在长桩中能量消散很快,不宜使用反射波法检测桩身完整性。

（4）轴对称模型可以反映出桩土体系的自振频率,在自振频率位置,刚度和阻尼（几何阻尼）都会明显减弱。轴对称模型下计算得到的桩顶刚度与 Novak 的计算结果几乎完全吻合,其他模型下的刚度值略小。轴对称模型和平面应变模型都可以很好地反映桩顶的时域响应,都可以实现对摩擦桩和端承桩两种桩型的动力分析。

（5）通过对桩端土成层性的分析,发现桩端土成层性对桩体的复刚度存在显著影响,桩基动力设计时,应该充分考虑该因素。当桩端土存在硬土层覆盖软土层的情况时,忽略软土层的存在,桩体刚度误差会达到几倍,阻尼误差较小,造成对桩端自振频率的过高估计。对于桩端土存在软土层覆盖硬土层的情况,若忽略成层性,刚度和阻尼的误差都相对较小,一般都在 1 倍范围内,但桩端系统的自振频率误差较大,大约为实际频率的 1/6。

第7章　考虑桩端应力扩散时基于虚土桩法的桩纵向振动理论

7.1　引　言

虚土桩模型是一种以解决桩端边界接触条件为目的的桩端土模型。虚土桩的形成机理受到桩体的成桩条件、地质环境等诸多因素的影响。不同的机理因素，将对应不同类型的虚土桩模型。根据弹性半空间中的 Boussinesq 解，均质地基中的应力扩散效应是客观存在的现象。鉴于此，刘凯[179]、王奎华等[180] 提出了一种锥形虚土桩模型来考虑桩端应力扩散效应，通过与简谐荷载作用时刚性圆盘下均质滞回材料土体的振动特性进行对比分析验证了锥形虚土桩模型的合理性，并详细分析了多种工况下虚土桩扩散角对桩土动力特性的影响。锥形虚土桩模型虽然可以初步考虑桩端应力扩散效应，但这种线性应力扩散模式对于层状土体的适应性仍有待研究，同时该模型中的虚土桩扩散角仍没有好的确定方法。因此，仍需进一步研究桩端应力扩散效应对桩的振动特性的影响机理。

本章将着重讨论基于 Mindlin 地基应力解[181] 得到的虚土桩模型，研究其形成机理和适用条件。然后通过土体与桩体的接触条件，建立桩土振动体系的耦合关系。进一步，通过 Laplace 变换和卷积定理等，求得任意激振力作用下的桩体振动响应。通过分析不同因素对桩体振动响应特性的影响，以及不同虚土桩模型间的对比，来确定本章虚土桩模型的可行性和适用性。

7.2　桩土耦合振动的定解问题

7.2.1　虚土桩模型的分类

虚土桩的定义是将桩身正下方桩端至基岩之间的土体看成土桩，其参数取实际土层的参数，变形按类似于桩的平面变形假定，其底部与基岩接触，假定为位移限制条件。通过这个定义可以确定一种较为简单的虚土桩类型，如图 7.1(a) 所示，可称之为柱形虚土桩。

然而土体无论是作为连续体材料还是作为散体材料，其内力的传递都会呈现扩散现象。根据应力扩散这一原理，可以将虚土桩的定义进行扩展，即将桩身下方某个区域内的土体假设为土桩，该土桩的力学行为符合桩体假设。应力扩散效应将决定这一区域的范围大小。根据应力扩散方式的不同可将虚土桩模型分为两种类型，分别为锥形虚土桩和泡形

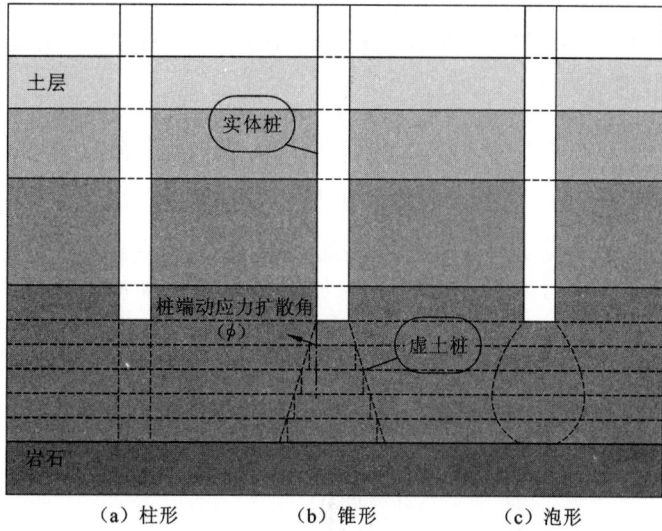

图 7.1　不同的虚土桩模型

虚土桩,如图 7.1(b)、(c) 所示。

　　综上所述,可将虚土桩模型分为三种类型:柱形虚土桩(C 模型)、锥形虚土桩(T 模型)和泡形虚土桩(B 模型)。

　　柱形虚土桩较之锥形虚土桩和泡形虚土桩,简洁直观,计算量小,但不能完全反映土体的应力与变形等性状,它削弱了土体在桩土相互作用体系中的贡献,因此它更适合用来研究端承桩的桩端沉渣等特殊情况。

　　锥形虚土桩假设土层中竖向应力以一定的角度向下方扩散,角度包围内的区域为受力主体,即虚土桩。王奎华等[180]、刘凯[179]、Wang 等[133]对扩散角度的大小及应力扩散深度等因素进行了较为详细的讨论。锥形虚土桩的应力扩散形式较适用于散体材料,或者可作为一种简化的应力扩散形式。在这种类型的虚土桩中,应力扩散角是最重要的指标之一。根据极限法则(图 7.2)和保守原则,应力扩散角(ϕ)可取土体内摩擦角(φ)和($45° - \varphi/2$)中的较小者。

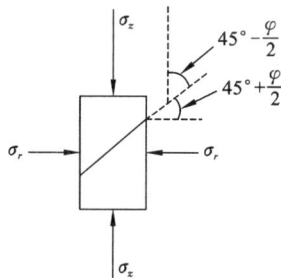

图 7.2　土体单元受压破坏模式

　　泡形虚土桩是根据连续体中的竖向 Mindlin 附加应力解求得的,虚土桩以应力泡的形式存在。假设桩对桩端土体的作用为均布荷载,根据 Mindlin 附加应力解[181] 可以求出桩端土中附加应力的分布形式。建立如图 7.3 所示的 z-R 轴对称坐标体系,通过积分求得地基中任意点的竖向应力分布,应力分布满足:

$$\hat{\sigma} = \frac{\sigma_z}{p^b} = \frac{3z^3}{2\pi} \int_0^{2\pi} \int_0^{r_0} f(z,R,r,\theta) r \, dr \, d\theta \tag{7.1}$$

式中:z 为土体空间的深度;R 为土体空间的横向延伸;$f(z,R,r,\theta)$ 为集中力作用下的 Mindlin 竖向附加应力函数[181];r_0 为荷载的半径,即桩体半径;p^b 为桩端的平均应力;σ_z 为由于 p^b 的作用,在桩端土中产生的竖向附加应力;$\hat{\sigma}$ 为附加应力分布线,在图 7.3 中,$M(0,z,r)$ 为 $\theta=0$ 时的土体内部的一点,P 为作用于桩端土表面的应力,r 为 M 点与应为 dP 作用点的水平距离,θ 为应力 dP-原点连线和 r 坐标轴的夹角。

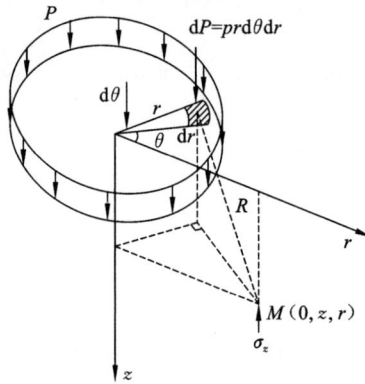

图 7.3　附加应力计算模型

式(7.1)经过积分后,$\hat{\sigma}$ 成为关于 z 和 R 的函数,可以利用 Matlab 等计算软件对其进行数值求解。将计算得到的竖向应力等值线绕 z 轴旋转即可得到一系列三维的等值面。根据桩端体厚度等参数选取一个合适的等值面,将其所包裹的土体看作受荷主体,即虚土桩部分,如图 7.1(c) 所示。

7.2.2　计算简图与基本假设

如图 7.4 所示,虚土桩端部与基岩接触。根据土体的分层情况及桩土的接触情况,分别将虚土桩和实体桩划分为 n 和 $(m-n)$ 个单元,对应的土层也进行相应的划分。计算时,通过单元数 n 的大小控制虚土桩部分的计算精度。

图 7.4 中 l 表示实体桩的长度,h 表示虚土桩的长度,h_i 表示第 i 个单元的厚度,H_i 表示第 i 个单元的深度,$q(t)$ 表示桩顶作用荷载,f_i 为第 i 层土体对该段桩身的侧摩阻力。

土体和桩体存在以下假定条件:

(1) 土体为单层或者多层地基,每层土体为均质、各向同性的黏弹性介质;

(2) 土体上表面自由,无正应力和剪应力;

(3) 桩体为弹性、竖直、圆形均质截面桩,振动为小变形简谐振动;

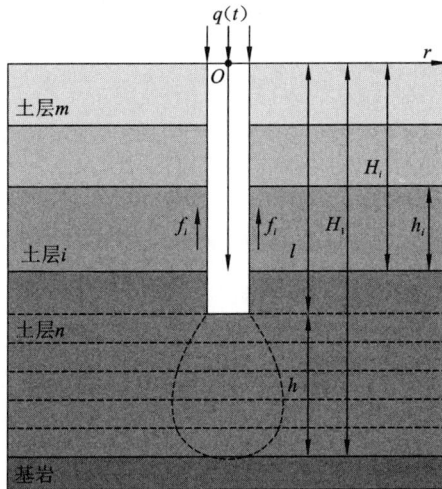

图 7.4　桩土共同作用的虚土桩计算模型

（4）桩体径向变形为零,桩土完全接触,接触面上力和位移连续;

（5）虚土桩的力学行为符合桩体变化,参数为土体参数。

7.2.3　控制方程及边界条件

根据 Novak 等[47]平面应变模型的论述,处于土体中心的圆柱体结构纵向振动引起的土体径向位移可忽略不计,主要控制竖向振动,竖向位移的微分控制形式如下:

$$r^2 \frac{\mathrm{d}^2 u_i^s}{\mathrm{d} r^2} + r \frac{\mathrm{d} u_i^s}{\mathrm{d} r} - s_i^2 r^2 u_i^s = 0 \qquad (7.2\mathrm{a})$$

式中:i 为第 i 层土体单元;$u_i^s = u_i^s(r, t)$ 为第 i 层土体单元的竖向位移;s_i 为综合反映土体阻尼特性的参数,表达为

$$s_i = \frac{\xi}{V_i^s \sqrt{1 + \mathrm{j} \beta_i^s}} \qquad (7.2\mathrm{b})$$

其中:$\xi = \mathrm{j}\omega$,j 为虚数单位;ω 为角频率;V_i^s 为第 i 层土体的剪切波速;β_i^s 为第 i 层土体的材料阻尼系数。

土层边界条件:

$$r \to +\infty, \quad u_i^s \to 0 \qquad (7.3)$$

$$z = 0, \quad \frac{\partial u_i^s}{\partial z} = 0 \qquad (7.4)$$

初始条件:

当 $t = 0$ 时

$$\begin{cases} u_i^s = 0 \\ \dfrac{\partial u_i^s}{\partial t} = 0 \\ \dfrac{\partial^2 u_i^s}{\partial t^2} = 0 \end{cases} \qquad (7.5)$$

桩体为一维杆件单元,振动变形为小变形,其动力平衡方程为

$$E_i^p A_i^p \frac{\partial^2 u_i^p}{\partial z^2} - 2\pi r_i^p \tau_i^p - \rho_i^p A_i^p \frac{\partial^2 u_i^p}{\partial t^2} = 0 \qquad (7.6)$$

式中:$u_i^p = u_i^p(z,t)$ 为第 i 个桩体单元的竖向位移;E_i^p 为第 i 个桩体单元的桩身材料弹性模量;A_i^p 为第 i 个桩体单元的桩身横截面面积;ρ_i^p 为第 i 个桩体单元的桩身材料密度;r_i^p 为第 i 个桩体单元的桩身半径;τ_i^p 为第 i 个桩体单元的桩侧单位面积摩阻力。

桩体边界条件:

$$z = 0, \qquad \frac{\partial u^p}{\partial z} = -\frac{q(t)}{E_m^p A_m^p} \qquad (7.7)$$

$$z = l + h, \quad u_1^p = 0 \qquad (7.8)$$

初始条件:

当 $t = 0$ 时

$$\begin{cases} u_i^p = 0 \\ \dfrac{\partial u_i^p}{\partial t} = 0 \end{cases} \qquad (7.9)$$

7.3　定解问题的求解

7.3.1　土层振动问题

式(7.2a) 为第二类虚宗量 Bessel 函数的形式,方程通解如下:

$$u_i^s = C_{1i} K_0(s_i r) + C_{2i} I_0(s_i r) \qquad (7.10)$$

式中:$I_0(\cdot)$ 和 $K_0(\cdot)$ 分别为零阶第一类和第二类虚宗量 Bessel 函数;C_{1i} 和 C_{2i} 为方程系数,由边界条件决定。

根据土层边界条件式(7.3) 及第一类虚宗量 Bessel 函数的性质可得到:

$$C_{2i} = 0 \qquad (7.11)$$

式(7.10) 可简化为

$$u_i^s = C_{1i} K_0(s_i r) \qquad (7.12)$$

根据位移方程可求得土体中某点的竖向剪切应力为

$$\tau_i^s = G_i^{s*} \frac{\partial u_i^s}{\partial r} = -G_i^{s*} s_i C_{1i} K_1(s_i r) \qquad (7.13)$$

式中:$G_i^{s*} = G_i^s(1 + j\beta_i^s)$;$G_i^s$ 为第 i 层土体的剪切模量。

土体中的竖向剪切刚度可表示为

$$K_i = -\frac{2\pi r \tau_i^s}{u_i^s} = 2\pi r G_i^{s*} s_i \frac{K_1(s_i r)}{K_0(s_i r)} \qquad (7.14)$$

7.3.2　桩振动问题

根据桩土接触面上的连续条件可知:

$$r = r_i^p, \quad \begin{cases} \tau_i^s = \tau_i^p \\ u_i^s = u_i^p \end{cases} \tag{7.15}$$

由式(7.15)可得桩身摩阻力为

$$2\pi r_i^p \tau_i^p = K_i u_i^p \tag{7.16}$$

将式(7.16)代入式(7.6):

$$E_i^p A_i^p \frac{\partial^2 u_i^p}{\partial z^2} - K_i u_i^p - \rho_i^p A_i^p \frac{\partial^2 u_i^p}{\partial t^2} = 0 \tag{7.17}$$

结合初始条件式(7.9),对式(7.17)两边进行关于时间 t 的 Laplace 变换:

$$E_i^p A_i^p \frac{\partial^2 U_i^p}{\partial z^2} - (K_i + \rho_i^p A_i^p \xi^2) U_i^p = 0 \tag{7.18}$$

式中: $U_i^p = U_i^p(z, \xi) = \int_0^{+\infty} u_i^p(z, t) e^{-\xi t} dt$。

求解式(7.18)可以得到桩身位移解,如下:

$$U_i^p = D_{1i} e^{\lambda_i z} + D_{2i} e^{-\lambda_i z} \tag{7.19}$$

式中: $\lambda_i = \sqrt{\dfrac{K_i + \rho_i^p A_i^p \xi^2}{E_i^p A_i^p}}$; D_{1i} 和 D_{2i} 为系数,可由单元边界条件确定。

将桩体边界条件式(7.8)进行关于时间 t 的 Laplace 变换,得到桩端处的第一个单元的边界位移,满足:

$$U_1^p(z = l + h) = D_{11} e^{\lambda_1(l+h)} + D_{21} e^{-\lambda_1(l+h)} = 0 \tag{7.20}$$

将上式变形可得到:

$$\frac{D_{11}}{D_{21}} = -e^{-2\lambda_1(l+h)} \tag{7.21}$$

根据复阻抗的定义,该单元顶面的复阻抗可表示为

$$Z_1 = -E_1^p A_1^p \frac{\dfrac{\partial U_1^p}{\partial z}}{U_1^p} = -E_1^p A_1^p \lambda_1 \frac{\dfrac{D_{11}}{D_{21}} e^{2\lambda_1(l+h-H_2)} - 1}{\dfrac{D_{11}}{D_{21}} e^{2\lambda_1(l+h-H_2)} + 1} \tag{7.22}$$

将式(7.21)代入式(7.22)可得

$$Z_1 = E_1^p A_1^p \lambda_1 \frac{1 + e^{-2\lambda_1 h_1}}{1 - e^{-2\lambda_1 h_1}} \tag{7.23}$$

根据同一截面处复阻抗相等的原则和阻抗传递得到任意桩体单元顶面的复阻抗表达式:

$$Z_i = \eta_i \frac{1 - \zeta_i e^{-2\lambda_i h_i}}{1 + \zeta_i e^{-2\lambda_i h_i}} \tag{7.24}$$

式中: $\eta_i = E_i^p A_i^p \lambda_i$; $\zeta_i = \dfrac{\eta_i - Z_{i-1}}{\eta_i + Z_{i-1}}$。

令:

$$Z_i = K_i^p + C_i^p j \tag{7.25}$$

式中: K_i^p 为桩体单元顶端的刚度; C_i^p 为桩体单元顶端的阻尼。

桩体单元顶端的位移导纳可表示为

$$H_i = \frac{1}{Z_i} = \frac{1}{\eta_i} \frac{1 + \zeta_i \mathrm{e}^{-2\lambda_i h_i}}{1 - \zeta_i \mathrm{e}^{-2\lambda_i h_i}} \tag{7.26}$$

根据速度的定义可知：

$$v = \frac{\partial u}{\partial t} \tag{7.27}$$

将式(7.27)两端进行关于时间变量的 Laplace 变换：

$$V = \xi U \tag{7.28}$$

根据式(7.28)，可以得到第 i 个桩体单元顶端的速度导纳表达式：

$$V_i = \xi H_i = \frac{\xi}{\eta_i} \frac{1 + \zeta_i \mathrm{e}^{-2\lambda_i h_i}}{1 - \zeta_i \mathrm{e}^{-2\lambda_i h_i}} \tag{7.29}$$

假设第 i 个桩体单元顶端的作用力为 $q(t)$，经过 Laplace 变换后作用力的表达式可表示为

$$Q(\xi) = \int_0^{+\infty} q(t) \mathrm{e}^{-\xi t} \mathrm{d}t \tag{7.30}$$

令 $\xi = \mathrm{j}\omega$，通过 Laplace 逆变换可得到 $q(t)$ 作用下，时域中单元顶端的速度响应：

$$v_i = \mathrm{ILT}[V_i(\xi) * Q(\xi)] = \frac{1}{2\pi\mathrm{j}} \int_{-\mathrm{j}\infty}^{+\mathrm{j}\infty} V_i(\xi) Q(\xi) \mathrm{e}^{\xi t} \mathrm{d}\xi \tag{7.31}$$

7.4　泡形虚土桩的确定方式

根据杨冬英等[161]、刘凯[179] 的论述可知，锥形虚土桩和柱形虚土桩模型的确定相对简单。对于泡形虚土桩模型，本节将讨论两种确定方式，即以附加应力分布线($\hat{\sigma}$)的数值为标准和以 $\hat{\sigma}$ 的水平变化率为标准确定虚土桩边界线。

7.4.1　B–B 模型

将 $\hat{\sigma}$ 的值作为判断虚土桩边界的标准，相同的附加应力线形成一个泡形的曲面，将之作为虚土桩的边界，这种模型可称为 B-B 模型。对于均质土体，影响附加应力分布线的自由变量只有三个，即桩长、桩径和土体的泊松比。下面将选取 $\hat{\sigma}$ 为 0.01 和 0.001 两条虚土桩边界曲线对这三个因素进行讨论。

1. 长径比对虚土桩边界线的影响

图 7.5 中附加应力分布线为 $\hat{\sigma} = 0.01$，桩端土体的泊松比(ν^s)为 0.30。如图所示，桩体的长径比越小，相同附加应力分布线的扩散深度和广度将越大。如果将某一附加应力分布线作为虚土桩边界，那么短桩对应的虚土桩范围更大。图中长径比($\bar{l}$)分别为 50，70 和 90 时，所对应的三条附加应力分布曲线基本重合，这说明桩体半径确定后，桩长的增加对桩端土中竖向附加应力分布线的影响逐渐减弱。

对比图 7.5(a) 和图 7.5(b)，桩体半径对附加应力分布线的影响显著。如果假定 $\hat{\sigma} =$

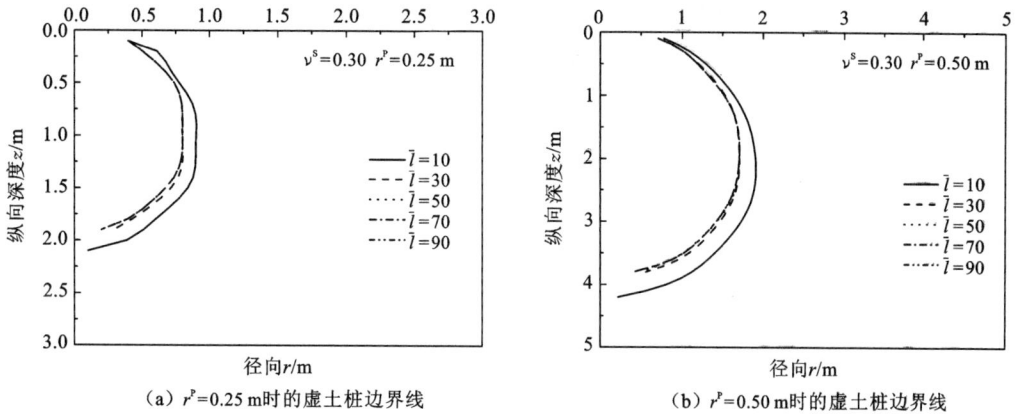

(a) $r^p=0.25$ m时的虚土桩边界线　　　(b) $r^p=0.50$ m时的虚土桩边界线

图 7.5 长径比对虚土桩边界线的影响 ($\hat{\sigma}=0.01$)

0.01 的分布线作为虚土桩边界,对于长径比相同的桩体,半径相差 1 倍的情况下,虚土桩竖向边界的深度也相差 1 倍左右,半径越大,虚土桩竖向边界越深。

图 7.6 为附加应力分布线为 $\hat{\sigma}=0.001$ 时,不同桩体长径比下附加应力分布线的影响范围。图中曲线更加明显地反映出上述结论。

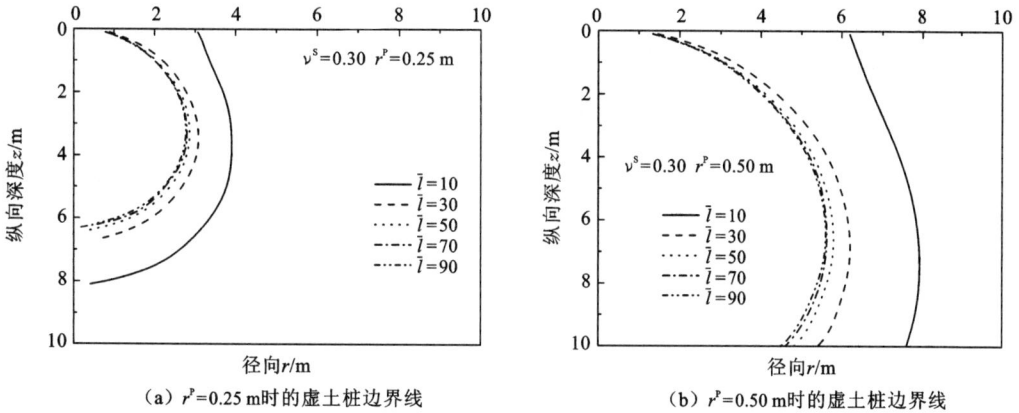

(a) $r^p=0.25$ m时的虚土桩边界线　　　(b) $r^p=0.50$ m时的虚土桩边界线

图 7.6 长径比对虚土桩边界线的影响 ($\hat{\sigma}=0.001$)

对比图 7.5 和图 7.6,$\hat{\sigma}=0.001$ 的应力分布线的影响范围要远远大于 $\hat{\sigma}=0.01$ 分布线。对于桩端土层厚度较大的情况,在确定虚土桩边界线时,可取 $\hat{\sigma}$ 相对较大的附加应力分布线。

2. 土体泊松比对虚土桩边界线的影响

图 7.7 所示为附加应力分布线为 $\hat{\sigma}=0.01$ 时,不同桩端土体泊松比下的附加应力分布曲线,其中桩体长径比($\bar{l}$)为 20。图中有三种工况,即 ν^s 分别为 0.20,0.30 和 0.40。从图中可以看出较大的土体泊松比,附加应力分布线分布范围也较大,相应的虚土桩边界范围

也较大,泊松比主要影响分布曲线的下半部分。

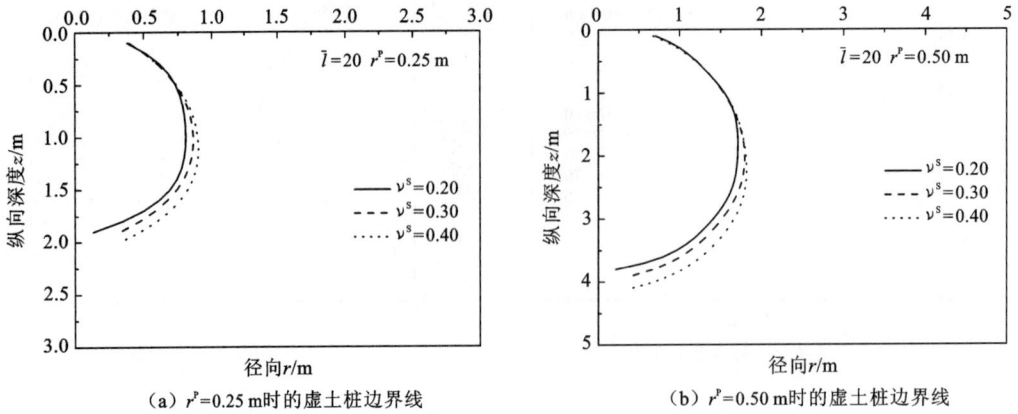

(a) $r^p=0.25\,\mathrm{m}$时的虚土桩边界线

(b) $r^p=0.50\,\mathrm{m}$时的虚土桩边界线

图 7.7　土体泊松比对虚土桩边界线的影响($\hat{\sigma}=0.01$)

7.4.2　B-T 模型

该模型不再将 $\hat{\sigma}$ 的数值作为判断条件。对于深度为 z 的水平面,假定以桩轴线为起点检测径向附加应力的变化率,将变化率最大的点确定为边界点,这种模型可称为 B-T 模型。由于要进行数值计算,按图 7.8 的形式对土体进行离散化,令 $\hat{\sigma}=\dfrac{\hat{\sigma}_{i+1}}{\hat{\sigma}_i}$,则 $\hat{\sigma}$ 的最小值处为 $\hat{\sigma}$ 变化率最大的位置。如图 7.9 所示,对于桩端以下任一深度处的水平面,以桩轴线为中心向外放射,每个水平面上总可以找到一个附加应力分布线变化最快的位置,即图中圆点的标识位置。将每个深度处的这些变化点连接起来,就形成了一个曲面,其内部作为虚土桩的实体。以下是对影响虚土桩边界因素的讨论。

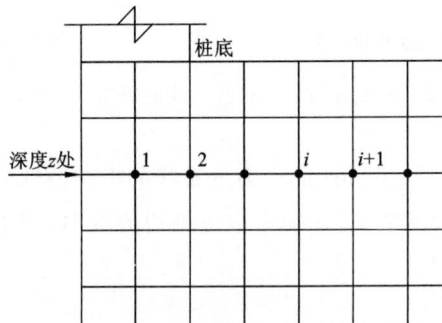

图 7.8　土体离散单元示意图

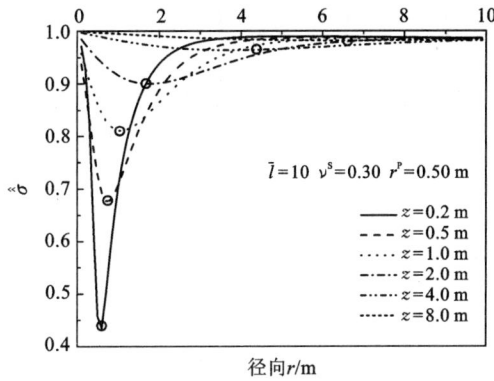

图 7.9　不同水平面上附加应力分布线的变化比

1. 长径比对虚土桩边界线的影响

图 7.10(a) 为桩体半径为 0.25 m，桩端土泊松比为 0.30 时，不同长径比桩体下，附加应力分布线变化率最大处的连线。$\bar{l} = 10$ 时，所对应的曲线与其他曲线明显不同，呈三次曲线形状。$\bar{l} = 30$ 时，曲线略微呈二次曲线形状，其他曲线都接近于直线，直线的斜率角为 $55° \sim 55.6°$，即曲线的扩散角为 $34.4° \sim 35°$。

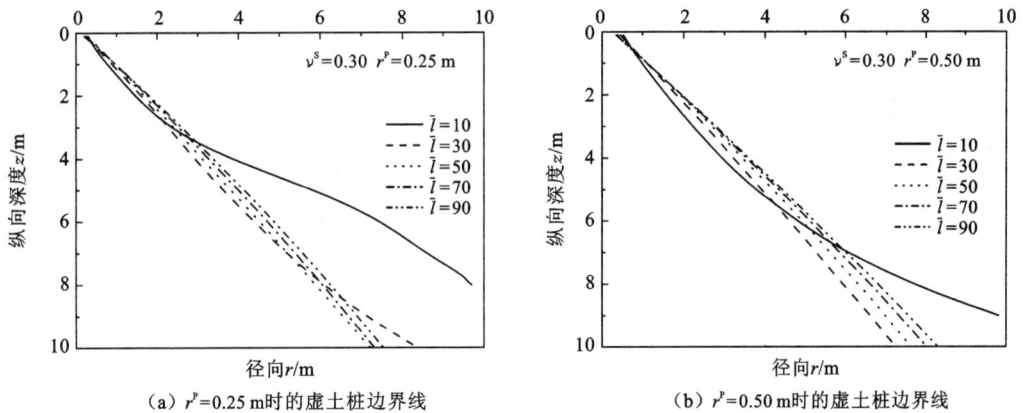

（a）$r^p = 0.25$ m 时的虚土桩边界线　　　（b）$r^p = 0.50$ m 时的虚土桩边界线

图 7.10　长径比对虚土桩边界线的影响

图 7.10(b) 为桩体半径等于 0.50 m 时的曲线，与图 7.10(a) 相比，曲线的规律相似，差别不大。只有长径比($\bar{l}$)为 10 时的曲线呈现二次曲线的形式，其余曲线都接近于直线，这些直线的扩散角都在 $33.5° \sim 37.6°$ 的范围内。

综上所述，对于长径比较大的桩体，附加应力分布线变化率最快的位置，与深度的变化基本呈线性关系，长径比较小时，可能出现二次或三次线型。

2. 土体泊松比对虚土桩边界线的影响

图 7.11 表示桩端土体的泊松比对附加应力分布线最大变化率位置的影响,分别取两种桩体来对比计算,泊松比从 0.20 变化到 0.40。图中三条曲线基本重合在一起,这表明土体的泊松比对其影响微乎其微。

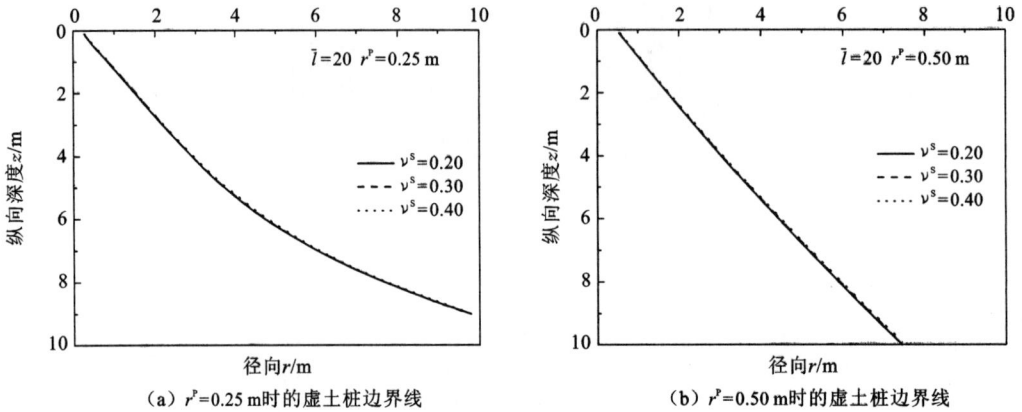

（a）$r^p=0.25$ m时的虚土桩边界线　　　　　　（b）$r^p=0.50$ m时的虚土桩边界线

图 7.11　土体泊松比对虚土桩边界线的影响

7.5　不同虚土桩模型下桩体的动力响应

桩体动力响应分析重点包括桩端和桩顶两个位置。可通过对桩端和桩顶处不同的动力响应分析桩土相互作用的关系,这些响应包括位移、复刚度、速度等频域及时域响应。针对上述响应,本节将应用 7.4 节中两种不同的分支模型来分析桩端土体是如何影响桩体动力响应特性的。桩体为均质杆件,地基为均质土体,在无特别说明的情况下,桩身材料密度为 2 300 kg/m³,桩体压缩波速为 3 790 m/s,桩身泊松比为 0.20,土体密度为 1 924 kg/m³,土体剪切波速为 180 m/s,土体泊松比为 0.30。

7.5.1　基于 B-B 模型的分析

B-B 模型在进行计算时有两种计算模式,如图 7.12 所示。这两种计算方式的区别在于虚土桩的确定形式。图 7.12(a) 认为一条完整的附加应力分布线所形成的封闭区域正好是虚土桩的实体。图 7.13(a) 显示了以这种方法计算得到的桩端相对刚度。图中 $\overline{K}=K^p/G^s$,K^p 为桩端的实际动刚度,G^s 为桩端土体的剪切模量,$a_0=\omega r^p/V^s$ 为无量纲的频率参数,r^p 为桩身半径,ω 为角频率,V^s 为桩端土体的剪切波速。桩体的振动一般都为低频振动,通常认为当 $0<a_0<1$ 时[90],振动属于低频振动。因此为了更加明显地显示不同曲线间的对比关系,图中只对低频段的数据进行分析。从 $h=r^p$ 到 $h=3r^p$,可以看出桩端支

承刚度是减弱的,而当 $h \geqslant 5r^p$ 后,相对动刚度逐渐变大,这与桩端弱土层越厚刚度越小的理论相悖。因此该方法不适用于桩端土层较厚的情况。

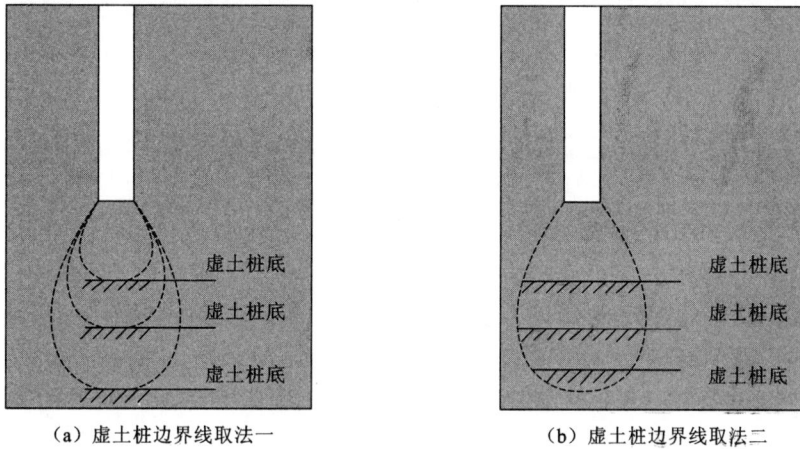

（a）虚土桩边界线取法一　　　　　　（b）虚土桩边界线取法二

图 7.12　针对不同深度 B-B 虚土桩的两种不同计算形式

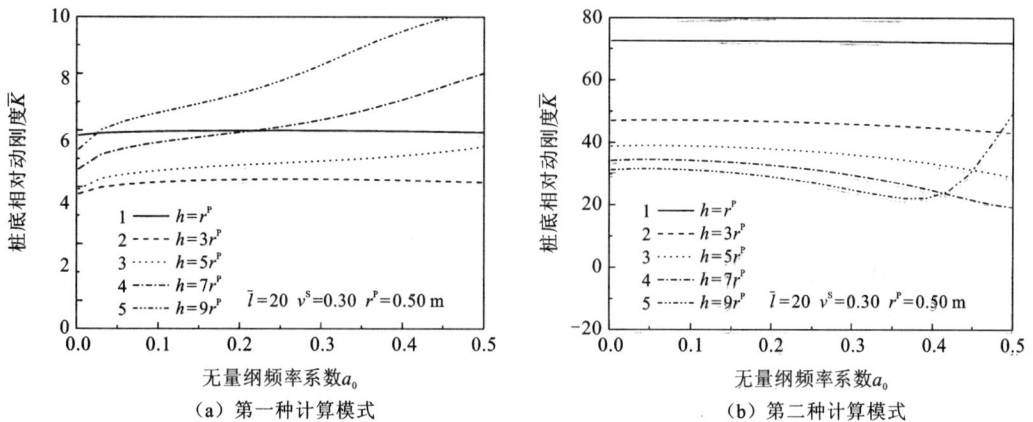

（a）第一种计算模式　　　　　　　　（b）第二种计算模式

图 7.13　虚土桩长度对桩端支承刚度的影响

图 7.12(b) 表示可以先确定某一条合适的等值应力分布线,然后虚土桩可以是这条曲线封闭区域的整体或者部分。图 7.13(b) 为确定附加应力分布线后,不同虚土桩长度下,桩端的动刚度响应曲线。总体来说该方法下,随着 h 的增大,刚度逐渐减小,并存在变化收敛的情况。与曲线 1 相比,曲线 4 和曲线 5 的数值十分接近。Novak[4] 认为 $h = 5r^p$ 以内的桩端土才会对桩端支承刚度有明显的影响。根据这些结论,对于桩端土层较厚的情况,图 7.12(b) 所展示的计算模式更加合理。在此后的计算过程中,没有特别说明,则认为以图 7.12(b) 所展示的计算方法进行处理。

1. 不同桩体长径比下桩端土对桩体动力响应的影响

根据图7.13(b)的结果,当$h \geqslant 5r^p$时,低频范围内的桩端支承刚度差异逐渐变小。在此假定桩端土层厚度(h)为$6r^p$,r^p为0.50 m,$\hat{\sigma}$为0.01,对五种不同长径比的桩体进行分析。

图7.14和图7.15分别反映了桩体长径比对桩端和桩顶复刚度的影响。由图7.14(a)可以看出,长径比较小时桩端动刚度相对较大,长径比增大,桩端动刚度相应减小。当长径比超过一定数值(图中为30)后,桩端刚度的变化率迅速降低。从图7.14(b)中可以看出,长径比对桩端阻尼的影响很小。

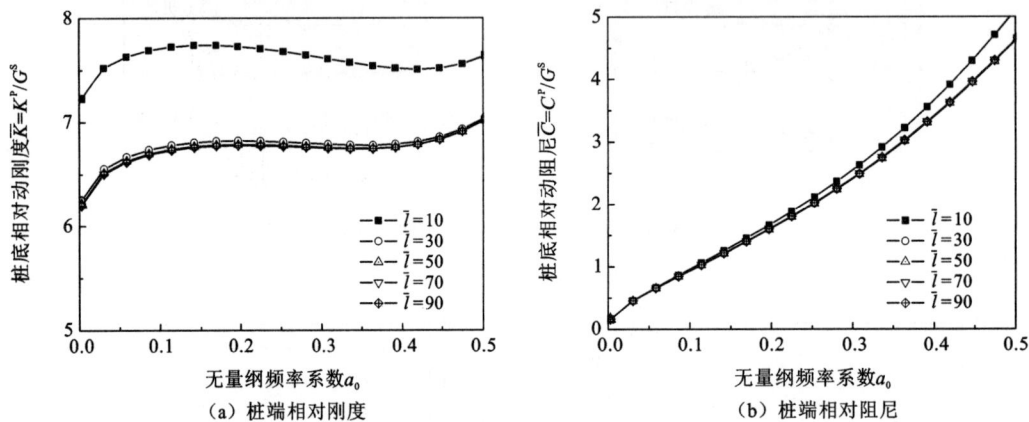

（a）桩端相对刚度　　　　　　　　（b）桩端相对阻尼

图7.14　长径比对桩端复刚度的影响

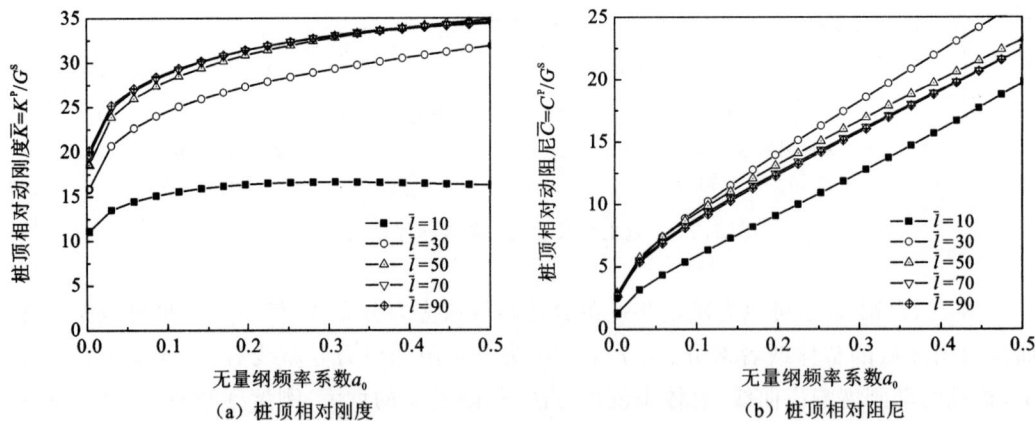

（a）桩顶相对刚度　　　　　　　　（b）桩顶相对阻尼

图7.15　长径比对桩顶复刚度的影响

图7.15(a)显示,在一定范围内时,桩体长径比增大,桩顶的刚度也增大。这表示桩长增加,使桩侧摩阻力增大,从而提高了桩顶的刚度。超过这一范围,将出现临界长径比问题,如图中长径比大于50的三条曲线几乎重合。因此在动荷载的情况下,桩身不宜设置过长,过长的桩身只会增加工程造价,性价比不高。

图 7.15(b) 显示,长径比为 10 的桩体其桩顶阻尼小于长径比为 30 的桩体,当长径比大于 30 时,长径比变大,桩顶阻尼减小。这一现象表明,桩顶阻尼随桩身长径比的增大,存在先增大后减小的趋势,这与刚度随桩身长径比的变化规律不同。

假设桩顶作用有一个半正弦的单位动荷载,如图 7.16 所示,荷载为 $q(t) = \sin\left(\dfrac{\pi}{T}t\right)$ $(0 < t < T)$,其中 T 为荷载的作用周期。图 7.17 中 $T^{\mathrm{p}} = l/V^{\mathrm{p}}$ 为压缩波穿过整个桩身所用的时间,V^{p} 为桩身内压缩波的传播速度,$\bar{v} = vV^{\mathrm{p}}\rho^{\mathrm{p}}A^{\mathrm{p}}$ 为桩顶的相对振动速度,v 为实际的速度,ρ^{p} 为桩身密度,A^{p} 为桩身横截面积,u 为桩顶的位移。计算过程中,假设荷载周期(T) 为 $T^{\mathrm{p}}/4$。

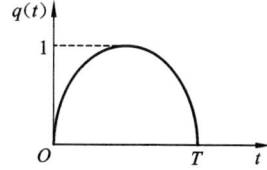

图 7.16　桩顶单位荷载

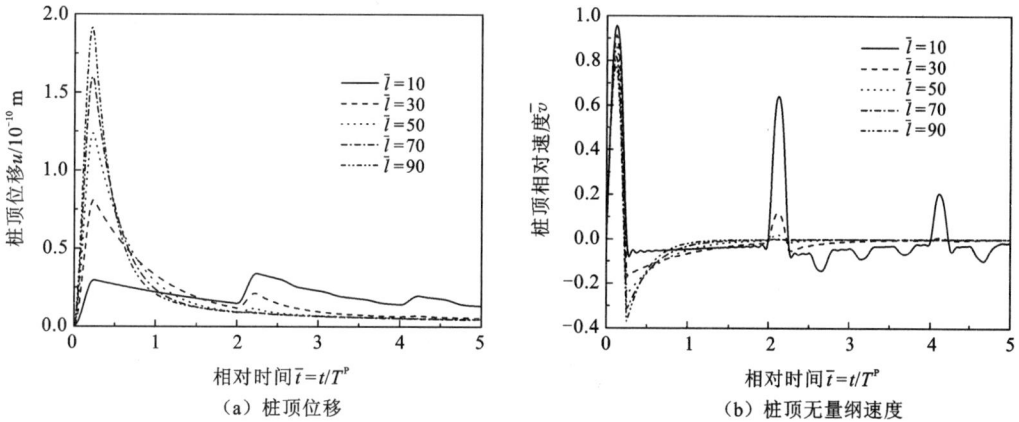

（a）桩顶位移　　　　　　　　　（b）桩顶无量纲速度

图 7.17　长径比对桩顶时域响应的影响

图 7.17(a) 表示桩顶位移随时间的变化。从图中可以看出,在动荷载作用初期,长径比大的桩体产生了相对较大的位移,这一现象似乎与常理相悖,其实这是因为假定的荷载周期与桩长 l 是有关的,长径比越大,桩长越长,荷载的作用时间越长,因此长径比大的桩体初期位移较大。从曲线的变化规律来看,对于长径比大的桩体,其位移会迅速减弱,最终趋近于零。当 $\bar{l} \geqslant 50$ 时,桩端的二次反射应力几乎不会引起桩顶位移。长径比很小的桩,位移衰减较慢,桩端的二次反射应力可引起桩顶位移的叠加,甚至可使位移大于初始时期的位移,因此对于短桩的动力设计应该考虑二次应力引起的位移叠加。

图 7.17(b) 为桩顶速度的时域响应曲线。从图中可以看出长径比小,桩端反射信号的强度大,甚至可以观察到基岩的反射信号,随着桩长的增加桩端反射信号逐渐减弱。在书中给定的土体参数下,长径比为 70 的桩,桩端几乎不会出现反射信号。这一现象表明,对长径比很大的桩进行反射波法完整性检测时,应适当提高锤击能量。

2. 不同桩径下桩端土对桩体动力响应的影响

由于桩径不同时,相同长径比的桩身长度也不同,因此不能选取相同长径比的桩。本

　　节选取两种半径不同而长度相等的桩体进行分析,半径(r^p)分别为 0.25 m 和 0.50 m,桩长(l)为 10 m,虚土桩边界取 $\hat{\sigma}=0.01$,虚土桩深度(h)为 2 m。

　　图 7.18 和图 7.19 分别表示桩径对桩端和桩顶复刚度的影响。从两幅刚度图中可以看出,桩径越大桩体的刚度越大。在低频域中,桩径增大,桩端阻尼减小,桩顶阻尼增大。由此可见,加大桩体的半径,有助于提高桩顶抗动荷载的性能。

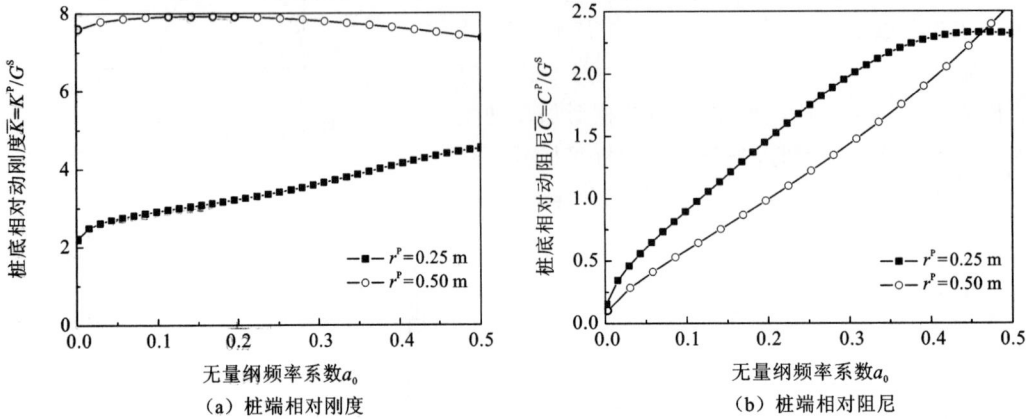

(a) 桩端相对刚度　　　　　　　　　　　　(b) 桩端相对阻尼

图 7.18　桩体半径对桩端复刚度的影响

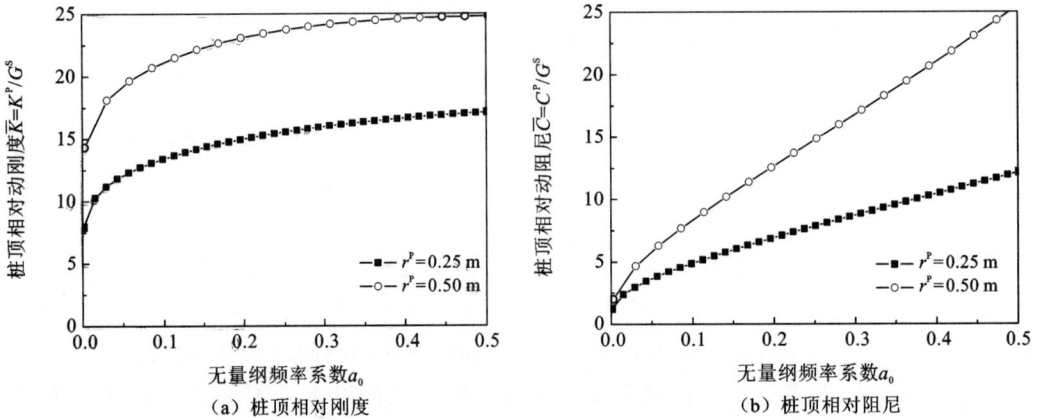

(a) 桩顶相对刚度　　　　　　　　　　　　(b) 桩顶相对阻尼

图 7.19　桩体半径对桩顶复刚度的影响

　　桩顶的时域位移图[图 7.20(a)]表明桩径越大,相同荷载下桩顶的位移越小。桩径的大小对于桩端反射应力引起的桩顶位移影响较小,结合第 1 小节的内容,可知反射应力引起的桩顶位移主要由桩长决定。

　　从桩顶的速度响应曲线可以看出,桩径越大,桩端的反射信号越强烈。这说明桩径的大小对于桩身能量的消散影响较大。桩径越小,能量越容易通过桩身传播到土体中。

3. 不同土体泊松比下桩端土对桩体动力响应的影响

　　假设桩端土体为三种不同的土体,其泊松比(ν^s)分别为 0.20,0.30 和 0.40,土层厚

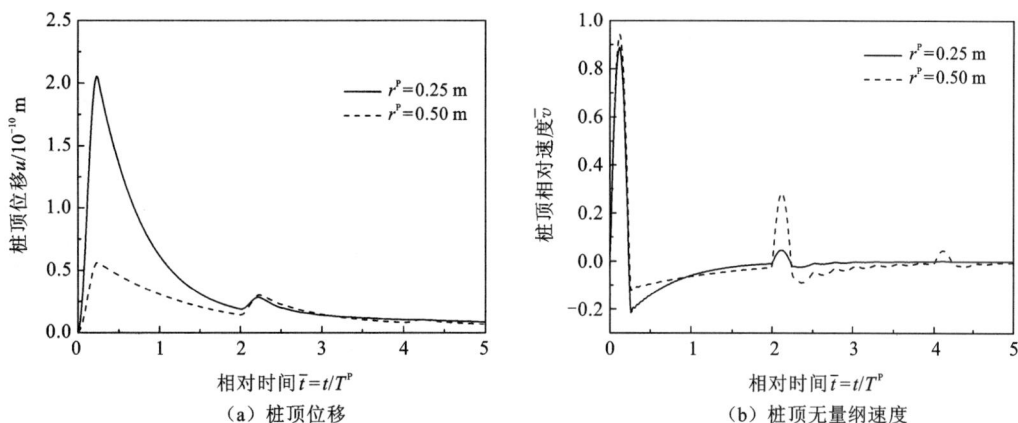

图 7.20　桩体半径对桩顶时域响应的影响

度(h)为 $6r^p$,虚土桩边界线取为 $\hat{\sigma} = 0.01$,桩身半径(r^p)为 0.50 m,桩身长径比($\bar{l}$)为 20。

图 7.21(a)表明桩端土体的泊松比对桩端的支承刚度略有影响,泊松比越大,桩端的支承刚度相应也越大。图 7.21(b)表明桩端土的泊松比对桩端阻尼几乎没有影响。

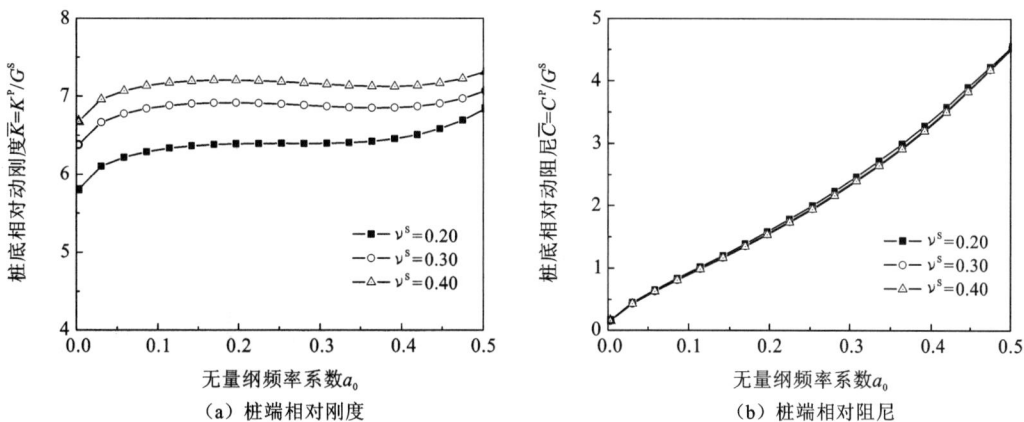

图 7.21　桩端土泊松比对桩端复刚度的影响

图 7.22 和图 7.23 显示,在书中给定的范围内,桩端土体的泊松比对桩顶复刚度、位移及速度响应的影响甚微,可忽略不计。

4. 不同土体密度下桩端土对桩体动力响应的影响

本小节与下一小节中,参变量为桩端土的某些参数,因此为了突出桩端土体的作用,将地基土层视为两层,实体桩桩身周围的土体视为第一层土体,桩端以下的土体视为第二层土体。第一层土体的参数与本章 7.5.1 节相同,保持不变。这里所说的土体密度变化和后文的土体剪切波速变化只针对桩端以下的第二层土体。

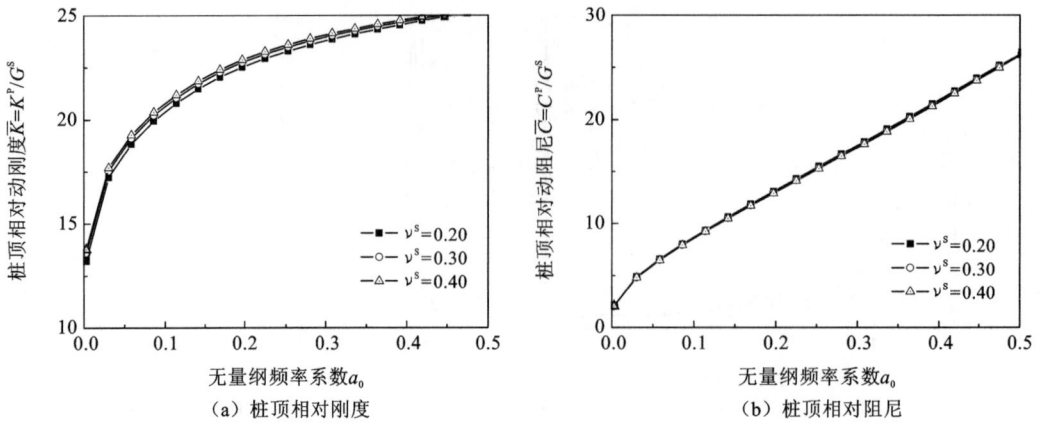

（a）桩顶相对刚度　　　　　　　　　　（b）桩顶相对阻尼

图 7.22　　桩端土泊松比对桩顶复刚度的影响

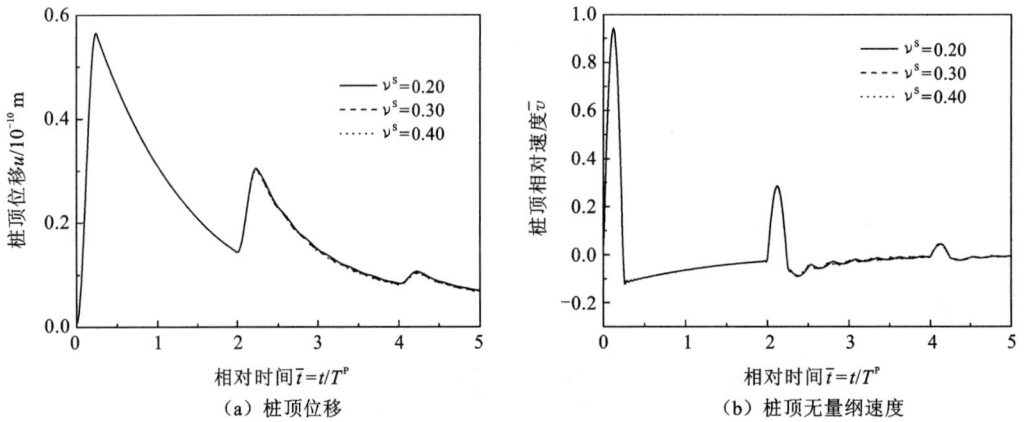

（a）桩顶位移　　　　　　　　　　（b）桩顶无量纲速度

图 7.23　　桩端土泊松比对桩顶时域响应的影响

桩端土体密度（ρ^s）分三种工况，分别为 $1\,600\ \text{kg/m}^3$，$1\,900\ \text{kg/m}^3$ 和 $2\,300\ \text{kg/m}^3$。土体泊松比（ν^s）为 0.30，虚土桩厚度（h）为 $6r^p$，虚土桩边界线取为 $\hat{\sigma}=0.01$，桩身半径（r^p）为 0.50 m，桩身长径比（$\bar{l}$）为 20。

图 7.24 表明桩端土体密度对桩端支承复刚度的影响较为明显。图中显示，在相同的荷载频率下，桩端支承刚度和阻尼与桩端土密度大约成正比，土体密度变大，桩端刚度和阻尼也变大。

图 7.25（a）表明桩端土体的密度对桩顶的刚度影响较小，但也呈现正比关系。图 7.25（b）显示桩端土体的密度对桩顶阻尼影响不大。

图 7.26 中的曲线表明，桩端土体的密度对桩顶的位移和速度时域响应曲线影响很小。从位移图可以看出，桩端土体密度对桩端的反射应力存在略微的影响，即桩端土体密度的增大，会略微提高桩顶位移的衰减速度。

（a）桩端相对刚度　　　　　　　　　（b）桩端相对阻尼

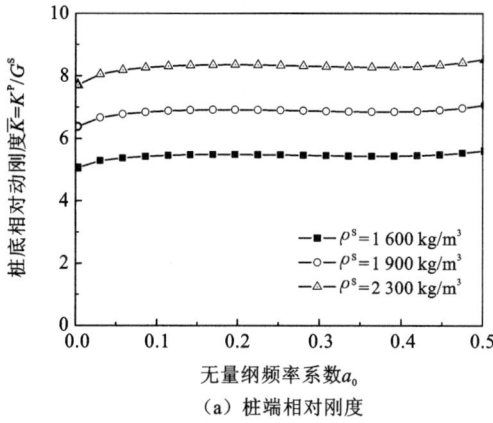

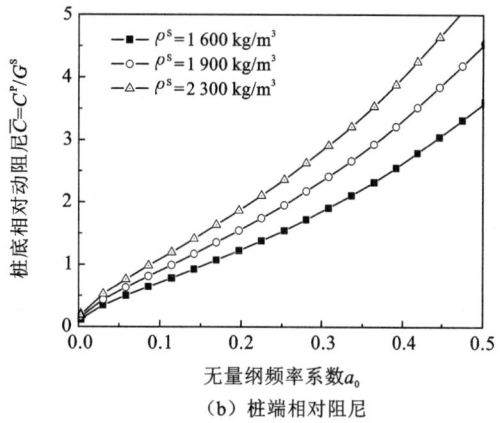

图 7.24　桩端土密度对桩端复刚度的影响

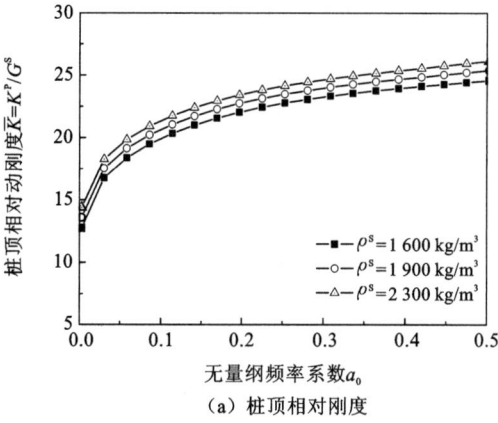

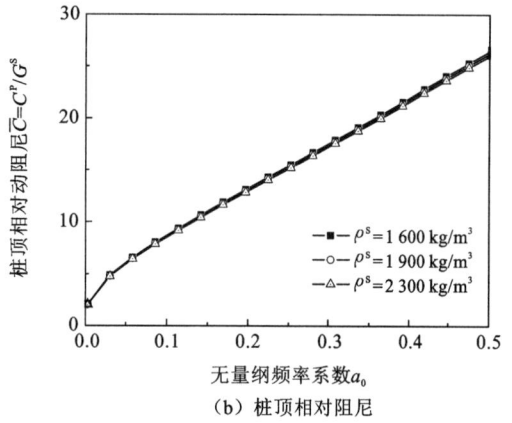

（a）桩顶相对刚度　　　　　　　　　（b）桩顶相对阻尼

图 7.25　桩端土密度对桩顶复刚度的影响

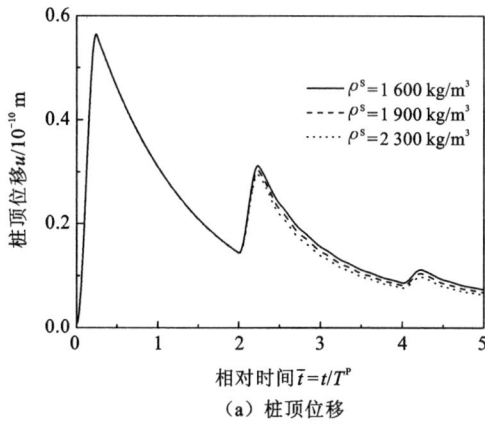

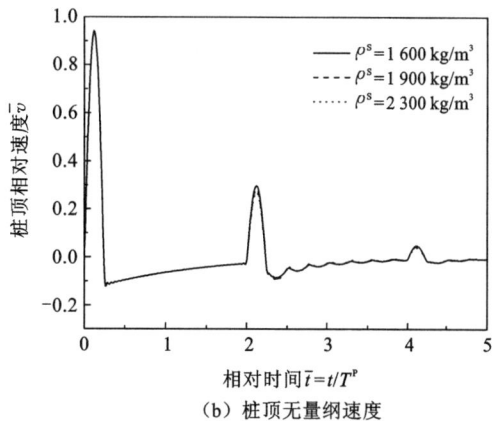

（a）桩顶位移　　　　　　　　　（b）桩顶无量纲速度

图 7.26　桩端土密度对桩顶时域响应的影响

5. 不同土体剪切波速下桩端土对桩体动力响应的影响

本小节土体参数和桩体参数与第 4 小节基本相同,不同之处在于,桩端土密度(ρ^s)为 1 924 kg/m³,桩端土的剪切波速(V^s)取值分别为 100 m/s,200 m/s 和 500 m/s。

图 7.27 表示桩端土体的剪切波速对桩端支承复刚度的影响。从图中可以看出桩端土体的剪切波速是决定桩端复刚度的重要因素。当 $V^s = 100$ m/s 时,桩端相对刚度大约为 2,当剪切波速增加到 200 m/s 时,桩端相对刚度提高到了 8 左右,对于剪切波速为 500 m/s 的土体,桩体相对刚度提高到 50 左右。这表明随着桩端土体剪切波速的提高,桩端刚度会成倍地提高。阻尼图也显示了与刚度图相同的变化规律。

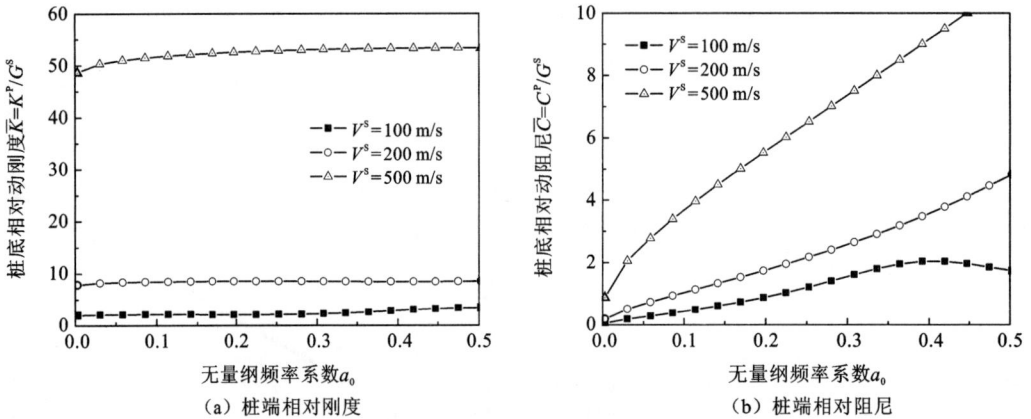

（a）桩端相对刚度　　　　　　　（b）桩端相对阻尼

图 7.27　桩端土剪切波速对桩端复刚度的影响

图 7.28 为桩端土体剪切波速对桩顶复刚度的影响。桩顶刚度也随土体剪切波速的增大而增大,但变化没有桩端刚度变化明显,桩顶刚度与桩端剪切波速大约成正比。图 7.28(b) 显示,桩顶阻尼呈现相反的变化趋势,即桩顶土体剪切波速越大,桩顶阻尼反而越小。

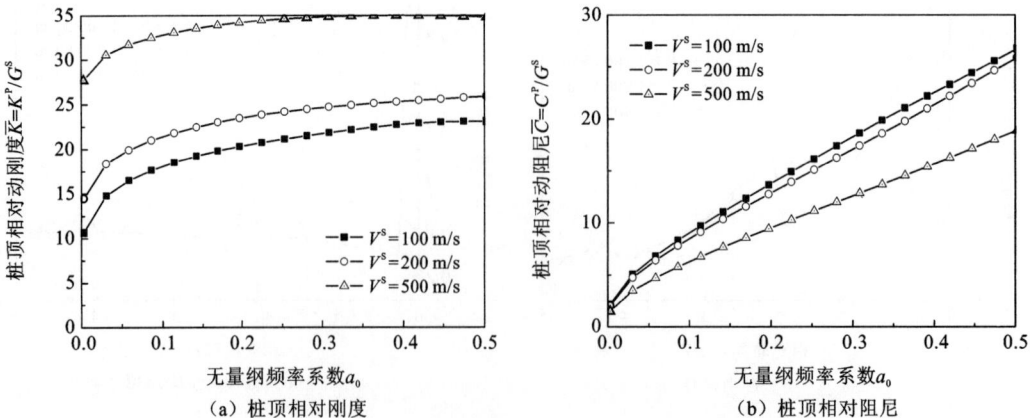

（a）桩顶相对刚度　　　　　　　（b）桩顶相对阻尼

图 7.28　桩端土剪切波速对桩顶复刚度的影响

从图 7.29 的桩顶位移图可以看出,桩端土体剪切波速对桩顶的起始位移没有影响,对反射位移影响很大,随着桩端土剪切波速的增大,桩端二次反射引起的桩顶位移明显偏小,这一现象表明桩端土体承载力越好,桩顶抗动力特性越佳。在桩顶的速度时域响应图中,桩端的反射信号显示,桩端土剪切波速越大,反射信号越小,表明桩端土质越好,越容易吸收桩身中的能量。

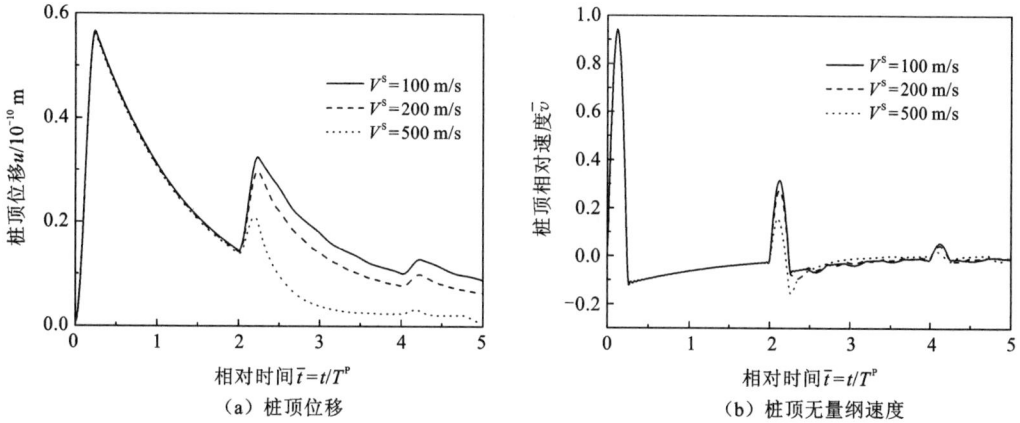

（a）桩顶位移　　　　　　　　　　（b）桩顶无量纲速度

图 7.29　桩端土体剪切波速对桩顶时域响应的影响

7.5.2　基于 B-T 模型的分析

为了验证 B-T 模型桩端支承刚度与虚土桩长度的关系,针对桩径(r^p)为 0.50 m,桩体长径比($\bar{l}$)为 20 的桩土体系,将虚土桩长度假设为五种情况进行分析,结果如图 7.30 所示。

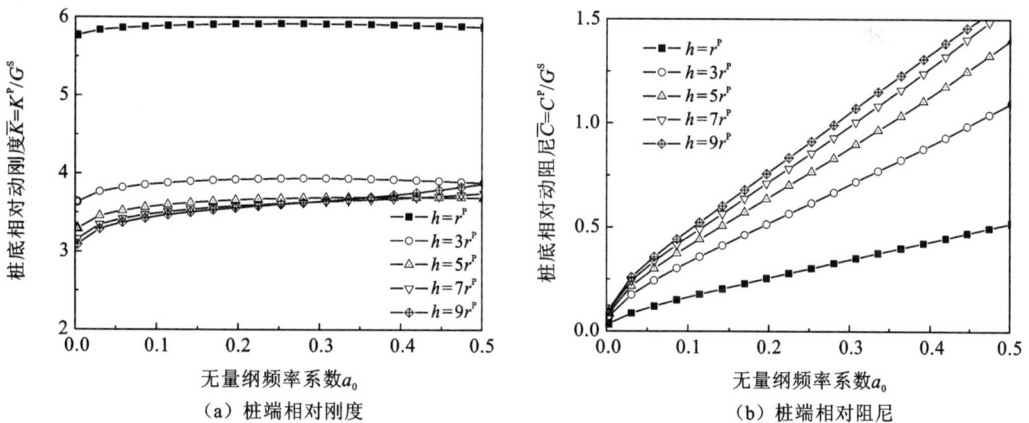

（a）桩端相对刚度　　　　　　　　（b）桩端相对阻尼

图 7.30　虚土桩长度对桩端复刚度的影响

图 7.30(a) 为虚土桩长度对桩端支承刚度的影响曲线,图 7.30(b) 为虚土桩长对桩端阻尼的影响曲线。在低频域段,无论是刚度还是阻尼,h 为 $5r^p$,$5r^p$ 和 $7r^p$ 的曲线相差很小,这说明桩端土层厚度超过 $5r^p$ 后,厚度的增加对桩端复刚度的影响近似可以忽略。由此可见如果桩端到基岩间的土层厚度很大,当运用虚土桩模型计算桩体振动响应时,只模拟桩端浅层的土体即可。

1. 不同桩体长径比下桩端土对桩体动力响应的影响

桩径(r^p)为 0.50 m,虚土桩长(h)为 $6r^p$,桩体长径比分五种工况进行讨论。

从图 7.31 可以看出,在 B-T 模型下,桩端支承复刚度关于桩身长径比的收敛性也很高。相同荷载频率下长径比增加,桩端支承刚度和阻尼都会有所提高,并迅速达到稳定。

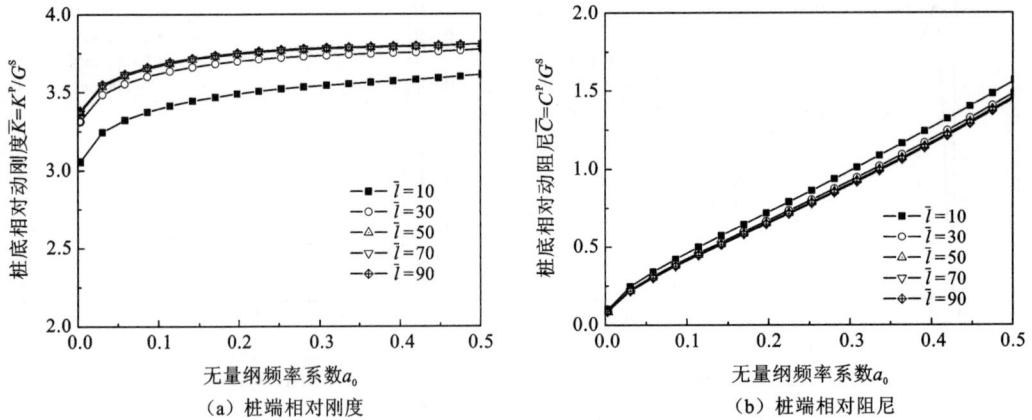

图 7.31　长径比对桩端复刚度的影响

图 7.32 显示桩顶的复刚度与 B-B 模型下的响应规律类似。当长径比($\bar{l}$)≥50 时,桩顶复刚度的变化不再明显。

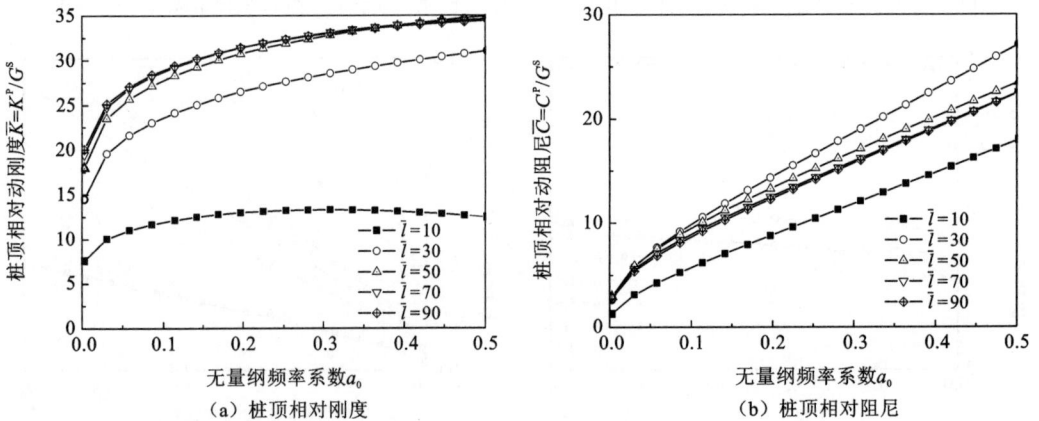

图 7.32　长径比对桩顶复刚度的影响

桩顶时域响应图与 B-B 模型下的响应也类似(图 7.33)。

比较 B-T 模型和 B-B 模型下长径比对桩体动力响应的影响,发现 B-T 模型下计算得到的桩端刚度和桩端阻尼比 B-B 模型下得到的相应数值小,而桩顶的频域响应和时域响应却差别不大。

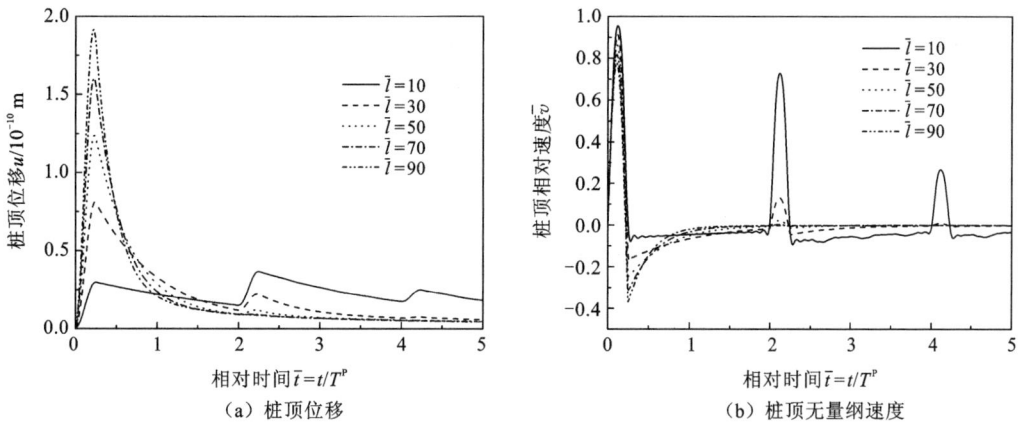

图 7.33　长径比对桩顶时域响应的影响

2. 不同桩径下桩端土对桩体动力响应的影响

分桩身半径(r^p)为 0.25 m 和 0.50 m 两种情况计算桩体的动力响应。桩长(l)取为 10 m,虚土桩深度(h)取为 2 m。

图 7.34 表示 B-T 模型下桩身半径对桩端支承复刚度的影响。与 B-B 模型(图 7.18)相比,两种模型都显示桩径越大,桩端支承刚度也越大,但两种模型在计算桩端阻尼时有所差异,B-T 模型下阻尼与桩身半径成正比,而 B-B 模型下结论相反。除了长径比较大的桩体,其桩顶的刚度和阻尼的变化规律不同外,基本上刚度大阻尼也较大(图 7.35)。这说明 B-T 模型计算更加合理。

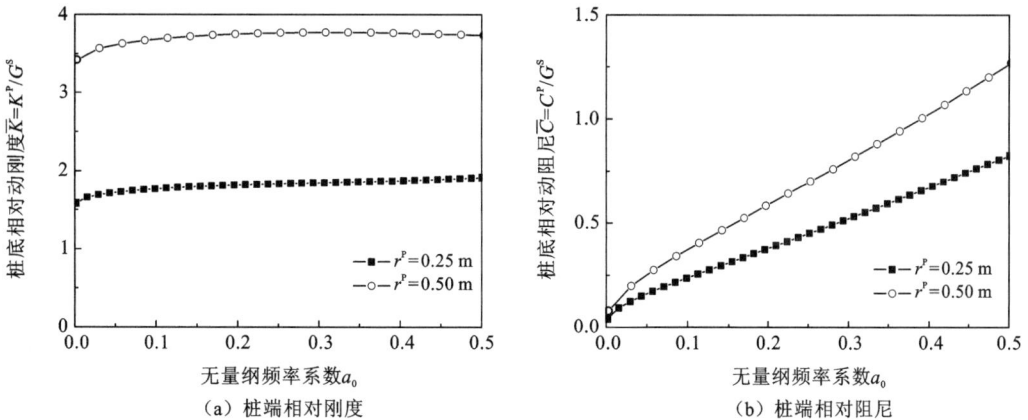

图 7.34　桩体半径对桩端复刚度的影响

图 7.36 与 7.5.1 节第 2 小节的内容比较,差异很小,区别主要体现在速度时域曲线的反射信号部分。在 7.5.1 节第 2 小节的 B-B 模型中,半径为 0.50 m 的桩体,可以观察到基岩面上的反射信号,而在本节的 B-T 模型中则不会出现基岩面的反射信号。

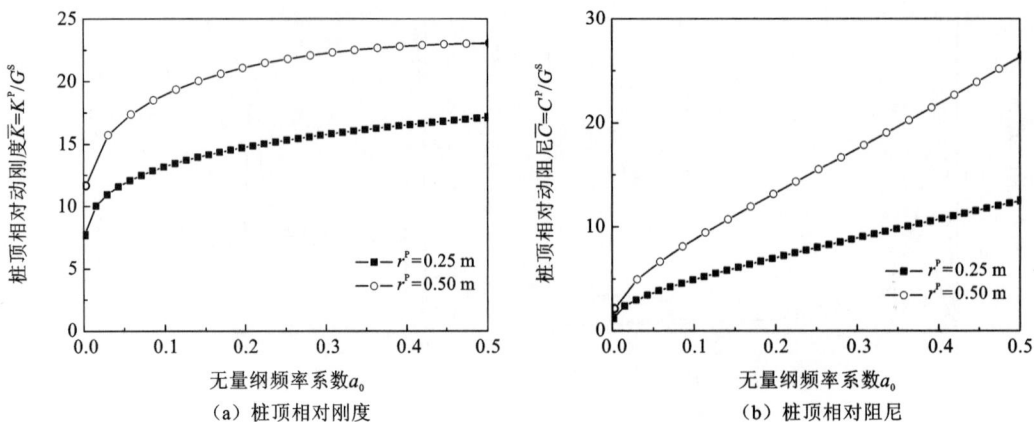

（a）桩顶相对刚度　　　　　　　　　　（b）桩顶相对阻尼

图 7.35　桩体半径对桩顶复刚度的影响

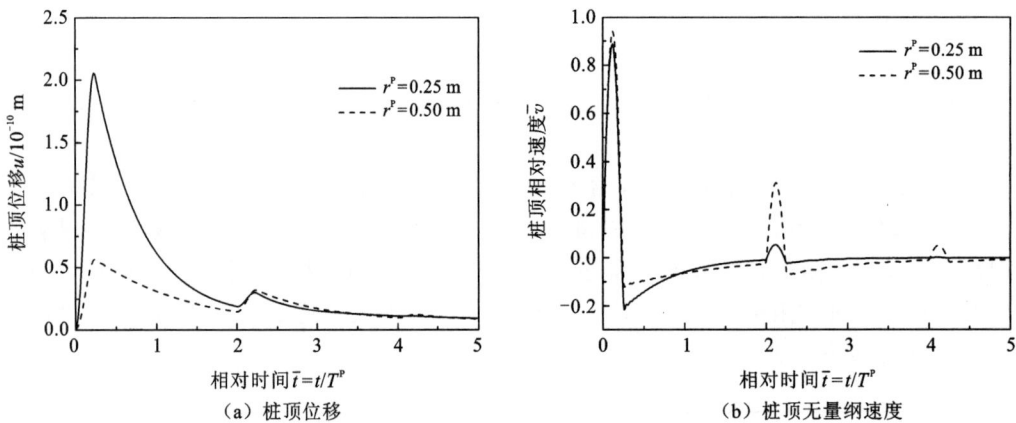

（a）桩顶位移　　　　　　　　　　　（b）桩顶无量纲速度

图 7.36　桩体半径对桩顶时域响应的影响

3. 不同土体剪切波速下桩端土对桩体动力响应的影响

根据 7.5.1 节的计算结果，可以认为桩端土体的泊松比和密度，对桩身的动力响应的影响较小，在此主要讨论土体剪切波速在桩体振动中的作用。仍然将桩端土的剪切波速（V^s）取为 100 m/s，200 m/s 和 500 m/s 三种情况进行分析。

从图 7.37 可以看出桩端土的剪切波速对桩端支承复刚度影响很大，随着剪切波速的提高，桩端复刚度将成倍增加，这一结论与 B-B 模型的计算结果相同。

图 7.38 与图 7.28 的比较显示，两种模型下，桩端土剪切波速对桩顶复刚度的影响规律是一致的，B-B 模型计算的结果稍微偏大。

图 7.39 与图 7.29 的比较显示，两种不同模型下，桩端土剪切波速对桩顶时域响应的影响规律相同，差异仍然在于速度时域响应曲线的反射信号部分，B-B 模型下会出现基岩面的反射信号，B-T 模型下则不会出现。

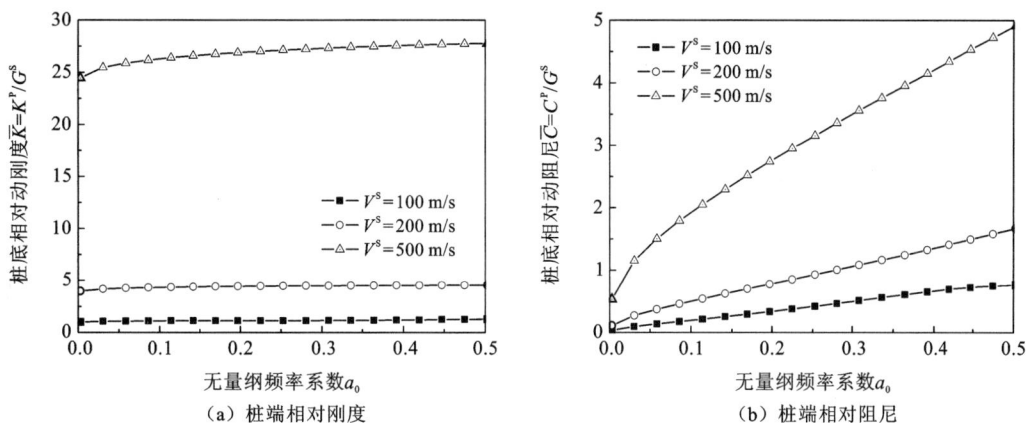
（a）桩端相对刚度　　　（b）桩端相对阻尼

图 7.37　桩端土剪切波速对桩端复刚度的影响

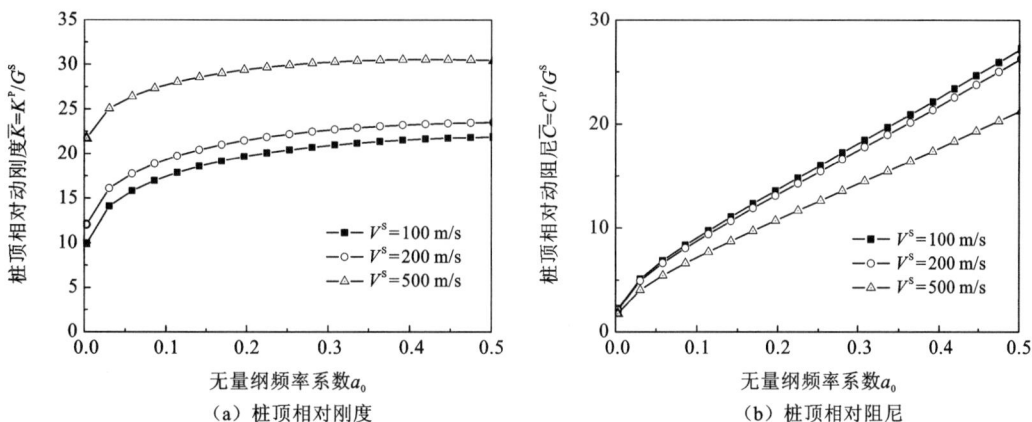
（a）桩顶相对刚度　　　（b）桩顶相对阻尼

图 7.38　桩端土剪切波速对桩顶复刚度的影响

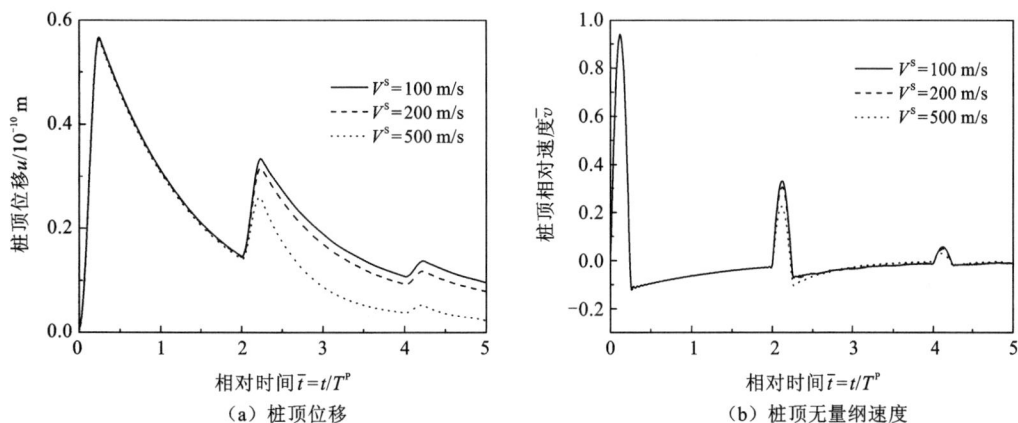
（a）桩顶位移　　　（b）桩顶无量纲速度

图 7.39　桩端土体剪切波速对桩顶时域响应的影响

7.6　基于平面应变的各类虚土桩模型对比分析

本节将应用不同的虚土桩模型对如图 7.40 所示的两种类型的单桩进行分析,从而比较不同模型间的差异。图中桩体类型分为两种,图 7.40(a) 表示端承桩,图 7.40(b) 表示摩擦桩。两种桩型的半径(r^p) 为 0.50 m,桩长(l) 为 10 m。排除土层的影响,假设土体为均质土体,土体参数和桩身材料参数见表 7.1。

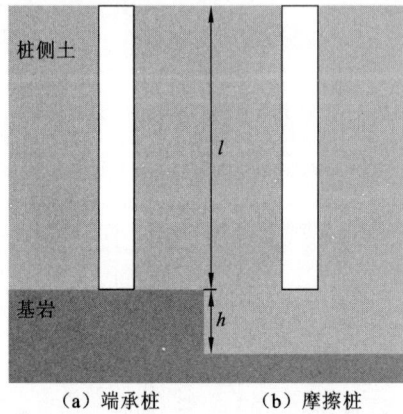

图 7.40　两种类型桩体示意图

表 7.1　桩身和土体的性质

材料	密度(ρ)/(kg/m³)	泊松比(ν)	纵波波速(V^p)/(m/s)	剪切波速(V^s)/(m/s)
桩体	2 300	0.20	3 790	—
土体	1 924	0.25	—	180

桩身材料模量和土体模量可按照以下三个式子进行计算:

$$E = \rho \, (V^p)^2 \tag{7.32}$$

$$G = \rho \, (V^s)^2 \tag{7.33}$$

$$E = 2G(1 + \nu) \tag{7.34}$$

Novak 等[2,3] 提出了一种计算单桩桩顶复刚度的公式,如下所示:

$$\begin{cases} K^p = K' \text{Re}[-\Lambda C(\Lambda)] \\ C^p = K' \text{Im}[-\Lambda C(\Lambda)] \end{cases} \tag{7.35}$$

$$\begin{cases} K^p = K' \text{Re}(\Lambda \cot \Lambda) \\ C^p = K' \text{Im}(\Lambda \cot \Lambda) \end{cases} \tag{7.36}$$

式中: $\Lambda = l \sqrt{\left(\dfrac{\omega}{V^p}\right)^2 - \dfrac{G^s}{E^p A^p}(S_{w1} + S_{w2}\text{j})}$; $C(\Lambda) = \dfrac{K'\Lambda \sin\Lambda - (C_{w1} + C_{w2}\text{j})\cos\Lambda}{K'\Lambda \cos\Lambda + (C_{w1} + C_{w2}\text{j})\sin\Lambda}$; $K' = $

$\dfrac{E^{p}A^{p}}{G^{s}r^{p}l}$；$S_{w1}$ 和 S_{w2} 为桩侧土的刚度和阻尼系数；C_{w1} 和 C_{w2} 分别为桩端土的刚度和阻尼系数。

式(7.35)用于计算摩擦桩桩顶的复刚度，式(7.36)用于计算端承桩桩顶的复刚度。Novak 认为当桩端土层厚度大于 $5r^{p}$ 时，可以用统一的式子来表示桩端的复刚度，即 $C_{w1}+C_{w2}j$。因此本节假定摩擦桩桩端土厚度(h)为 $6r^{p}$。

7.6.1　摩擦桩桩体复刚度响应分析

图 7.41 为不同虚土桩模型下，摩擦桩桩端的支承复刚度。图中，B-B 和 B-T 表示泡形虚土桩的两种不同算法，T 表示锥形虚土桩，扩散角取最大值 30°，C 表示柱形虚土桩。从图中可以看出，C 模型下得到的桩端刚度小于 Novak 建议的数值，T 和 B-T 模型下得到的桩端刚度曲率类似，数值上略微大于 Novak 的建议值，B-B 模型的结果是最大的，与其他模型得到的结果相差较大。阻尼图中，B-T 模型得到的数值与 Novak 的建议值差异最小，且两条曲线的斜率最为接近，C 模型和 T 模型下的桩端阻尼比较接近，稍大于 B-T 模型和 Novak 的建议值，同样 B-B 模型得到的结果最大，与其他模型相差也较大。

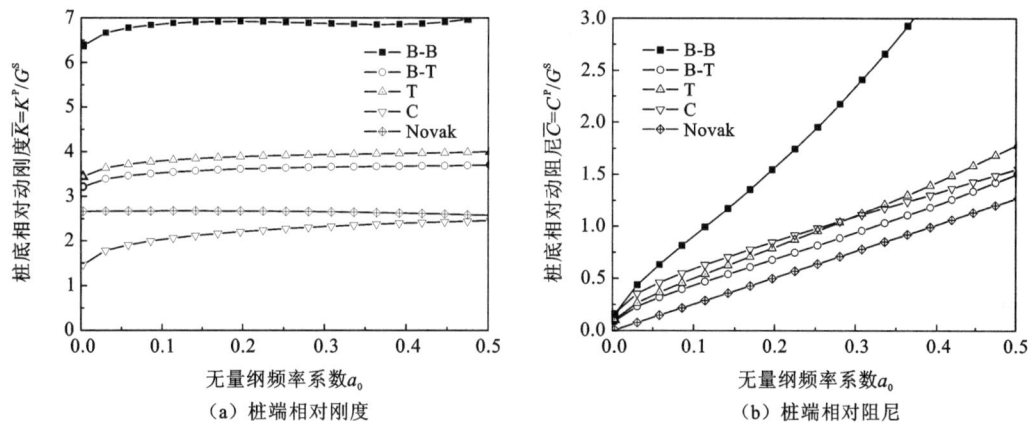

图 7.41　不同模型下摩擦桩桩端的复刚度

图 7.42 为摩擦桩桩顶的复刚度。从图 7.42(a)可以看出，C 模型与 Novak 建议的数值最为吻合，B-T 模型和 T 模型的计算结果较为接近，在数值上略微大于 Novak 的建议值，B-B 模型得到的结果最大。阻尼图中，五条曲线都非常接近，表明不同模型对桩顶阻尼的影响较小。

7.6.2　端承桩桩顶动力响应分析

用虚土桩模型模拟端承桩是通过改变虚土桩的长度实现的，此时 h 的取值相对很小。当 h 很小时，各种虚土桩模型的计算结果都是一致的，因此只采用 B-T 模型来分析端承桩的桩顶复刚度，将 h 分别为 1.0×10^{-1} m，1.0×10^{-2} m，1.0×10^{-3} m 和 1.0×10^{-4} m 的四

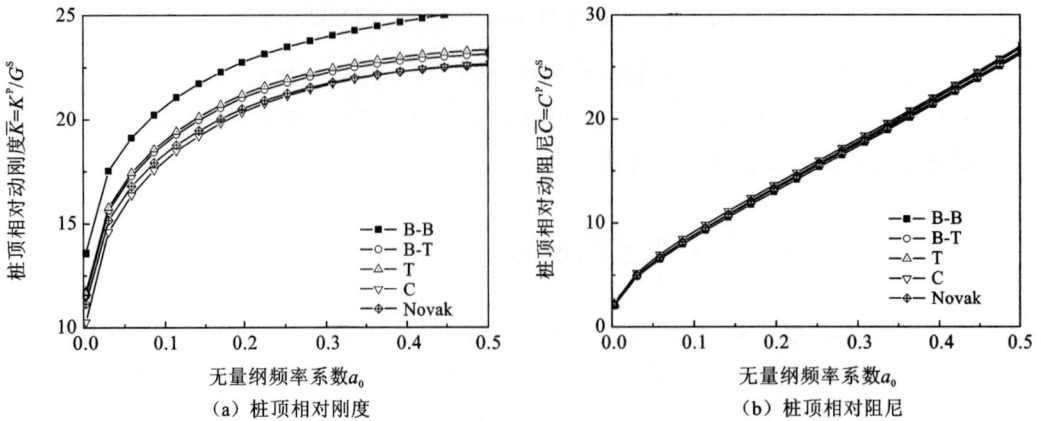

图 7.42　不同模型下摩擦桩桩顶的复刚度

种情况与 Novak 的式(7.36)计算值进行比较。

　　图 7.43 显示随着 h 的减小,桩顶刚度和阻尼的计算值都会迅速地向 Novak 建议公式的计算值靠近,这说明虚土桩模型完全可以用来模拟端承桩。h 越小,桩顶的刚度越大,阻尼越小,桩体的动力响应越接近端承桩的响应。

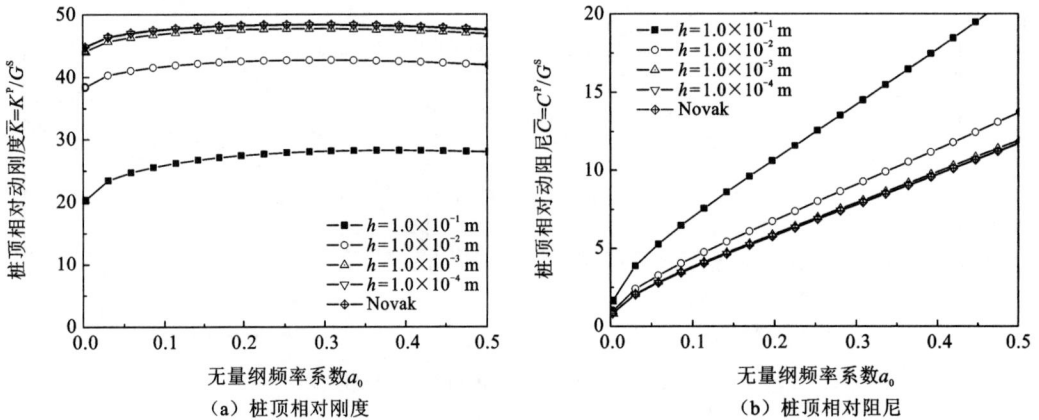

图 7.43　虚土桩模型下端承桩桩顶的复刚度

　　图 7.44 为随 h 减小桩顶位移和速度的时域响应变化。通过桩顶的速度时域曲线可以看出,当 $h=0.1$ m 时,桩端的反射信号与初始信号同相,表现出摩擦桩的性状,当 $h=0.01$ m 时,桩端的反射信号表现出桩体从摩擦向端承过渡的状态,当 $h>0.01$ m 时,桩体已经完全表现为端承桩的性状。从图 7.44(a) 可以看出端承桩和摩擦桩桩顶位移响应不同,对于摩擦桩,桩端反射应力波使桩顶的位移同相叠加;对于端承桩,桩端反射应力波使桩顶的位移反相叠加,从而使端承桩桩顶的振动位移更快地衰减。

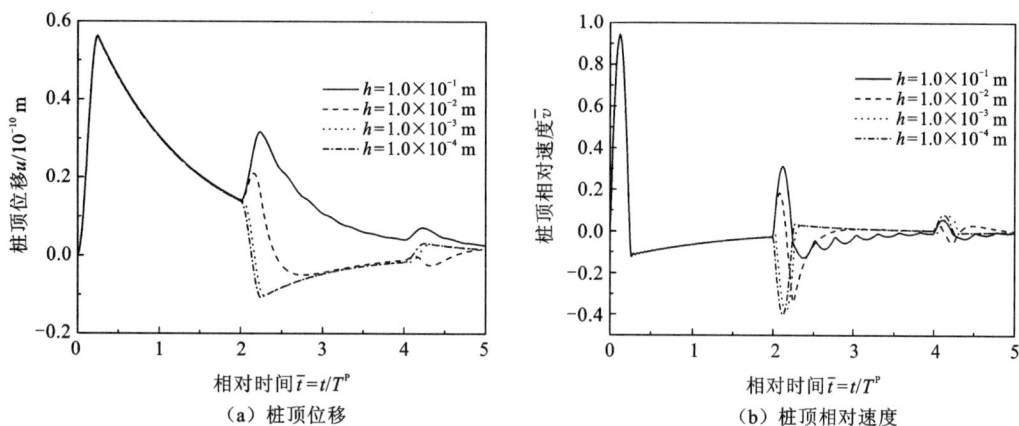

（a）桩顶位移　　　　（b）桩顶相对速度

图 7.44　虚土桩模型下端承桩桩顶位移与速度的时域响应

7.7　工程实例分析

　　本节中将利用柱形虚土桩模型对桩端存在沉渣的工程实例进行验证。该工程位于杭州市钱塘江北侧。设计桩型为钻孔灌注桩，以中风化的砂岩为持力层。桩体半径为 0.4 m，桩长为 10.3 m，按照设计要求，有 1.2 m 进入持力层，桩端沉渣小于 5 cm，桩体密度为 2 400 kg/m³，桩身纵波波速为 3 800 m/s。监测桩体所在区域的地层剖面如图 7.45 所示，具体土层参数见表 7.2。

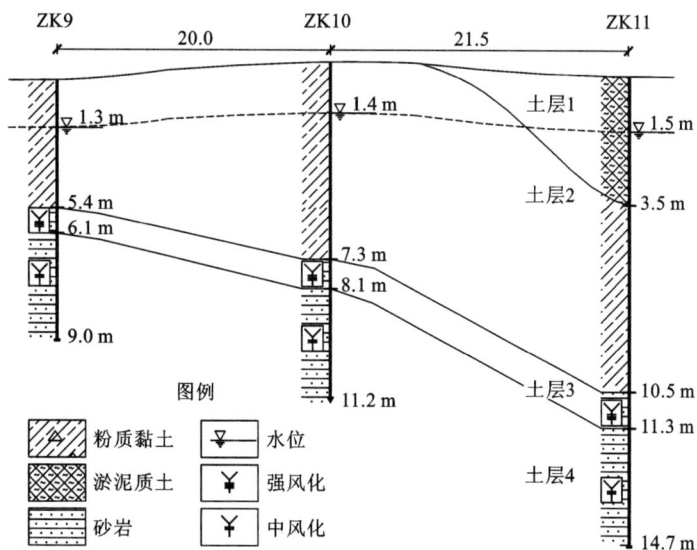

图 7.45　土层剖面分布图

表 7.2　土层参数

土层编号	厚度 (h)/m	自然重度 (γ)/(kN·m⁻³)	剪切模量 (G)/MPa	泊松比 (ν)	黏聚力 (c)/kPa	内摩擦角 (φ)/(°)
1	3.5	13.5	9.4	0.45	11.9	11.8
2	7.0	19.4	44.7	0.40	17.4	23.3
3	0.8	19.8	96.0	0.30	53.7	25.7
4	>3.4	22.5	230.0	0.30	57.4	25.4

　　图 7.46 中实测曲线在桩端位置的反射波信号与入射波信号反向,据此可以判断桩端处的刚度很大,桩体与岩层接触良好。假定沉渣厚度 $h \to 0$,应用虚土桩模型得到拟合曲线,从拟合曲线的桩端反射信号可以看出拟合结果非常接近,证明实际桩体底部清孔干净,几乎没有沉渣存在。

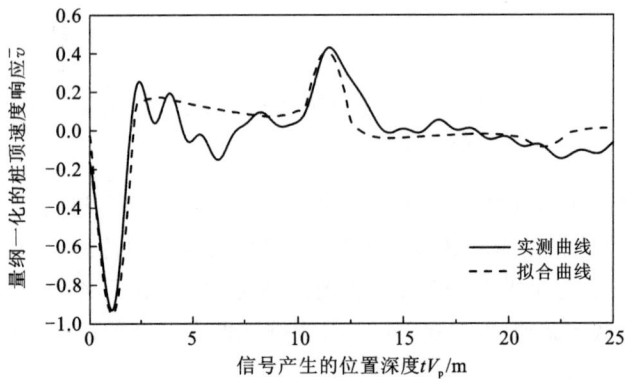

图 7.46　无沉渣端承桩桩顶速度响应拟合曲线

　　图 7.47 中实测曲线在桩端位置的反射波信号与入射波信号同向,符合弹性支承的特点,说明桩端刚度不够大。假定四种工况(h 分别为 5 cm,10 cm,20 cm 和 40 cm),对其进行拟合。从拟合曲线的桩端反射峰值大小和位置,可以判断桩端沉渣厚度大约为 20 cm。

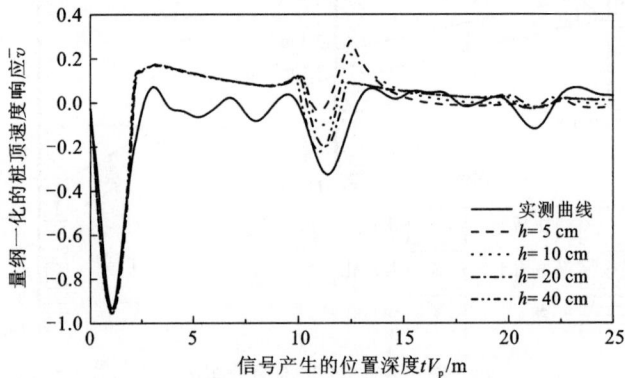

图 7.47　有沉渣端承桩桩顶速度响应拟合曲线

从以上的拟合计算来看,虚土桩模型可以定性地判断端承桩桩端是否存在沉渣的问题,较为精确地反映沉渣的厚度。

为了进一步确定桩端沉渣对端承桩桩顶复刚度的影响规律,下面将对沉渣厚度进行细化讨论,所用的桩体和土体参数与工程实例中的数据相同。

引入以下无量纲参数,用来表示沉渣引起的复刚度变化:

$$\begin{cases} \varepsilon_K = \dfrac{K - K_B}{K_B} \times 100\% \\ \varepsilon_C = \dfrac{C - C_B}{C_B} \times 100\% \end{cases} \tag{7.37}$$

式中:K 和 C 为存在沉渣时桩顶的复刚度;K_B 和 C_B 为无沉渣时端承桩桩顶的刚度和阻尼;ε_K 和 ε_C 的正负分别表示提高和降低。

如图 7.48 所示,对 h 分别为 1 cm,2 cm,5 cm,10 cm,20 cm 和 40 cm 六种工况下的桩顶复刚度变化进行了频域分析。从图中可以看出所有的 ε_K 都为负值,ε_C 为正值,表明沉渣的存在首先会降低端承桩桩顶刚度,提高阻尼。图 7.48(a) 表明,当桩端沉渣为 $1 \sim 2$ cm 时,桩顶刚度会降低 5% ~ 8%,当 h 为 5 ~ 10 cm 时,ε_K 为 -22% ~ -15%,当沉渣 20 cm 时,刚度会降低 30%。图 7.48(b) 表明,沉渣对桩顶阻尼的影响要大于对刚度的影响。当 $h = 5$ cm 时,阻尼已经增大约 30%,当沉渣达到 20 cm 厚时,阻尼增大约 80%。

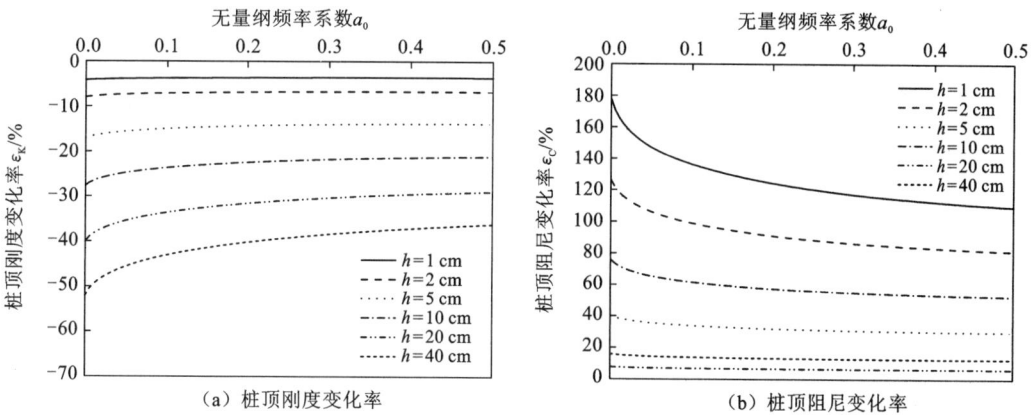

图 7.48 桩端沉渣对端承桩桩顶复刚度的影响

7.8 本章小结

本章以地基土中 Mindlin 附加应力解为基础,确定了两种虚土桩的形式,分别称为 B-B 模型和 B-T 模型,在此基础上对均质地基中桩-土纵向振动问题进行了研究。得到了不同条件下桩体的动力响应,包括桩端、桩顶复刚度的频域解,以及某一任意激振力下桩顶位移和速度的时域解。并对比了 B-B 模型、B-T 模型及其他虚土桩模型间的异同。通过分析讨论得到以下结论:

（1）对于 B-B 模型，桩体的长径比越大，相同附加应力分布线下，虚土桩边界线的范围越小。对于 B-T 模型，桩体的长径比越大，虚土桩边界线与深度的变化基本呈线性关系且倾斜角度在 33.5°～37.6° 的范围内，长径比较小时，可能出现二次或三次线型。

桩体长径比越大，桩端刚度相对越小，长径比达到一定数值后对桩端刚度的影响不再增加。长径比对桩端阻尼的影响很小。桩体长径比越大，桩顶刚度也越大，表明桩身越长，摩阻力越大，从而使桩顶刚度越大。桩身存在临界长径比的问题，在动荷载的情况下，桩不宜设置过长，过长的桩只会增加工程造价。桩顶阻尼随桩身长径比的增大，存在先增大后减小的趋势。

桩体长径比越大，桩顶位移会更快地减小为零。对于长径比很小的桩，位移衰减较慢，桩端的二次反射应力可引起桩顶位移的叠加，甚至可使位移大于初始位移，因此对于短桩的动力设计应该考虑桩端的二次反射应力。

桩体长径比越大，桩端的反射信号越弱。因此应用反射波法对桩身做完整性检测时，对于长径比大的桩，应适当加大测试荷载。

（2）对于 B-B 模型，桩体半径越大，相同附加应力分布线的影响深度越深。对于 B-T 模型，桩体半径对虚土桩边界线的影响差别较小。

桩径大，桩身的刚度大，桩端阻尼偏小，桩顶阻尼偏大。因此，加大桩体半径，有助于提高桩顶抗动荷载的能力。桩径大，相同荷载下桩顶的位移小，速度波信号强。桩径的大小，对手桩端反射应力引起的桩顶位移影响很小，对于桩身能量的消散影响大。桩径越小，能量越容易通过桩身传播到土体中。

（3）无论是 B-B 模型还是 B-T 模型，土体的泊松比对虚土桩边界线的影响可以忽略。桩端土体的泊松比对于桩端的动刚度略有影响，泊松比大，桩端的动刚度相应较大。桩端土的泊松比对桩端阻尼、桩顶复刚度、位移及速度响应几乎没有影响。

（4）在相同的荷载频率下，桩端刚度和阻尼与桩端土密度大约成正比，土体密度越大，桩端刚度和阻尼也越大。桩端土体的密度对桩顶的刚度、阻尼、位移和速度响应影响很小。桩端土体密度较大时，会略微提高桩顶位移的衰减速度。

（5）桩端土体的剪切波速是决定桩端复刚度的重要因素。桩端土体的剪切波速提高，桩端支承刚度和阻尼会成倍提高。桩顶刚度也随土体剪切波速的增大而增大，但提高速率没有桩端刚度明显，大约与桩端土体剪切波速成正比，桩顶阻尼与桩端土体剪切波速成反比。

桩端土体剪切波速对反射应力引起的桩顶位移影响很大，桩端土剪切波速越大，桩端二次反射引起的桩顶位移明显越小，表明桩端土体承载力越好，桩顶抗动力特性越佳。桩端土剪切波速越大，桩端反射信号越小，表明桩端土质越好，越容易吸收桩身中的能量。

（6）通过与 Novak 的建议公式比较，综合考虑桩体复刚度的数值和斜率等参数，发现 B-T 模型与 Novak 的建议更加吻合，C 模型得到的桩体刚度最小，B-B 模型与其他模型得到的结果相差最大，本书建议使用 B-T 模型。虚土桩模型完全可以用来模拟端承桩，虚土桩长（h）为 0.01 m 时，桩体表现出从摩擦向端承过渡的状态，h 继续减小，桩体表现为端承桩的性状。

对于摩擦桩，桩端反射应力波使桩顶的位移同相叠加；对于端承桩，桩端反射应力波使桩顶的位移反相叠加,从而使端承桩桩顶的振动位移更快地减弱。

（7）通过对工程端承桩反射波信号的拟合,发现虚土桩模型不仅能够定性地判断桩端是否存在沉渣,并可通过反演估算沉渣的厚度。对不同沉渣厚度下的桩顶刚度和阻尼进行分析,发现沉渣厚度为 5 cm 时,桩顶刚度会下降 15% 左右,由此可见,对于端承桩应该严格控制桩端沉渣。

第8章 基于虚土桩法的静钻根植桩纵向振动理论

8.1 引 言

目前国内最为常用的混凝土桩成桩方式可分为两大类,即钻孔灌注桩和预制混凝土桩。两种成桩方式各有利弊。钻孔灌注桩可以应用于大直径的超长桩工程中,这是预制混凝土桩所做不到的。在施工顺利的情况下,钻孔灌注桩可形成较为连续且完整的桩身,省去了预制混凝土桩的焊接过程。但钻孔灌注桩在施工时需要采用泥浆护壁,施工过程中会产生大量的泥浆,这些泥浆如处理不当将对环境造成很大污染,泥浆处理大大提高了钻孔灌注桩的成本。同时钻孔灌注桩易出现塌孔问题,浇筑时易夹杂泥皮,从而降低桩身承载力,桩端沉渣清理不净也将影响桩体承载力。传统的预制混凝土桩施工快,桩身质量好。但对于多级预制混凝土管桩,其焊接位置质量不易保证,其沉桩方式会产生较大噪声污染,从而限制了它的使用范围。此外,预制混凝土管桩沉桩过程中存在挤土效应,容易对邻近建筑物的地基造成破坏。

针对以上两种桩型的施工缺点,2010 年我国从日本引进了一种新桩型及其施工工法,称为静钻根植桩。静钻根植桩是一种预制桩,桩身全部或者部分呈竹节状,通过单轴螺旋钻机按照设计桩深进行搅拌钻孔,桩端部进行扩孔。成孔过程中,注入部分水泥浆体,与孔内泥浆均匀拌和,最后依靠桩身自重将桩体送入钻孔中。随着桩侧水泥浆的硬化,桩身的竹节通过与水泥土咬合提高桩侧摩阻力。对于多节桩体,其先在预埋孔中焊接完成,最后整体吊装送桩,对焊缝的保护较传统的预应力混凝土管桩要好。

目前,对于静钻根植桩的理论研究较少,大多集中于该类桩型的承载力及桩侧水泥土的硬化方面[182-184],很少涉及桩体的动力特性分析。本章将重点对静钻根植桩在动力荷载下的响应特性进行研究分析。

8.2 径向非均质理论下的桩土纵向振动问题

8.2.1 数学模型

静钻根植桩的施工工艺使桩侧存在一定厚度的水泥土混合浆体,硬化后,其强度与周围的土体存在较大差异,这种差异符合径向土体非均质的理论模型。因此根据静钻根植桩的桩型特点,采用如图 8.1 所示的桩土共同作用的计算模型。根据桩侧土(包含水泥土)径向的不均匀性将土体径向划分为 m 个单元,最外侧的土体单元为无限单元,其编号为 0。根据土体的竖向分层及桩节的变化,将桩侧土竖向划分为 k 个层状单元,虚土桩端部的第一个单元标记为 1 号单元。

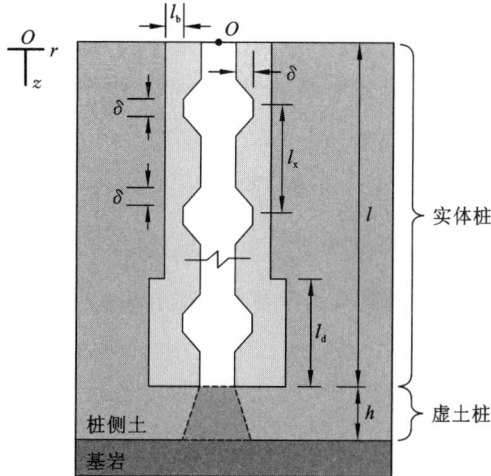

图 8.1　桩土体系的计算模型

l 为桩身的长度;h 为虚土桩部分的长度;l_x 为每个竹节的长度;l_d 为桩端扩径高度;
l_b 为桩侧水泥土的厚度;δ 为竹节突起的高度和厚度

基本假定如下:

(1) 桩体为单桩振动问题,桩侧土体无限远,无限远处土体竖向位移为零。

(2) 土体上表面自由,无正应力和剪应力,虚土桩端部为刚性边界。

(3) 桩土体系振动类型为小变形,桩土接触面不会发生剪切破坏,桩(虚土桩)与桩侧土位移、应力连续。

(4) 独立的土层为均质各向同性材料,不同土层的材料性质可以不同,包括径向和竖向。

(5) 桩体为一维均质杆件,横截面为圆形或者环形,相邻的桩体单元之间位移、应力连续。

(6) 桩侧水泥土分布均匀,无渗透。

8.2.2　土体纵向振动方程建立及求解

假设竖向第 n 层土层单元,其在径向方向上存在 m 个单元,这些单元都符合平面应变模型,则其中第 i 个单元在竖直方向上将满足以下微分方程:

$$\hat{r}_i^2 \frac{d^2 u_i^s(\hat{r}_i)}{d\hat{r}_i^2} + \hat{r}_i \frac{du_i^s(\hat{r}_i)}{d\hat{r}_i} - s_i^2 \hat{r}_i^2 u_i^s(\hat{r}_i) = 0 \tag{8.1}$$

式中:u_i^s 为土体单元的竖向位移;$\hat{r}_i = \dfrac{r}{r_n^p}$,$r_n^p$ 为第 n 层土体单元对应的桩体半径;$s_i =$

$\dfrac{r_n^{\mathrm{p}}\omega\mathrm{j}}{V_i^{\mathrm{s}}\sqrt{1+\beta_i^{\mathrm{s}}\mathrm{j}}}$，$\omega$ 为荷载角频率，j 为虚数单位，V_i^{s} 为第 i 个土体单元的剪切波速，β_i^{s} 为第 i 个土体单元的黏滞系数。

方程式（8.1）符合修正 Bessel 函数的形式，土体竖向位移关于 r 的解可表示为如下形式：

$$u_i^{\mathrm{s}} = A_i K_0(s_i\hat{r}_i) + B_i I_0(s_i\hat{r}_i) \tag{8.2}$$

式中：$I_0(\cdot)$ 和 $K_0(\cdot)$ 分别为零阶第一类和第二类虚宗量 Bessel 函数；A_i 和 B_i 为待定系数，由单元的边界接触条件决定。

根据竖向剪切应力的定义，可以得到土体单元中任意位置处的竖向剪应力：

$$\tau_i^{\mathrm{s}} = -\frac{G_i^{\mathrm{s}^*} s_i}{r_n^{\mathrm{p}}}[A_i K_1(s_i\hat{r}_i) - B_i I_1(s_i\hat{r}_i)] \tag{8.3}$$

式中：$G_i^{\mathrm{s}^*} = G_i^{\mathrm{s}}(1+\beta_i^{\mathrm{s}}j)$，$G_i^{\mathrm{s}}$ 为第 i 个土体单元的剪切模量；$I_1(\cdot)$ 和 $K_1(\cdot)$ 分别为一阶第一类和第二类虚宗量 Bessel 函数。

将土体单元的竖向位移和剪切应力两个状态量组合在一起，用矩阵表示如下：

$$\begin{pmatrix} u_i^{\mathrm{s}} \\ \tau_i^{\mathrm{s}} \end{pmatrix} = \boldsymbol{M}_i \begin{pmatrix} A_i \\ B_i \end{pmatrix} \tag{8.4}$$

式中：$\boldsymbol{M}_i = \begin{pmatrix} K_0(s_i\hat{r}_i) & I_0(s_i\hat{r}_i) \\ -\dfrac{G_{si}^* s_i}{r_n^{\mathrm{p}}}K_1(s_i\hat{r}_i) & \dfrac{G_{si}^* s_i}{r_n^{\mathrm{p}}}I_1(s_i\hat{r}_i) \end{pmatrix}$ 为一个 2×2 的矩阵。

通过矩阵变换可以得到用状态量表示待定系数的矩阵方程式：

$$\begin{pmatrix} A_i \\ B_i \end{pmatrix} = \boldsymbol{M}_i^{-1} \begin{pmatrix} u_i^{\mathrm{s}} \\ \tau_i^{\mathrm{s}} \end{pmatrix} \tag{8.5}$$

式中：$\boldsymbol{M}_i^{-1}$ 为 $\boldsymbol{M}_i$ 的逆矩阵。

如图 8.2 所示，每个土体单元在径向方向上存在两组状态参量，对第一组状态参量应用式（8.5），第二组状态参量应用式（8.4），然后将两者结合，可以得到两组状态参量的关系式：

$$\begin{pmatrix} u_{i,2}^{\mathrm{s}} \\ \tau_{i,2}^{\mathrm{s}} \end{pmatrix} = \boldsymbol{M}_{i,2}\,\boldsymbol{M}_{i,1}^{-1} \begin{pmatrix} u_{i,1}^{\mathrm{s}} \\ \tau_{i,1}^{\mathrm{s}} \end{pmatrix} \tag{8.6}$$

式中：$\boldsymbol{M}_{i,1}^{-1}$ 和 $\boldsymbol{M}_{i,2}$ 分别为单元两个面处的参数矩阵。

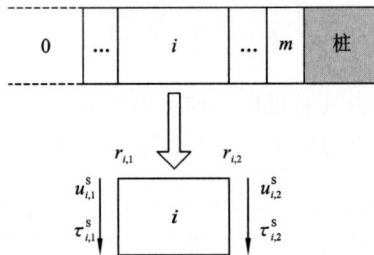

图 8.2　土体径向单元示例

根据单元之间的位移和应力连续条件,便可得到桩侧土体的两个状态参量:

$$\begin{pmatrix} u_{m,2}^{s} \\ \tau_{m,2}^{s} \end{pmatrix} = \boldsymbol{M} \begin{pmatrix} u_{1,1}^{s} \\ \tau_{1,1}^{s} \end{pmatrix} \tag{8.7}$$

式中:$\boldsymbol{M} = \boldsymbol{M}_{m,2}\,\boldsymbol{M}_{m,1}^{-1}\cdots\boldsymbol{M}_{i,2}\,\boldsymbol{M}_{i,1}^{-1}\cdots\boldsymbol{M}_{1,2}\,\boldsymbol{M}_{1,1}^{-1}$,为一个 2×2 的矩阵。

根据剪切刚度的定义可以得到桩侧土体的竖向剪切刚度,为

$$K^{s} = -2\pi r_{n}^{p} \frac{\boldsymbol{M}_{(2,1)} u_{1,1}^{s} + \boldsymbol{M}_{(2,2)} \tau_{1,1}^{s}}{\boldsymbol{M}_{(1,1)} u_{1,1}^{s} + \boldsymbol{M}_{(1,2)} \tau_{1,1}^{s}} \tag{8.8}$$

式中:$\boldsymbol{M}_{(1,1)}$ 为矩阵 $\boldsymbol{M}$ 的第$(1,1)$个元素。

由于第 0 个单元为径向无限元,当 $r \to \infty$ 时,土体的竖向位移为零,根据这个边界条件,可以得到第 1 个单元第 1 个面上的状态参量之间的关系:

$$\tau_{1,1}^{s} = -\frac{G_{1}^{S^{*}} s_{1} K_{1}(s_{1}\hat{r}_{1,1})}{r_{n}^{p} K_{0}(s_{1}\hat{r}_{1,1})} u_{1,1}^{s} \tag{8.9}$$

将式(8.9)代入式(8.8),便可得到桩侧土体竖向剪切刚度的解析形式:

$$K^{s} = -2\pi r_{n}^{p} \frac{\boldsymbol{M}_{(2,1)} + \boldsymbol{M}_{(2,2)}\,\zeta}{\boldsymbol{M}_{(1,1)} + \boldsymbol{M}_{(1,2)}\,\zeta} \tag{8.10}$$

式中:$\zeta = -\dfrac{G_{1}^{S^{*}} s_{1} K_{1}(s_{1}\hat{r}_{1,1})}{r_{n}^{p} K_{0}(s_{1}\hat{r}_{1,1})}$。

令

$$K^{s} = K_{c}^{s} + C_{c}^{s}\mathrm{j} \tag{8.11}$$

式中:K_{c}^{s} 为桩侧土刚度;C_{c}^{s} 为桩侧土阻尼。

8.2.3　桩纵向振动方程建立及求解

根据基本假定可知桩体振动微分方程符合一维杆件的振动模式,则第 n 个桩体单元的振动微分方程可表示为

$$E_{n}^{p} A_{n}^{p} \frac{\partial^{2} u_{n}^{p}}{\partial z^{2}} - 2\pi r_{n}^{p} \tau_{n}^{p} - \rho_{n}^{p} A_{n}^{p} \frac{\partial^{2} u_{n}^{p}}{\partial t^{2}} = 0 \tag{8.12}$$

式中:u_{n}^{p}、τ_{n}^{p}、E_{n}^{p}、A_{n}^{p}、ρ_{n}^{p} 分别为第 n 个桩体单元的竖向位移、桩侧单位面积摩阻力、桩身弹性模量、桩身横截面积和桩身材料密度。

根据基本假定(3)可知:

$$\tau_{n}^{p} = \tau_{n}^{s}, \quad u_{n}^{p} = u_{n}^{s} \tag{8.13}$$

式中:τ_{n}^{s}、u_{n}^{s} 分别为第 n 个桩体单元桩侧的土体剪应力和土体竖向位移。

将式(8.13)代入式(8.12),并将所得式子两边对时间 t 进行 Laplace 变换,可得到:

$$\frac{\partial^{2} U_{n}^{p}}{\partial z^{2}} - \left(\frac{K_{n}^{s} + \rho_{n}^{p} A_{n}^{p} \xi^{2}}{E_{n}^{p} A_{n}^{p}}\right) U_{n}^{p} = 0 \tag{8.14}$$

式中:$U_{n}^{p} = U_{n}^{p}(z,\xi) = \displaystyle\int_{0}^{+\infty} u_{n}^{p}(z,t)\mathrm{e}^{-\xi t}\,dt$;$\xi = \mathrm{j}\omega$,j 为虚数单位,$\omega$ 为角频率;K_{n}^{s} 为第 n 个桩

体单元侧面的土体剪切刚度。

解式(8.14),可得到桩体单元位移在 Laplace 变换下的解:

$$U_n^p(z,\xi) = C_n e^{\lambda_n z} + D_n e^{-\lambda_n z} \tag{8.15}$$

式中:$\lambda_n = \sqrt{\dfrac{K_n^s + \rho_n^p A_n^p \xi^2}{E_n^p A_n^p}}$;$C_n$ 和 D_n 为待定系数,由桩体单元的边界条件确定。

假设第 n 个桩体单元的桩身截面应力经过 Laplace 变换后为 $Q_n^p(z,\xi)$,则桩身单元的状态参量可表示为如下形式:

$$\begin{pmatrix} U_n^p \\ Q_n^p \end{pmatrix} = \boldsymbol{F}_n \begin{pmatrix} C_n \\ D_n \end{pmatrix} \tag{8.16}$$

式中:$\boldsymbol{F}_n = \begin{pmatrix} 1 & 0 \\ 0 & E_n^p A_n^p \lambda_n \end{pmatrix} \begin{pmatrix} e^{\lambda_n z} & e^{-\lambda_n z} \\ e^{\lambda_n z} & -e^{-\lambda_n z} \end{pmatrix}$,为一个二阶矩阵。

进一步,可得到桩顶单元与桩端单元状态参量的关系式:

$$\begin{pmatrix} U_{k,2}^p \\ Q_{k,2}^p \end{pmatrix} = \boldsymbol{F} \begin{pmatrix} U_{1,1}^p \\ Q_{1,1}^p \end{pmatrix} \tag{8.17}$$

式中:$\boldsymbol{F} = \boldsymbol{F}_{k,2} \boldsymbol{F}_{k,1}^{-1} \cdots \boldsymbol{F}_{n,2} \boldsymbol{F}_{n,1}^{-1} \cdots \boldsymbol{F}_{1,2} \boldsymbol{F}_{1,1}^{-1}$,为一个二阶矩阵。

假设桩端位移和桩端反力满足以下关系:

$$U_{1,1}^p = \frac{Q_{1,1}^p}{Z_0} \tag{8.18}$$

式中:Z_0 为桩端位移阻抗。

将上式代入式(8.17),便可得到桩体各种响应在频域里的解析解,表达式如下:

$$Z^p = \frac{\boldsymbol{F}_{(2,1)} + Z_0 \boldsymbol{F}_{(2,2)}}{\boldsymbol{F}_{(1,1)} + Z_0 \boldsymbol{F}_{(1,2)}} \tag{8.19}$$

$$U^p = \frac{\boldsymbol{F}_{(1,1)} + Z_0 \boldsymbol{F}_{(1,2)}}{\boldsymbol{F}_{(2,1)} + Z_0 \boldsymbol{F}_{(2,2)}} Q^p \tag{8.20}$$

$$V^p = \frac{\boldsymbol{F}_{(1,1)} + Z_0 \boldsymbol{F}_{(1,2)}}{\boldsymbol{F}_{(2,1)} + Z_0 \boldsymbol{F}_{(2,2)}} \xi Q^p \tag{8.21}$$

式中:$\boldsymbol{F}_{(1,1)}$ 为矩阵 $\boldsymbol{F}$ 的第 $(1,1)$ 个元素;Q^p、Z^p、U^p 和 V^p 分别为频域里的桩顶荷载、桩顶复刚度、桩顶位移和桩顶速度。

令

$$Z^p = K^p + C^p j \tag{8.22}$$

式中:K^p 和 C^p 分别为桩顶的刚度和阻尼。

令 $Q^p(\xi) = 1$,则 $V^p(\xi)$ 便表示桩顶速度导纳。

假设桩顶的作用荷载为 $q(t)$,则 $Q^p(\xi) = \displaystyle\int_0^{+\infty} q(t) \cdot e^{-\xi t} dt$,桩顶位移和速度的时域响应函数可通过 Laplace 逆变换得到:

$$u = \frac{1}{2\pi j} \int_{-j\infty}^{+j\infty} U^p(\xi) \cdot e^{\xi t} d\xi \tag{8.23}$$

$$v = \frac{1}{2\pi j} \int_{-j\infty}^{+j\infty} V^p(\xi) \cdot e^{\xi t} d\xi \tag{8.24}$$

8.3 静钻根植竹节桩的动力响应特性分析

本节将对影响静钻根植竹节桩动力响应的各个因素进行分析。主要通过比较不同参数下桩体的复刚度、冲击荷载下桩顶位移和桩顶速度响应信号的大小及响应曲线的变化来判别各个因素的重要程度。本节桩型的基本尺寸，如图 8.3 所示，图中 r_n 为桩体内半径，r_w 为桩体外半径，r_x 为桩节处的外半径，r_c 为桩侧搅拌钻孔半径，r_d 为桩端扩大搅拌钻孔半径，l_x 为竹节的长度，l_d 为桩端扩径的高度。本节选用 $D_x \times D_w$ 为 650×500 的桩体，其中 D_x 和 D_w 分别为竹节处的外径和桩身非竹节处的外径，按照标准图集[185]，该种桩型的尺寸参数见表 8.1。桩身长度(l)为 10 m。桩身材料和土体材料的基本属性见表 8.2。

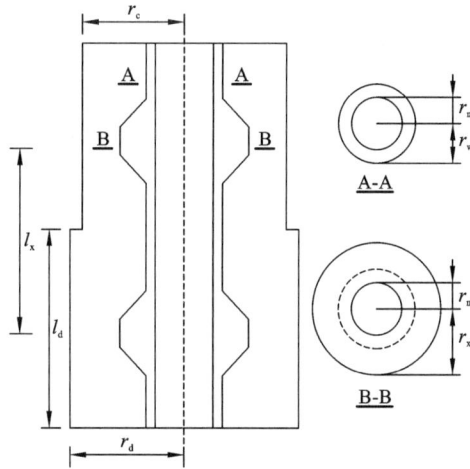

图 8.3 桩型尺寸示意图

表 8.1 静钻根植桩尺寸参数

尺寸	r_n	r_w	r_x	r_c	r_d	l_x	l_d
mm	150	250	325	390	585	1 000	2 340

表 8.2 桩身材料和土体材料属性

材料	密度(ρ)/(kg/m³)	泊松比(ν)	纵波波速(V^p)/(m/s)	剪切波速(V^s)/(m/s)
桩体	2 300	0.25	4 400	—
土体	1 800	0.40	—	100

8.3.1　竹节的影响

静钻根植桩的竹节部分存在两个参量,一个是竹节的长度 l_x,一个是竹节处的外半径 r_x。本小节将对这两个参数对桩体响应的影响分别进行讨论分析。

1. 竹节长度的影响

令 $l_x : l$ 分别为 $0.25:10$,$0.5:10$,$1:10$,$2:10$ 和 $5:10$,假设桩侧土、桩侧水泥浆及扩底处的水泥浆,三者硬化后的剪切波速分别为 $100\ \text{m/s}$,$132\ \text{m/s}$ 和 $200\ \text{m/s}$,为分析讨论的方便,引入无量纲频率系数 $a_0 = \dfrac{Wr^p}{V^s}$。

图 8.4 为竹节桩竹节长度不同时桩顶的复刚度频率响应。从图 8.4(a) 中可以看出,当 $a_0 < 0.3$ 时,竹节长度对桩顶刚度的影响并不大。当 $a_0 \geqslant 0.3$ 时,竹节越短,桩顶刚度响应越小。竹节长度超过 1 m 后,其对桩体刚度的影响减弱。

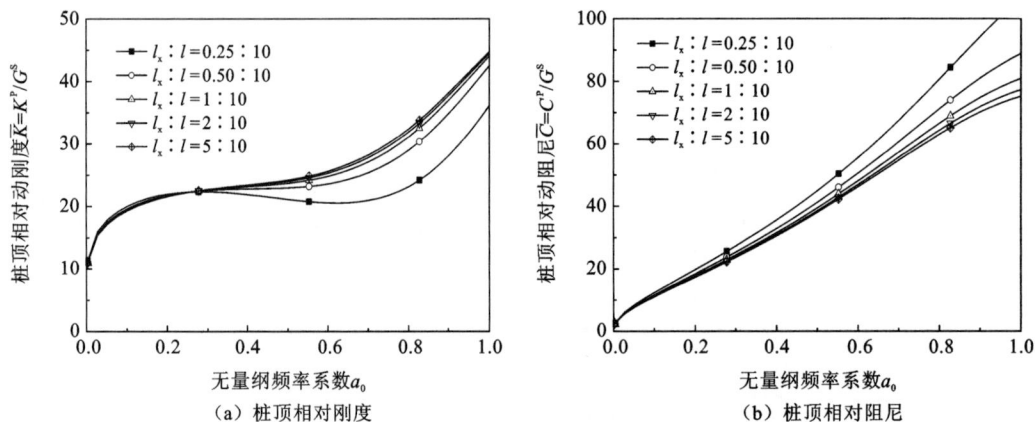

图 8.4　不同竹节长度下桩顶的复刚度频域响应

从图 8.4(b) 可以看出,与刚度的变化类似,当 $a_0 < 0.3$ 时,不同竹节长度下的阻尼差别很小。在给定的频率范围内,桩顶的阻尼随竹节长度的变大而减小。对于 $l_x : l$ 为 $1:10$,$2:10$ 和 $5:10$ 所对应的三条曲线,相同频率下,彼此之间的阻尼差异较小。

一般来说,刚度增大,阻尼提高,会提升桩体抗动力的能力。对于受荷频率较高的桩体,综合考虑刚度图和阻尼图,可确定一个最优的桩身竹节长度,从而取得更好的动力性能。

图 8.5 为桩顶位移和速度的时域响应曲线。图 8.5(a) 的位移图表明,竹节长度越长,相同冲击荷载下,桩顶的响应位移会越大,但是竹节长度对于桩顶位移的衰减影响小。

图 8.5(b) 表示桩顶的速度时域响应,其中 $\bar{v} = vV^p\rho^p A^p$,v 为桩顶实际的速度响应大小,V^p 为桩身材料纵波传播速度,ρ^p 为桩身材料密度,A^p 为桩身截面面积。由于作用荷载的幅值为 1,因此理论上讲 $\max(\bar{v}) = 1$,然而由于阻尼的影响,其实际的幅值都小于 1。图中曲线表明,竹节长度越小,桩顶处的速度响应信号的幅值越小,这表明竹节长度越小,桩顶处的阻尼越大,与前面的结论相同。从桩身的响应信号来看,竹节长度较大时,竹节处反射信号较

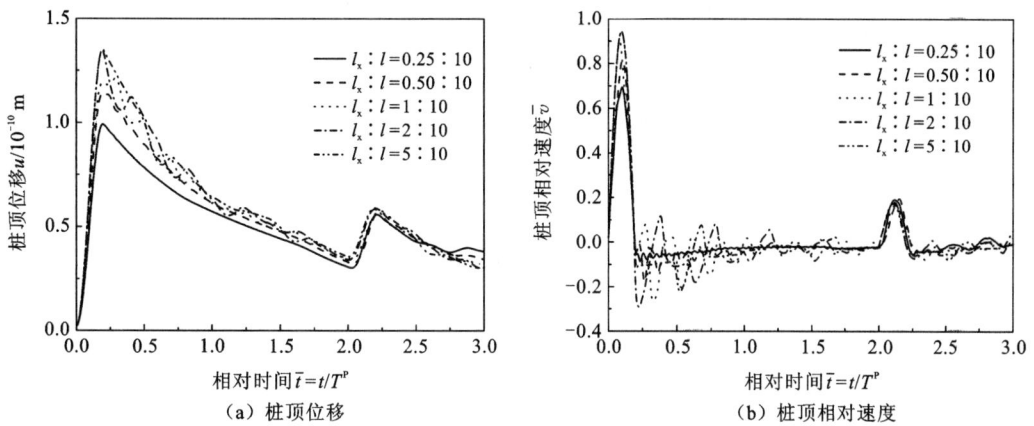

（a）桩顶位移

（b）桩顶相对速度

图 8.5　不同竹节长度下桩顶位移和速度的时域响应

强。竹节长度减小,则竹节处的反射信号幅值明显降低,这表明竹节越短,桩身阻尼越大。

2. 竹节半径的影响

由于 $r_x = r_w + \delta$,不同的 δ 将对应不同的竹节半径,因此,定义 $\bar{r}_x = \dfrac{\delta}{r_w} \times 100\%$,$\bar{r}_x$ 越大表示竹节半径越大。假设 $\bar{r}_x$ 分别为 0,10%,20%,30% 和 40%,$\bar{r}_x$ 为 0 表示桩体没有竹节突出,代表传统的混凝土管桩。

刚度图[图 8.6(a)]表明在 $a_0 < 0.4$ 的情况下,竹节半径大小对桩顶刚度没有明显影响。荷载频率较高时,则会出现竹节半径增大桩顶的动刚度也增大的现象。从相同荷载频率下桩顶刚度的大小来看,桩顶刚度与竹节半径成正比。

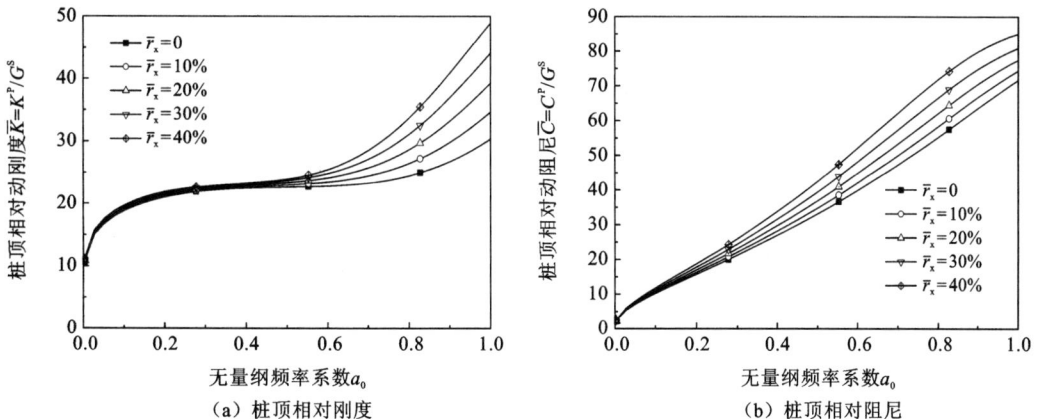

（a）桩顶相对刚度

（b）桩顶相对阻尼

图 8.6　不同竹节半径下桩顶的复刚度频域响应

阻尼图 8.6(b)表明,在给定的频率范围内,相同荷载频率下,桩顶阻尼与竹节半径成正比。

桩顶位移时域响应图[图 8.7(a)]中的曲线表明,竹节半径对位移影响较大。在相同冲击荷载作用下,桩身竹节半径越大,桩顶的位移幅值越小,且位移的衰减速度更快。从图 8.7(b) 可以看出,竹节半径越大,桩身竹节处的速度反射信号越强烈。

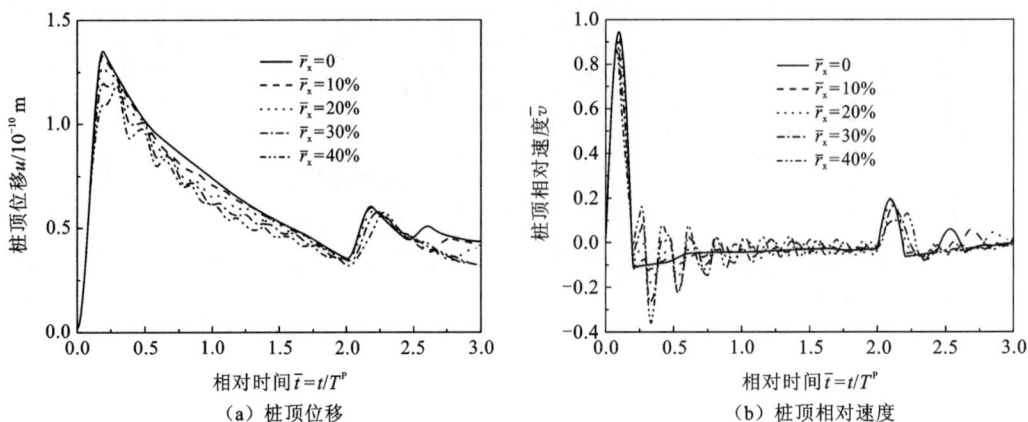

（a）桩顶位移　　　　　　　　　　　（b）桩顶相对速度

图 8.7　不同竹节半径下桩顶位移和速度的时域响应

8.3.2　桩端扩径尺寸的影响

桩端的扩大部分,一般都会注入水泥原浆,其硬化后的刚度相对较大,因此扩大部分的半径和高度对桩体动力响应的影响不能忽略。

1. 扩底半径的影响

定义 $\bar{r}_d = \dfrac{r_d}{r_c}$,令 $\bar{r}_d$ 分别为 $1, 1.5$ 和 2,其中 $\bar{r}_d$ 为 1 表示桩端没有扩径。

从复刚度图(图 8.8)可以看出,扩底半径对桩顶刚度影响大,对阻尼影响小。刚度图表明在 $a_0 < 0.3$ 时,扩底半径的大小对刚度不存在影响,频率继续增大,则刚度会随扩底半径的增大迅速提高。从整体上看,扩底半径大小对阻尼影响不显著。

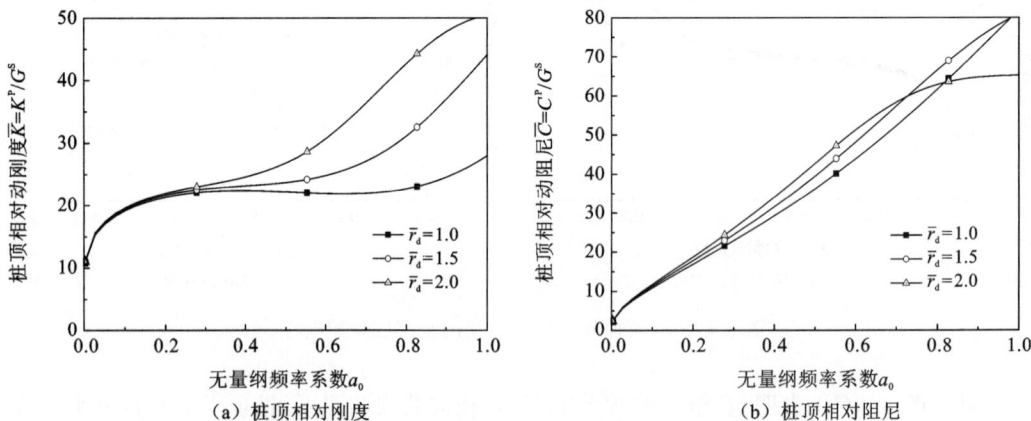

（a）桩顶相对刚度　　　　　　　　　　（b）桩顶相对阻尼

图 8.8　扩底半径不同时桩顶的复刚度频域响应

图 8.9 表明,扩底半径的大小对时域响应的影响基本可以忽略不计。

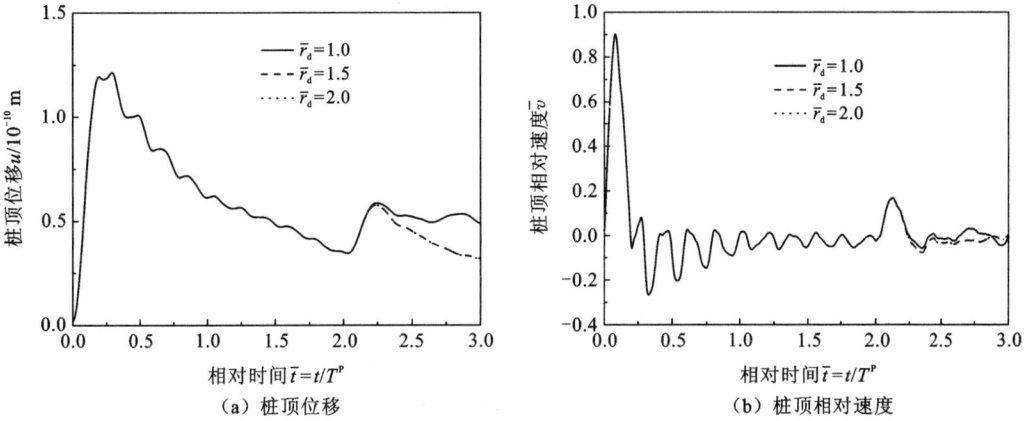

（a）桩顶位移

（b）桩顶相对速度

图 8.9　扩底半径不同时桩顶位移和速度的时域响应

2. 扩底高度的影响

定义 $\bar{l}_d = \dfrac{l_d}{r_c}$,分别对 $\bar{l}_d$ 为 0,6 和 10 三种情况进行分析,其中 $\bar{l}_d$ 为 0 表示桩端没有扩径。

图 8.10 表明,扩底高度对桩顶复刚度的影响存在与扩底半径相同的规律,即 $a_0 > 0.3$ 时,随扩底高度的增加,刚度和阻尼都会增大。从整体上看,扩底高度对刚度的影响大,对阻尼的影响小。

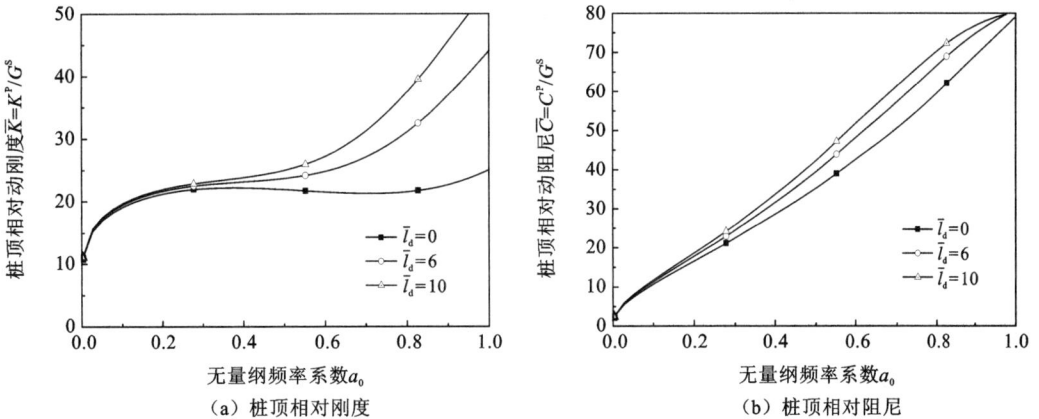

（a）桩顶相对刚度

（b）桩顶相对阻尼

图 8.10　扩底高度不同时桩顶的复刚度频域响应

图 8.11 表明,扩底高度对桩顶时域响应略有影响。扩底高度越大,桩顶位移的衰减速度越快,桩端处的速度波反射信号越小。

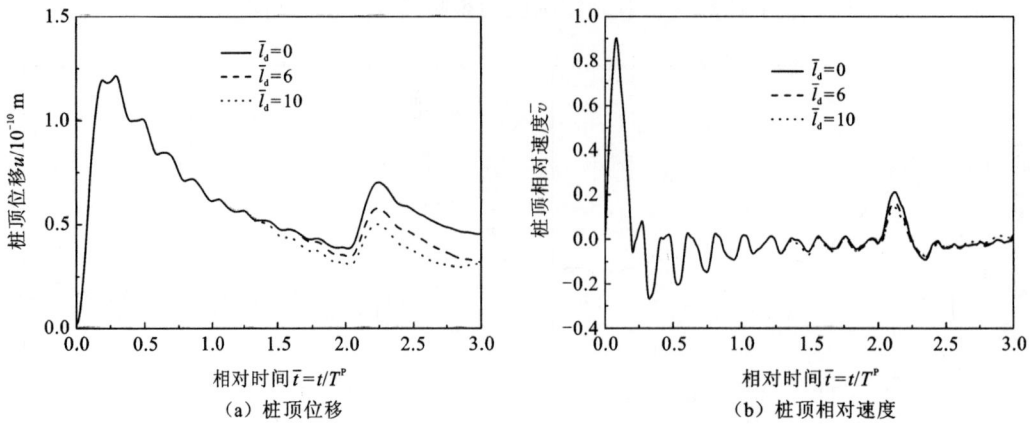

（a）桩顶位移　　　　　　　　　　（b）桩顶相对速度

图 8.11　扩底高度不同时桩顶位移和速度的时域响应

8.3.3　桩侧注浆的影响

1. 注浆半径的影响

注浆半径，即静钻根植桩的搅拌半径。由图 8.1 及图 8.3 可知，$r_c - r_x = l_b$。令 $\bar{r}_c = \dfrac{l_b}{r_x} \times 100\%$，$\bar{r}_c$ 表示搅拌钻孔超过桩节外径的比率，本节将假定 $\bar{r}_c$ 分别为 6.2%，12.3%，18.5%，24.6% 和 30.8% 五种工况，这五种工况分别对应 l_b 为 20 mm，40 mm，60 mm，80 mm 和 100 mm 的情况。

从图 8.12(a) 可以看出，在假设（注浆硬化刚度大于周围土体的刚度）成立的情况下，当 $a_0 > 0.3$ 时，搅拌半径越大，桩顶刚度也越大。荷载频率更小时，搅拌半径的大小对刚度没有影响。

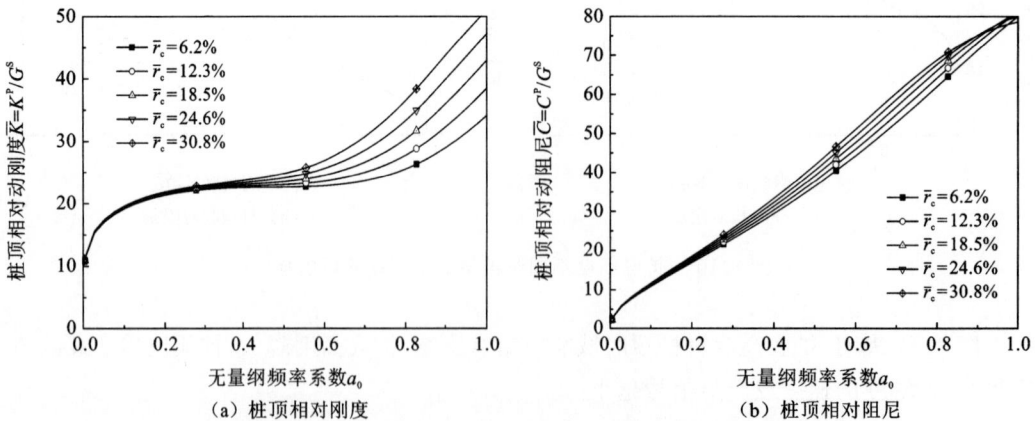

（a）桩顶相对刚度　　　　　　　　　（b）桩顶相对阻尼

图 8.12　不同搅拌半径下桩顶的复刚度频域响应

从图 8.12(b) 可以看出,当 $a_0 < 0.3$ 时,搅拌半径对桩顶阻尼没有影响;$a_0 > 0.3$ 后,在给定的频率范围内,搅拌半径越大,桩顶阻尼越大。但总体来说,搅拌半径对阻尼的影响较小。

图 8.13(a) 显示,搅拌半径对桩顶的初期位移没有影响,对位移的自由衰减存在影响,搅拌半径越大,位移衰减速率越快。

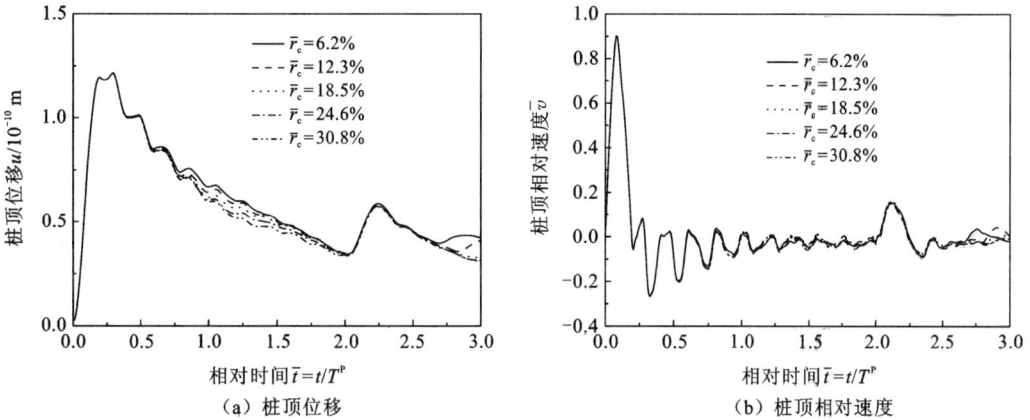

图 8.13　不同搅拌半径下桩顶位移和速度的时域响应

从桩顶速度时域响应图[图 8.13(b)]可以看出,搅拌半径的大小对于桩体纵波的传播影响不大。

2. 浆体硬化的影响

当桩体刚刚放入钻孔时,桩侧的水泥浆液还处于流动状态,此时的浆体模量很小。随着时间的增加,水泥浆液将逐渐硬化,其模量也会提高,进而桩侧摩阻力也会有所提高,因此可通过桩侧材料模量的提高来模拟水泥浆体的硬化问题。定义 $\overline{G}_C = G^C : G^s$,其中 G^s 为原有土体的剪切模量,G^C 为水泥浆的剪切模量。由于初期水泥浆中自由水含量很高,成流动状态,模量可能比周围土体模量还要小,因此令初期剪切模量比($\overline{G}_C$)为 0.25∶1。随着水泥土的硬化,假设剪切模量比逐步提高为 1∶1,2.25∶1 和 4∶1 三种状态。

图 8.14 为桩侧水泥土硬化对桩顶刚度和阻尼的影响曲线。从图形的总体趋势来看,桩侧水泥土的硬化程度越高,桩顶的刚度和阻尼都越大。对于 $\overline{G}_C$ 为 2.25∶1 和 4∶1 所对应的两条曲线,相同频率荷载下,其刚度数值差别很小,阻尼差异也如此,这表明随着时间的推移,桩侧水泥浆逐渐硬化,达到一定的硬化程度后,对桩体的动力响应影响趋于平稳。

图 8.15(a) 显示,相同荷载下,桩侧水泥土的硬化程度越高,桩顶时域位移响应越小,且位移衰减速率越快。水泥土硬化程度不高时,冲击能量会从桩端处反射回来,使桩顶位移出现叠加,造成桩顶位移衰减缓慢。

图 8.15(b) 表明,桩侧水泥土硬化程度对于桩顶的速度时域响应影响明显。从图中可以看出,水泥土硬化程度越大,桩身竹节处的反射信号越小。对于 $\overline{G}_C$ 为 0.25∶1 和 1∶1 的两种工况,其桩端反射信号强度明显。综上所述,水泥土硬化程度提高,将增大桩侧的阻

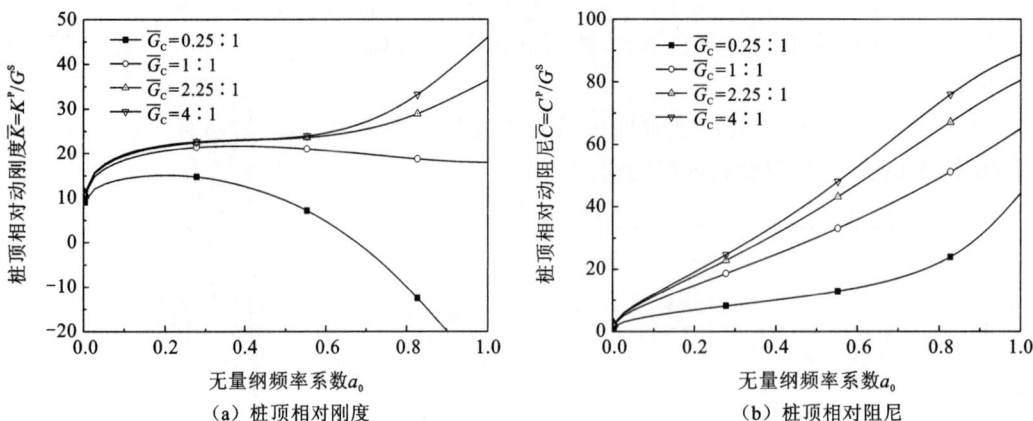

(a) 桩顶相对刚度　　　　　　　　　　　(b) 桩顶相对阻尼

图 8.14　不同水泥浆模量下桩顶的复刚度频域响应

尼,使能量在传播过程中消散更快,导致桩端反射能减少。

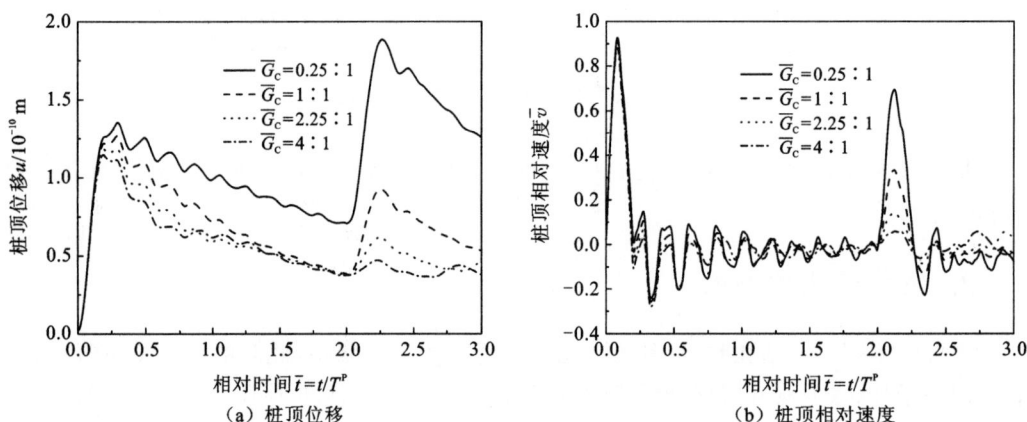

（a）桩顶位移　　　　　　　　　　　（b）桩顶相对速度

图 8.15　不同水泥浆模量下桩顶位移和速度的时域响应

8.3.4　浆液配比的影响

实际工程中,考虑到施工的经济效益,桩端扩大部分和桩侧的注浆是不同的,桩端扩大部分一般为 100% 的水泥浆液,桩侧一般为 30% 水泥浆液和 70% 泥浆混合而成的浆液。两种浆液的最终硬化刚度是不同的。用 χ 表示混合浆中水泥原浆的比例。由于土体和水泥浆硬化体等材料的真实剪切模量很难通过实验测得准确数据,并且一般来说弹性模量要比单轴压缩得到的变形模量高很多,因此本节假定 100% 的水泥浆硬化后存在一个相对最大的剪切模量($G_{\max}^C$),100% 的泥浆最终可达到一个相对最小的剪切模量($G_{\min}^C$),根据水泥浆和泥浆的混合比例,按照加权方式得到混合体的剪切模量(G_{mean}^C)。考虑到实际工程的经济效益,对 χ 分别为 10%,20%,30%,40% 和 50% 的五种工况进行分析。

图 8.16 为不同水泥浆配合比下的桩顶复刚度曲线。从图中可以看出,荷载频率越高,水泥浆配合比对刚度和阻尼的影响越大。水泥在浆体中的比重越大,得到的桩顶刚度和阻尼都越大。相同频率下,随着水泥浆比重的增加,刚度和阻尼的提高率逐步下降。从经济实用的角度出发,水泥浆的比重不需要很大,从分析来看 χ 为 40% 左右较为合适。

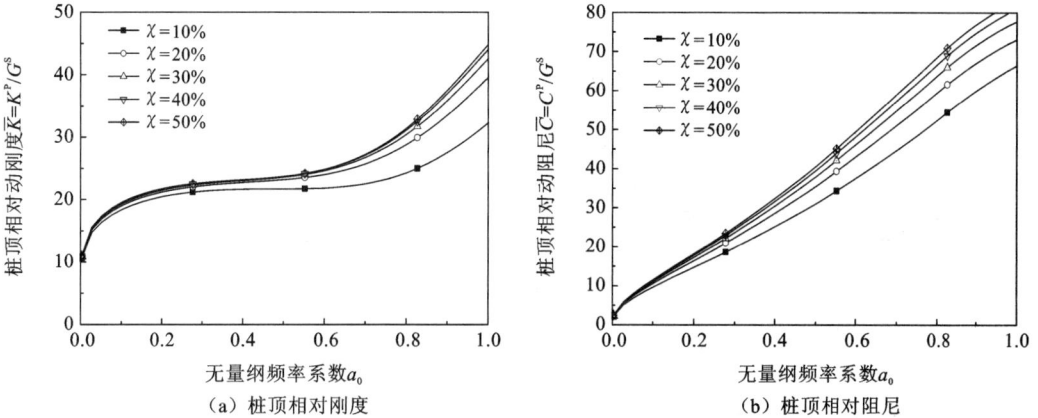

(a) 桩顶相对刚度　　(b) 桩顶相对阻尼

图 8.16　不同水泥配合比下桩顶的复刚度频域响应

图 8.17(a) 为不同水泥浆配合比下桩顶的位移时域曲线。从图中可以看出,水泥浆比重越小,桩顶位移越大,且衰减速率越小。速度时域响应曲线则显示,水泥浆比重越小,桩顶测得的桩端反射信号越大,如图中 χ 为 10% 和 20% 所对应的曲线。这表明水泥配合比越小,桩侧阻尼越小,能量在传播过程中耗散较慢。

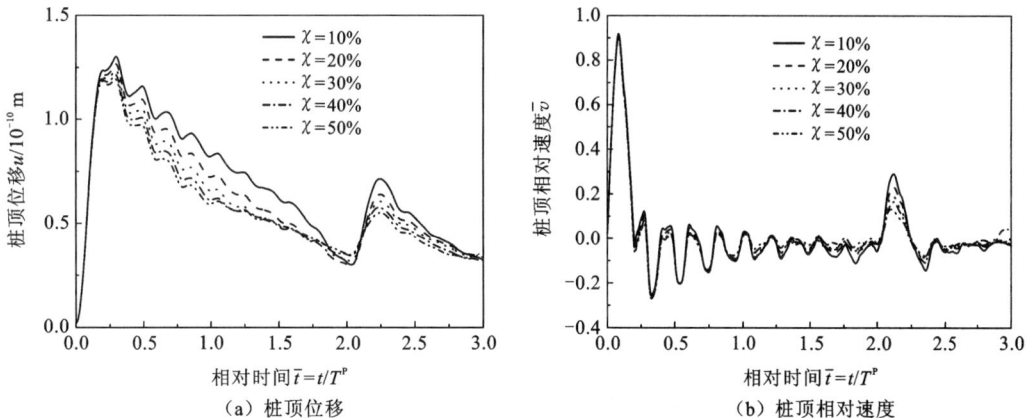

(a) 桩顶位移　　(b) 桩顶相对速度

图 8.17　不同水泥配合比下桩顶位移和速度的时域响应

8.4　静钻根植桩桩顶速度波信号实例模拟

为了能够更好地模拟静钻根植桩的沉桩机理,本章采用了径向非均质理论和虚土桩模型相结合的方法。本节将通过对工程现场试验数据的分析拟合,进一步验证该方法的适用性。

　　工程项目为一地上 20 层地下 2 层的高层建筑,位于浙江宁波沿海区域。根据设计要求,采用静钻根植桩的施工方案。在施工过程中对部分桩体进行了跟踪监测。根据监测桩体所在区域的钻孔资料,得到该桩所在断面的土层分布情况,如图 8.18 所示,土层的详细参数见表 8.3。对于第 ⑧ 层土,工程资料没有给出其模量参数,只给出了土体的组成部分,从数据来看其砾石砂含量较高,可将其顶面作为虚土桩模型的底层边界。

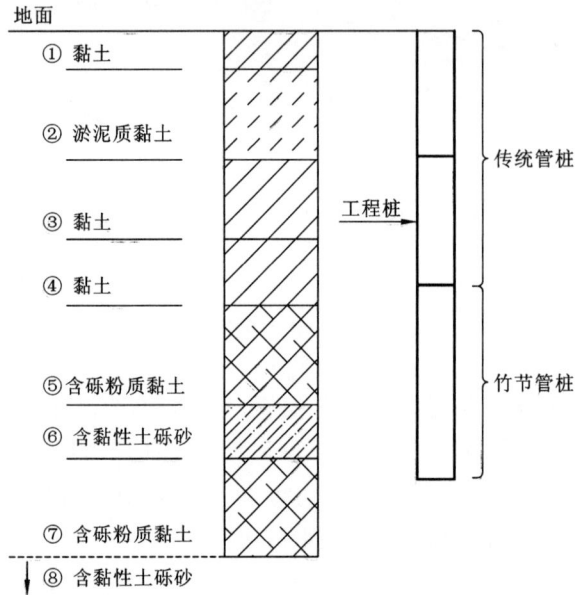

图 8.18　监测桩区域的土层分布示意图

表 8.3　监测桩所在区域的土层参数

土层编号	土层名称	顶层深度 /m	层底深度 /m	层厚 /m	天然重度 /(kN/m³)	压缩模量 /MPa
①	黏土	0	3	3	17.6	3.58
②	淤泥质黏土	3	10.1	7.1	17.4	2.93
③	黏土	10.1	16.3	6.2	17	2.53
④	黏土	16.3	21.5	5.2	18.7	4.59
⑤	含砾粉质黏土	21.5	29.3	7.8	18.2	7.52
⑥	含黏性土砾砂	29.3	33.5	4.2	17.4	7.44
⑦	含砾粉质黏土	33.5	41.2	7.7	18.9	5.38
⑧	含黏性土砾砂	41.2	—	—	—	—

8.4.1　单节静钻根植桩实例拟合

在该节中首先对平置于地面的裸露桩体的反射波信号进行拟合。拟合的目的分为两个部分,一是为了取得纵波在混凝土桩体中的实际传播速度,二是为了验证模型的精确度。本节分别对竹节管桩和等截面管桩的反射波响应信号进行拟合,如图 8.19、图 8.20 所示。

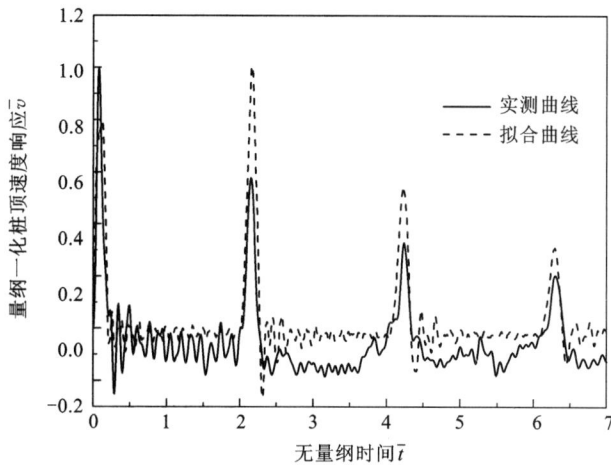

图 8.19　竹节桩桩顶速度响应的拟合曲线

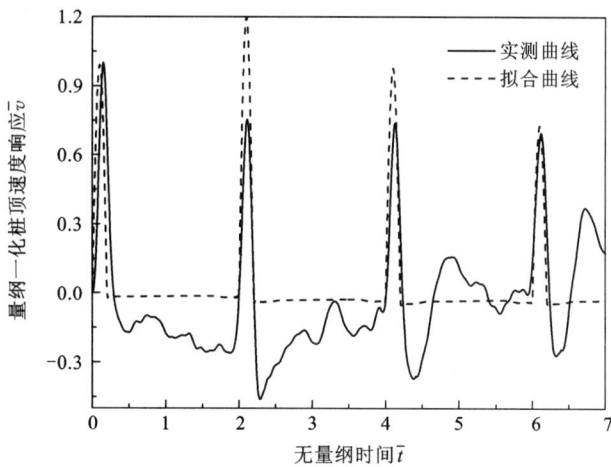

图 8.20　等截面混凝土管桩桩顶速度响应的拟合曲线

图 8.19 表示竹节桩的桩顶反射波信号。该桩桩长为 15 m,桩径最大处为 0.65 m,最小处为 0.50 m,桩身竹节长度为 1 m,桩身采用 C80 的高强混凝土。通过在测试系统中预设桩长等参数,测得了纵波在桩身中实际的传播速度约为 4 400 m/s。

图 8.20 表示等截面混凝土管桩的桩顶反射波信号。该管桩桩长为 10 m,桩径最大处

为 0.65 m,桩身同样采用 C80 的高强混凝土。经过测试,发现纵波在桩身中的传播速度也大约为 4 400 m/s。这表明桩型的改变,对纵波在桩体中的传播速度没有影响。

从图 8.19 的实测曲线可以看出桩身竹节处的反射信号非常明显。拟合曲线对于竹节的反应也非常敏感,排除幅值大小,可以看出理论模型对竹节的拟合是有效的。从桩端反射信号来看,拟合信号要大于实测信号,这是因为实测桩体桩身内部存在阻尼,桩身与地面接触的位置也会出现阻尼,使振幅下降较快。拟合时,将桩侧计入很微弱的阻尼,使拟合曲线的反射信号也存在下降的趋势。

从图 8.20 中等截面管桩的测试信号可以看出,纵波在管桩中传播时,由于内外两层桩体界面的影响,信号在桩体中会出现多处反射,增加了信号噪声,使桩身反射信号很不规则。

对比图 8.19 和图 8.20 中两条不同的实测曲线,可以看出竹节桩桩端的反射信号下降很快,而等截面管桩的桩端反射信号幅值下降很慢,这表明竹节增大了桩身阻尼,并使波在桩身各变截面之间往复反射,消耗了能量。

8.4.2　多节静钻根植桩实例拟合

本节中的静钻根植桩为 8.4.1 节中两种桩型的组合体,中间通过焊缝进行连接。该桩为三级焊接桩,上面两节为桩长 10 m 的等截面混凝土管桩,下面一节为桩长 15 m 的竹节管桩。通过对地面平置桩体进行反射波信号测试,得到纵波在该桩内部的传播速度为 4 400 m/s。

桩顶反射波信号的监测结果如图 8.21 所示。从图中可以看出,在竹节桩所处的位置存在明显的峰值信号,并且峰值信号的幅值随着监测时间的增加,存在明显降低的迹象,表明桩侧阻尼随着时间的增加逐步增大。

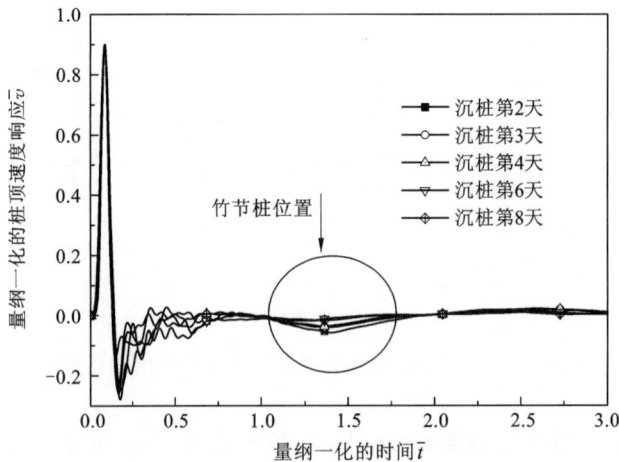

图 8.21　某静钻根植工程桩的监测曲线

对上述监测现象进行分析,发现能够造成这一结果的可能因素有两个,一个是桩侧土体向桩身的挤密效应,另一个是桩侧水泥土的硬化效应。由于桩位是由预先钻孔形成的,因此桩侧土体的挤密效应很小。又由于峰值信号多发生在竹节桩的位置,可以断定造成这一现象的主要原因是桩侧水泥浆的硬化。

　　由于该工程桩的上部第一节桩体是为试桩设计的接桩,对于处于工作状态的桩需要去除这部分,所以施工时对其桩侧并没有灌注水泥浆,只是用泥浆填充,试验表明泥浆几乎不会硬化或者硬化缓慢。根据工程经验将桩侧土体的剪切模量取值为表 8.3 中压缩模量的 10 倍,假设用 $\overline{G}^s$ 表示桩侧各层土体的平均剪切模量,用 G^c 表示水泥浆的剪切模量,上部第一段桩侧围的泥浆模量约为原有土体模量的 1/2。假设随着时间的推移,桩侧水泥浆逐步硬化,刚度 G^c 逐步增大。

　　根据实测数据的结果,本节拟定了五种工况,即 $G^c/\overline{G}^s$ 分别为 0.6,0.9,1.2,1.6 和 2.0,拟合曲线如图 8.22 所示。从图中可以看出,当 $G^c/\overline{G}^s$ 为 0.6 时,在竹节桩的位置出现了明显的反射信号,由于竹节桩的缩径效应,首先出现了与激振信号同相的反射信号,随后沿着整个竹节桩身出现了如图 8.21 所示的信号。当 $G^c/\overline{G}^s$ 增大时,竹节桩位置异常反射信号的幅值随之减小,这与实测数据随时间变化的规律一致。例如,图 8.22 的拟合图中,当 $G^c/\overline{G}^s$ 为 2.0 时,竹节桩位置的反射信号变得很弱,实测数据图中,第 8 天的曲线已经基本平滑。

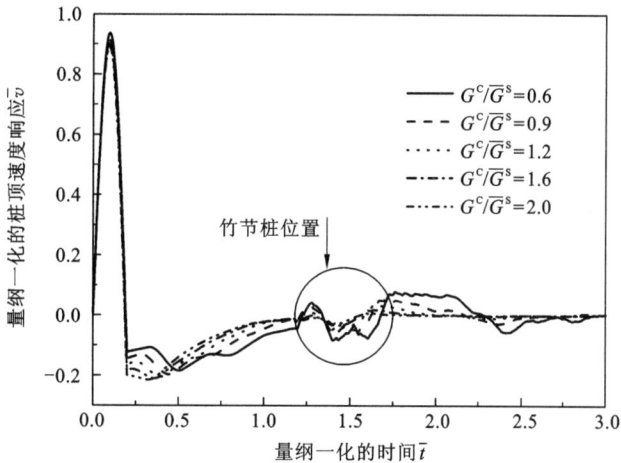

图 8.22　模拟水泥浆硬化的桩顶速度信号

　　综上所述,随时间的变化,静钻根植桩桩侧的水泥浆硬化速度较快。应用本章中所使用的模型来模拟该种新桩型效果很好。

8.5　本章小结

　　本章根据静钻根植桩的桩型及其施工工艺特点,建立了径向非均质土体下的桩土相互作用模型,桩端采用虚土桩模型,对静钻根植桩的纵向动力响应进行了求解。通过分析

不同因素下的桩体动力响应,得到了以下几个结论:

(1)荷载频率小于某个值时,竹节长度对桩顶刚度和阻尼的影响都较小,而当荷载频率大于这个数值时,随竹节长度的增加,桩顶刚度增大,阻尼减小。竹节长度超过 1 m 后,竹节长度增加对桩顶复刚度的影响将不再突出。相同冲击荷载下,竹节长度越长,桩顶的位移会越大,速度时域响应信号的幅值也越大。

荷载频率小于某个值时,竹节半径对桩顶刚度和阻尼影响都较小,超过这个频率后桩顶刚度与竹节半径约成正比。竹节半径增大,桩顶刚度和阻尼都会增大。在相同冲击荷载作用下,竹节半径越大,桩顶的位移幅值越小,衰减速度越快,桩身竹节处的速度反射信号越强烈。

(2)扩底半径和扩底高度对桩顶复刚度的影响基本一致,即桩端半径或者高度增加,桩顶的刚度和阻尼都将提高。扩底半径的大小对桩顶时域位移和速度的影响都很小。扩底高度越大,桩顶位移衰减越快,但对速度信号影响不大。

(3)在本章给定的数据参数下,当无量纲频率系数 $a_0 < 0.3$ 时,搅拌半径对桩顶复刚度几乎没有影响。当 $a_0 > 0.3$ 时,随搅拌半径的增大,桩顶刚度和阻尼都会增大。相同的桩顶荷载作用下,搅拌半径越大,桩顶位移的衰减速度越快。搅拌半径的大小对速度时域响应曲线几乎没有影响,这表明桩身纵波传播与搅拌半径关系不大。

桩侧水泥土的硬化程度越高,桩顶复刚度提高越大。相同荷载下,桩侧水泥土的硬化程度越大,桩顶位移越小,衰减越快。水泥土硬化程度较小时,桩端反射能会造成位移叠加,衰减变缓。水泥土硬化度越大,桩端和桩身竹节处的反射信号都越小。这表明水泥土硬化度的提高会增大桩侧阻尼,使能量在传播过程中消散更快。

(4)桩侧注浆中水泥浆的比重越大,桩顶复刚度也越大。但是在相同频率下,随着水泥浆比重的增加,刚度和阻尼的提高率逐步下降。因此从经济实用的角度出发,水泥浆的比重不需要很大,从分析来看 χ 为 40% 左右性价比较高。水泥浆比重越小,桩顶位移越大,衰减越慢,桩端反射信号越大。这表明水泥浆比重越大,桩身阻尼越大,能量消散越快。

(5)通过与工程实例拟合对比,发现工程桩桩侧的水泥浆硬化对反射波响应信号存在影响。在成桩前期,由于水泥浆硬化程度小,桩侧阻尼小,反射波所携带的能量消耗慢,此时测得的桩侧反射波信号大;成桩后期,由于水泥浆的硬化程度提高,桩侧刚度和阻尼同时增大,从而反射波的能量更容易散射到周围的土体中,并且消耗更快,此时测得的桩侧反射信号将明显降低。

参 考 文 献

[1] BARANOV V A. On the calculation of excited vibrations of an embedded foundation[J]. Voprosy Dynamiki Prochnocti,Polytechnic Institute of Riga,1967:195-209.

[2] NOVAK M,BEREDUGO Y O. Vertical vibration of embedded footings[J]. Journal of the Soil Mechanics and Foundations Division,1972,98(12):1291-1310.

[3] NOVAK M. Dynamic stiffness and damping of piles[J]. Canadian Geotechnical Journal,1974,11(4): 574-598.

[4] NOVAK M. Vertical vibration of floating piles[J]. Journal of the Engineering Mechanics Division, 1977,103(1):153-168.

[5] NOVAK M,ABOUL-ELLA F. Impedance functions of piles in layered media[J]. Journal of the Engineering Mechanics Division,1978,104(6):643-661.

[6] NOGAMI T,KONAGAI K. Time domain axial response of dynamically loaded single piles[J]. Journal of Engineering Mechanics Division,1986,112(11):1241-1252.

[7] NOGAMI T,KONAGAI K. Dynamic response of vertically loaded nonlinear pile foundations[J]. Journal of Geotechnical Engineering Division,1987,113(2):147-160.

[8] NOGAMI T,KONAGAI K. Time domain flexural response of dynamically loaded single piles[J]. Journal of Engineering Mechanics Division,1988,114(9):1512-1525.

[9] NOGAMI T,KONAGAI K,OTANI J. Nonlinear time domain numerical model for pile group under transient dynamic forces[C]//Proceeding of 2nd International Conference on Recent Advances in Geotechnical Earthquake Engineering and Soil Dynamic,St. Louis,1991,3:881-888.

[10] NOGAMI T,OTANI J,KONAGAI K,et al. Nonlinear soil-pile interaction model for dynamic lateral motion[J]. Journal of the Geotechnical Engineering Division,1992,118(1):89-106.

[11] EL NAGGAR M H,NOVAK M. Nonlinear model for dynamic axial pile response[J]. Journal of the Geotechnical Engineering Division,1994,120(2):308-329.

[12] EL NAGGAR M H,NOVAK M. Nonlinear axial interaction in pile dynamics[J]. Journal of the Geotechnical Engineering Division,1994,120(4):678-696.

[13] EL NAGGAR M H,NOVAK M. Nonlinear lateral interaction in pile dynamics[J]. Soil Dynamic and Earthquake Engineering,1995,14(2):141-157.

[14] EL NAGGAR M H,NOVAK M. Effect of foundation nonlinearity on modal properties of offshore towers[J]. Journal of the Geotechnical Engineering Division,1995,121(9):660-668.

[15] ROJAS E,VALLE C,ROMO M P. Soil-pile interface model for axial loaded single piles[J]. Soils and Foundations,1999,39(4):35-45.

[16] 王奎华,谢康和,曾国熙. 有限长桩受迫振动问题解析解及应用[J]. 岩土工程学报,1997,19(6): 27-35.

[17] 王奎华,谢康和,曾国熙. 变截面阻抗桩受迫振动问题解析解及应用[J]. 土木工程学报,1998,31 (6):56-67.

[18] 王奎华.考虑桩体粘性的变阻抗桩受迫振动问题的解析解[J].振动工程学报,1999,12(4):513-520.

[19] 王奎华.变截面阻抗桩纵向振动问题积分变换解[J].力学学报,2001,33(4):479-491.

[20] 王奎华.多元件粘弹性土模型条件下桩的纵向振动特性与时域响应[J].声学学报,2002,27(5):455-464.

[21] 王奎华,应宏伟.广义 Voigt 土模型条件下桩的纵向振动响应与应用[J].固体力学学报,2003,24(3):293-303.

[22] MATLOCK H,FOO S H C. Axial analysis of piles using a hysteretic degrading soil model[C]// Proceeding of International Symposium on Numerical. Methods Offshore Piling,Institute of Civil Engineers,London,England,1979.

[23] VELEZ A,GAZETAS G,KRISHNAN R. Lateral dynamic response of constrained-head piles[J]. Journal of the Geotechnical Engineering Division,1983,109(8):1063-1081.

[24] RANDOLPH M F. Modelling of the soil plug response during pile driving[C]//Proceeding of 9th SE Asian Geotechnical Conference,Bangkok,1987,2:1-6,14.

[25] LIAO S T,ROESSET J M. Dynamic response of intact piles to impulse loads[J]. International Journal for Numerical and Analytical Methods in Geomechanics,1997,21(4):255-275.

[26] WANG T,WANG K H,XIE K H. An analytical solution to longitudinal vibration of a pile of arbitrary segments with variable modulus[J]. Acta Mechanica Solid Sinica,2001,14(1):67-73.

[27] 蒯行成,沈蒲生.层状介质中群桩的竖向和摇摆动力阻抗的简化计算方法[J].土木工程学报,1999,32(5):62-70.

[28] 蒯行成,沈蒲生,陈军.一种用于桩基础动力相互作用的桩单元复刚度矩阵[J].土木工程学报,1998,31(5):48-55.

[29] 李炳求,郑镇燮.部分埋入弹性地基的变截面桩的自由振动[J].岩土工程学报,1999,21(5):609-613.

[30] 李耀庄,王贻荪,邹银生.粘弹性地基中桩的动力反应分析[J].湖南大学学报,2000,27(1):92-96.

[31] 刘东甲.不均匀土中多缺陷桩的轴向动力响应[J].岩土工程学报,2000,22(4):391-395.

[32] 刘东甲.纵向振动桩侧壁切应力频率域解及其应用[J].岩土工程学报,2001,23(5):544-546.

[33] 刘东甲.指数型变截面桩中的纵波[J].岩土工程学报,2008,30(7):1066-1071.

[34] 王腾,王奎华,谢康和.任意段变截面桩纵向振动的半解析解及应用[J].岩土工程学报,2000,22(6):654-658.

[35] 王腾,王奎华,谢康和.变截面桩速度导纳解析解[J].岩石力学与工程学报,2002,21(4):573-576.

[36] 王腾,王奎华,谢康和.成层土中桩的纵向振动理论研究及应用[J].土木工程学报,2002,35(1):83-87.

[37] 王腾.成层土中桩纵向振动理论研究及其在 PIT 中的应用[D].杭州:浙江大学,2001.

[38] 王宏志,陈云敏,陈仁朋.多层土中桩振动半解析解[J].振动工程学报,2000,13(4):660-665.

[39] 栾茂田,孔德森.单桩竖向动力阻抗计算方法及其影响因素分析[J].振动工程学报,2004,17(4):500-505.

[40] 孔德森,栾茂田,杨庆.桩土相互作用分析中的动力 Winkler 模型研究评述[J].世界地震工程,2005,21(1):12-17.

[41] 周绪红,蒋建国,周银生.粘弹性介质中考虑轴力作用时桩的动力分析[J].土木工程学报,2005,38(2):87-91,96.

[42] 刘忠,沈蒲生,陈铖,等.单桩横向非线性运动地震响应简化分析[J].应用力学学报,2006,23(4):

673-676.

[43] 王海东,费模杰,尚守平,等.考虑径向非匀质性的层状地基中摩擦桩动力阻抗研究[J].湖南大学学报(自然科学版),2006,33 (4):6-11.

[44] 吴志明,黄茂松,吕丽芳.桩-桩水平振动动力相互作用研究[J].岩土力学,2007,28(9):1848-1855.

[45] 吴鹏,任伟新.竖向激励场下考虑桩土滑移的单桩动力性态[J].土木工程学报,2009,42(6):93-96.

[46] WANG K H,WU W B,ZHANG Z Q, et al. Vertical dynamic response of an inhomogeneous viscoelastic pile[J]. Computers and Geotechnics,2010,37(4):536-544.

[47] NOVAK M,SACHS K. Torsional and coupled vibrations of embedded footings[J]. International Journal of Earthquake Engineering and Structural Dynamics,1973,2(1):11-33.

[48] NOVAK M,NOGAMI T. Soil-pile interaction in horizontal vibration[J]. International Journal of Earthquake Engineering and Structural Dynamics,1977,5(3):153-168.

[49] NOVAK M,HOWELL F. Torsional vibration of pile foundations[J]. Journal of the Geotechnical Engineering Division,1977,104(4):271-285.

[50] NOVAK M,ABOUL-ELLA F. Dynamic soil reaction for plane strain case[J]. Journal of the Engineering Mechanical Division,1978,104(4):953-959.

[51] NOVAK M,SHETA M. Approximate approach to contact problems of piles[C]//Proceedings of the Geotechnical Engineering Division,American Society of Civil Engineering National Convention, Florida,1980:53-79.

[52] EL NAGGAR M H,NOVAK M. Nonlinear analysis for dynamic lateral pile response[J]. Soil Dynamics and Earthquake Engineering,1996,15:233-244.

[53] EL NAGGAR M H. Vertical and torsional soil reactions for radially inhomogeneous soil layer[J]. Structural Engineering and Mechanics,2000,10(4):299-312.

[54] VELETSOS A S,DOTSON K W. Impedances of soil layer with disturbed boundary zone[J]. Journal of Geotechnical Engineering Division,1986,112(3):363-368.

[55] VELETSOS A S,DOTSON K W. Vertical and torsional vibration of foundations in inhomogeneous media[J]. Journal of Geotechnical Engineering Division,1988,114(9):1002-1021.

[56] HAN Y C,VAZIRI H. Dynamic response of pile group under lateral loading[J]. Soil Dynamics and Earthquake Engineering,1992,11(2):87-99.

[57] VAZIRI H,HAN Y C. Impedance functions of piles in inhomogeneous media[J]. Journal of the Geotechnical Engineering Division,1993,119(9):1414-1430.

[58] HAN Y C,SABIN G C W. Impedance for radially inhomogeneous viscoelastic soil media[J]. Journal of Engineering Mechanics Division,1995,121(9):939-947.

[59] HAN Y C. Dynamic vertical response of piles in nonlinear soil[J]. Journal of Geotechnical and Geoenvironmental Engineering Division,1997,123(8):710-716.

[60] MILITANO G,RAJAPAKSE R K N D. Dynamic response of a pile in a multi-layered soil to transient torsional and axial loading[J]. Geotechnique,1999,49(1):91-109.

[61] 燕彬,黄义.群桩刚性承台竖向动阻抗的简化计算[J].岩土工程学报,2004,26(5):465-468.

[62] 栾茂田,孔德森.层状土中单桩竖向简谐动力响应简化解析方法[J].岩土力学,2005,26(3):375-380.

[63] 王海东,尚守平.瑞利波作用下径向非匀质地基中的单桩竖向响应研究[J].振动工程学报,2006,19(2):258-264.

[64] 王海东,尚守平,刘可,等.考虑径向非均质性的层状地基中单桩动力阻抗研究[J].建筑结构学报,

2008,29(5):128-134.

[65] 尚守平,任慧,曾裕林,等.桩与土非线性耦合扭转振动特性分析[J].中国公路学报,2009,22(5):
41-47.

[66] 王奎华,杨冬英.基于复刚度传递多圈层平面应变模型的桩动力响应研究[J].岩石力学与工程学
报,2008,27(4):825-831.

[67] 王奎华,杨冬英.两种径向多圈层土体平面应变模型的对比[J].浙江大学学报(工学版),2009,43
(10):1902-1908.

[68] 杨冬英,王奎华.任意圈层径向非均质土中桩的纵向振动特性研究[J].力学学报,2009,41(2):
243-252.

[69] 杨冬英,王奎华.径向非均质土中平面应变模型的精度及适用性研究[J].土木工程学报,2009,42
(7):98-105.

[70] CHEN G,CAI Y Q,LIU F Y,et al. Dynamic response of a pile in a transversely isotropic saturated
soil to transient torsional loading[J]. Computers and Geotechnics,2008,35(2):165-172.

[71] YANG D Y,WANG K H. Study on vertical vibration of pile in radial inhomogeneous soil[C]//
Structural condition assessment,monitoring and improvement,2007:241-249.

[72] YANG D Y,WANG K H,ZHANG Z Q,et al. Vertical dynamic response of pile in a radially
heterogeneous soil layer [J]. International Journal for Numerical and Analytical Methods in
Geomechanics,2009,33(8):1039-1054.

[73] 刘林超,闫启方.饱和土中管桩的纵向振动特性[J].水利学报,2011,42(3):366-378.

[74] 吴文兵,王奎华,武登辉,等.考虑横向惯性效应时楔形桩纵向振动阻抗研究[J].岩石力学与工程学
报,2011,30(S2):3618-3625.

[75] 吴文兵,蒋国盛,王奎华,等.土塞效应对管桩纵向动力特性的影响研究[J].岩土工程学报,2014,36
(6):1129-1141.

[76] 吴文兵,蒋国盛,窦斌,等.嵌岩特性对嵌岩桩桩顶纵向振动阻抗的影响研究[J].振动与冲击,2014,
33(7):51-57.

[77] 吴文兵,谢帮华,黄生根,等.考虑挤土效应时楔形桩纵向振动阻抗研究[J].地震工程学报,2015,37
(4):1042-1048.

[78] 吴文兵,邓国栋,张家生,等.考虑横向惯性效应时桩侧土-管桩-土塞纵向耦合振动特性研究[J].岩
土力学,2017,38(4):993-1002.

[79] WU W B,JIANG G S,LÜ S H,et al. Torsional dynamic impedance of a tapered pile considering its
construction disturbance effect[J]. Marine Georesources and Geotechnology,2016,34(4):321-330.

[80] WU W B,JIANG G S,HUANG S G,et al. A new analytical model to study the influence of weld on
the vertical dynamic response of prestressed pipe pile[J]. International Journal for Numerical and
Analytical Methods in Geomechanics,2017,41(10):1247-1266.

[81] WU W B,EL NAGGAR M H,ABDLRAHEM M,et al. A new interaction model for the vertical
dynamic response of pipe piles considering soil plug effect[J]. Canadian Geotechnical Journal,2017,
54(7):987-1001.

[82] LIU H,JIANG G S,EL NAGGAR M H,et al. Influence of soil plug effect on the torsional dynamic
response of a pipe pile[J]. Journal of Sound and Vibration,2017,410:231-248.

[83] NOGAMI T,NOVAK M. Soil-pile interaction in vertical vibration[J]. Earthquake Engineering and
Structural Dynamics,1976,4:277-293.

[84] NOGAMI T,NOVAK M. Resistance of soil to a horizontally vibrating pile[J]. International Journal

of Earthquake Engineering and Structural Dynamics,1977,3(3):247-261.

[85] NOVAK M,NOGAMI T. Soil-pile interaction in horizontal vibration[J]. International Journal of Earthquake Engineering and Structural Dynamics,1977,5(3):153-168.

[86] NOGAMI T. Dynamic group effect axial responses of grouped pile[J]. Journal of the Geotechnical Engineering,1983,109(2):228-243.

[87] ZENG X,RAJAPAKSE R K N D. Dynamic axial load transfer from elastic bar to poroelastic medium[J]. Journal of Engineering Mechanics,1999,125(9):1048-1055.

[88] SENJUNTICHAI T,RAJAPAKSE R K N D. Transient response of a circular cavity in a poroelastic medium[J]. International Journal for Numerical and Analytical Methods in Geomechanics,1993,17 (6):357-383.

[89] SENJUNTICHAI T, RAJAPAKSE R K N D. Dynamic Green's functions of homogeneous poroelastic half-space[J]. Journal of Engineering Mechanics,1994,120(11):2381-2404.

[90] SENJUNTICHAI T,MANI S,RAJAPAKSE R K N D. Vertical vibration of an embedded rigid foundation in a poroelastic soil[J]. Soil Dynamics and Earthquake Engineering,2006,26(6/7): 626-636.

[91] RAJAPAKSE R K N D,GROSS D. Traction and contact problems for an anisotropicmedium with a cylindrical borehole[J]. International Journal of Solids and Structures,1996,33(15):2193-2211.

[92] RAJAPAKSE R K N D,CHEN Y,SENJUNTICHAI T. Electroelastic field of a piezoelectric annular finite cylinder[J]. International Journal of Solids and Structures,2005,42(11/12):3487-3508.

[93] DAS Y C,SARGAND S M. Forced vibrations of laterally load piles[J]. International Journal of Solid Structure,1999,36(33):4975-4989.

[94] CHEN L Z,WANG G C. Torsional vibrations of elastic foundation on saturated media[J]. Soil Dynamics and Earthquake Engineering,2002,22(3):223-227.

[95] WANG J H,ZHOU X L,LU J F. Dynamic response of pile groups embedded in a poroelastic medium[J]. Soil Dynamics and Earthquake Engineering,2003,23(3):235-242.

[96] ZHOU X L,WANG J H. Analysis of pile groups in a poroelastic medium subjected to horizontal vibration[J]. Computers and Geotechnics,2009,36(3):406-418.

[97] ZHOU X L,WANG J H,JIANG L F,et al. Transient dynamic response of pile to vertical load in saturated soil[J]. Mechanics Research Communications,2009,36(5):618-624.

[98] 胡昌斌,王奎华,谢康和.考虑桩土耦合作用时弹性支承桩纵向振动特性分析及应用[J].工程力学, 2003,20(2):146-154.

[99] 胡昌斌,王奎华,谢康和.基于平面应变假定基桩振动理论适用性研究[J].岩土工程学报,2003,25 (5):595-601.

[100] 胡昌斌,王奎华,谢康和.桩与粘性阻尼土耦合纵向振动时桩顶时域响应研究[J].振动工程学报, 2004,17(1):72-77.

[101] 胡昌斌,黄晓明.成层粘弹性土中桩土耦合纵向振动时域响应研究[J].地震工程与工程振动, 2006,26(4):205-211.

[102] 李强,王奎华,谢康和.饱和土中端承桩纵向振动特性研究[J].力学学报,2004,36(4):435-442.

[103] 李强,王奎华,谢康和.饱和土桩纵向振动引起土层复阻抗分析研究[J].岩土工程学报,2004,26 (5):679-683.

[104] 李强,王奎华,谢康和.饱和土中大直径嵌岩桩纵向振动特性研究[J].振动工程学报,2005,18(4): 500-505.

[105] CHAU K T,YANG X. Nonlinear interaction of soil-pile in horizontal vibration[J]. Journal of the Engineering Mechanics Division,2005,131(8):847-858.

[106] 王奎华,阙仁波,夏建中.考虑土体真三维波动效应时桩的振动理论及对近似理论的校核[J].岩石力学与工程学报,2005,24(8):1362-1370.

[107] 阙仁波,王奎华.考虑土体径向位移时桩土耦合振动特性及其应用[J].振动工程学报,2005,24(3):212-218.

[108] 阙仁波,王奎华.考虑土体三维波动效应时弹性支承桩的振动理论及其应用[J].计算力学学报,2005,22(6):658-664.

[109] 阙仁波,王奎华.考虑土体三维波动效应时黏性阻尼土中桩的纵向振动特性及其应用研究[J].岩石力学与工程学报,2007,26(2):381-390.

[110] 周铁桥,王奎华,谢康和,等.轴对称径向非均质土中桩的纵向振动特性研究[J].岩土工程学报,2005,27(6):720-725.

[111] LU J F,JENG D S,NIE W. Dynamic response of a pile embedded in a porous medium subjected to plane SH waves[J]. Computers and Geotechnics,2006,33(8):404-418.

[112] CAI Y Q,CHEN G,XU C J,et al. Torsional response of pile embedded in a poroelastic medium [J]. Soil Dynamics and Earthquake Engineering,2006,26(12):1143-1148.

[113] 张智卿,王奎华,谢康和.非饱和土层中桩的扭转振动响应分析[J].岩土工程学报,2006,28(6):729-734.

[114] 张智卿,王奎华,谢康和,等.考虑地下水位影响时桩的纵向振动特性研究[J].岩石力学与工程学报,2006,5(S2):4215-4225.

[115] 张智卿,王奎华,谢康和.饱和土层中桩的扭转振动响应分析[J].浙江大学学报(工学版),2006,40(7):1211-1218.

[116] GUO W D,CHOW Y K,RANDOLPH M F. Torsional piles in two-layered nonhomogeneous soil [J]. International Journal of Geomechanics,2007,7(6):410-422.

[117] 尚守平,余俊,王海东,等.饱和土中桩水平振动分析[J].岩土工程学报,2007,29(11):1696-1702.

[118] 余俊,尚守平,任慧,等.饱和土中桩竖向振动响应分析[J].工程力学,2008,25(10):187-193.

[119] WANG G C,GE W,PAN X D,et al. Torsional vibrations of single piles embedded in saturated medium[J]. Computers and Geotechnics,2008,35(1):11-21.

[120] 尚守平,任慧,曾裕林,等.非线性土中单桩竖向动力特性分析[J].工程力学,2008,25(11):111-115.

[121] WANG K H,ZHANG Z Q,CHIN J L,et al. Dynamic torsional response of an end bearing pile in saturated poroelastic medium[J]. Computers and Geotechnics,2008,35(3):450-458.

[122] WANG K H,ZHANG Z Q,CHIN J L,et al. Dynamic torsional response of an end bearing pile in transversely isotropic saturated soil[J]. Journal of Sound and Vibration,2009,327(3):440-453.

[123] 杨骁,王琛.饱和粘弹性土层中悬浮桩的纵向振动[J].应用力学学报,2009,26(3):490-494.

[124] 杨骁,潘元.饱和粘弹性土层中端承桩纵向振动的轴对称解析解[J].应用数学与力学,2010,31(2):180-190.

[125] SHAHMOHAMADI M,KHOJASTEH A,RAHIMIAN M. Seismic response of an embedded pile in a transversely isotropic half-space under incident P-wave excitations[J]. Soil Dynamics and Earthquake Engineering,2011,31(3):361-371.

[126] 刘林超,苏子平.分数阶黏弹性土层中分数阶三维轴对称桩的竖向振动[J].应用力学学报,2011,28(5):486-492.

[127] 王小岗. 层状横观各向同性饱和地基中桩基的纵向耦合振动[J]. 土木工程学报,2011,44(6): 87-97.

[128] 王小岗. 横观各向同性饱和层状土中垂直受荷群桩的动力阻抗[J]. 岩土工程学报,2011,33(11): 1759-1766.

[129] WU W B,WANG K H,ZHANG Z Q,et al. Soil-pile interaction in the pile vertical vibration considering true three-dimensional wave effect of soil [J]. International Journal for Numerical and Analytical Methods in Geomechanics,2013,37(17):2860-2876.

[130] WU W B,JIANG G S,HUANG S G,et al. Vertical dynamic response of pile embedded in layered transversely isotropic soil [J]. Mathematical Problems in Engineering,2014(12):1-12.

[131] WU W B,LIU H,EL NAGGAR M H,et al. Torsional dynamic response of a pile embedded in layered soil based on the fictitious soil pile model[J]. Computers and Geotechnics, 2016, 80: 190-198.

[132] WU W B,XU X L,LIU H,et al. Vertical vibration characteristics of a variable impedance pile embedded in layered soil[J]. Mathematical Problems in Engineering,2017,(4):1-11.

[133] WANG K H,WANG N,WU W B. Analytical model of vertical vibrations in piles for different tip boundary conditions:parametric study and applications [J]. Journal of Zhejiang University:Science A (Applied Physics and Engineering),2013,14(2):79-93.

[134] LÜ S H,WANG K H,WU W B,et al. Longitudinal vibration of a pile embedded in layered soil considering the transverse inertia effect of pile[J]. Computers and Geotechnics,2014,64:90-99.

[135] LÜ S H,WANG K H,WU W B,et al. Longitudinal vibration of pile in layered soil based on Rayleigh-Love rod theory and fictitious soil-pile model[J]. Journal of Central South University, 2015,22(5):1909-1918.

[136] LI Z Y,WANG K H,WU W B,et al. Vertical vibration of a large diameter pile embedded in inhomogeneous soil based on the Rayleigh-Love rod theory[J]. Journal of Zhejiang University: Science A (Applied Physics and Engineering),2016,17(12):974-988.

[137] LI Z Y,WANG K H,WU W B,et al. Vertical vibration of a large-diameter pipe pile considering the radial inhomogeneity of soil caused by the construction disturbance effect[J]. Computers and Geotechnics,2017,85:90-102.

[138] BLANEY G W. Dynamic stiffness of piles[C]//Proceeding of 2nd International Conference on Numerical Method in Geomechanics,1976:1001-1012.

[139] BANERJEE P K,DAVIES T C. The behavior of axially and laterally loaded single piles embedded in nonhomogeneous soils[J]. Geotechnique,1978,28(3):309-326.

[140] KUHLEMEYER R L. Vertical vibration of piles[J]. Journal of the Geotechnical Engineering Division,1979,105(2):273-287.

[141] KUHLEMEYER R L. Static and dynamic laterally loaded floating piles[J]. Journal of the Geotechnical Engineering Division,1979,105(2):289-304.

[142] ANGELIDES D C,ROESSET J M. Nonlinear lateral dynamic stiffness of piles[J]. Journal of the Geotechnical Engineering Division,1980,107(11):1015-1032.

[143] SEN R,DAVIES T G,BANERJEE P K. Dynamic analysis of piles and pile groups embedded in homogeneous soils[J]. Earthquake Engineering and Structural Dynamics,1985,13(1):53-65.

[144] GAZETAS G,MAKRIS N. Dynamic pile-soil-pile interaction. I:analysis of axial vibration[J]. Earthquake Engineering and Structure Dynamics,1991,20(2):115-132.

[145] GAZETAS G,FAN K,KAYNIA A M,et al. Dynamic interaction factors for floating pile groups [J]. Journal of Geotechnical Engineering,1991,117(10):1531-1548.

[146] KAYNIA A M,KAUSEL E. Dynamics of piles and pile groups in layered soil media[J]. Soil Dynamics and Earthquake Engineering,1991,10(8):386-401.

[147] LEI Z K,CHEUNG Y K,THAM L G. Vertical response of single piles:transient analysis by time-domain BEM[J]. Soil Dynamics and Earthquake Engineering,1993,12:37-49.

[148] 赵振东,傅铁铭.桩头侧向集中荷载作用下桩-土系统的非线性动力性能分析[J].世界地震工程与工程振动,1997,17(3):47-59.

[149] KATTIS S E,POLYZOS D,BESKOS D E. Vibration isolation by a row of piles using a 3-D Frequency domain BEM[J]. International Journal of Numerical Methods in Engineering,1999,46 (5):713-728.

[150] MAESO O,AZNAREZ J J,GARCIA F. Dynamic impedances of piles and groups of piles in saturated soils[J]. Computers and Structures,2005,83(10/11):769-782.

[151] MAHESHWARI B K,TRUMAN K Z,GOULD P L,et al. Three-dimensional nonlinear seismic analysis of single piles using finite element model:effects of plasticity of soil[J]. International Journal of Geomechanics,2005,5(1):35-44.

[152] TAHGHIGHI H,KONAGAI K. Numerical analysis of nonlinear soil-pile group interaction under lateral loads[J]. Soil Dynamics and Earthquake Engineering,2007,27:463-474.

[153] PADRON L A,AZNAREZ J J,MAESO O. Dynamic analysis of piled foundations in stratified soils by a BEM-FEM model[J]. Soil Dynamic and Earthquake Engineering,2008,28(5):333-346.

[154] YESILCE Y,CATAL H H. Free vibration of piles embedded in soil having different modulus of subgrade reaction[J]. Applied Mathematical Modelling,2008,32(5):889-900.

[155] LÜ S H,WANG K H,WU W B. Dynamic behavior of beam-pile structure under vertical transient excitation [J]. Marine Georesources and Geotechnology,2016,34(6):550-558.

[156] LYSMER J,RICHART F E. Dynamic response of footing to vertical load[J]. Journal of the Soil Mechanics and Foundations Division,1966,2(1):65-91.

[157] RANDOLPH M F,DEEKS A J. Dynamic and static soil models for axial pile response[C]// Proceeding of fourth International Symposium on the Application of Stress Wave Theory to Piles, Balkema,Rotterdam,1992:3-14.

[158] MUKI R,STERNBERG E. On the diffusion of an axial load from an infinite cylindrical bar embedded in an elastic medium[J]. International Journal of Solids and Structures,1969,5(6): 587-606.

[159] MUKI R,STERNBERG E. Elastostatic load transfer to a half space from a partially embedded axially loaded rod[J]. International Journal of Solids and Structures,1970,6(1):69-90.

[160] 陈嘉熹.虚土桩法可行性初步研究与分析[D].杭州:浙江大学,2008.

[161] 杨冬英,王奎华.非均质土中基于虚土桩法的桩基纵向振动[J].浙江大学学报(工学部),2010,44 (10):2021-2028.

[162] 吴文兵,王奎华,张智卿,等.半空间地基中虚土桩模型的精度分析及应用[J].应用基础与工程科学学报,2012,20(1):121-129.

[163] MEYERHOLF G G. Bearing capacity and settlement of pile foundations [J]. Journal of the Geotechnical Engineering Division,1976,102 (3):195-228.

[164] LIANG R Y,HUSEIN A I. Simplified dynamic method for pile-driving control[J]. Journal of

Geotechnical and Geoenvironmental Engineering,1993,119(4):694-713.

[165] 胡昌斌.考虑土竖向波动效应的桩土纵向耦合振动理论[D].杭州:浙江大学,2003.

[166] 阙仁波.考虑土体三维波动效应时桩的纵向振动特性与应用研究[D].杭州:浙江大学,2004.

[167] 蔡邦国,陈德银.嵌岩桩桩底沉渣在桩基检测信号中的反应[J].土工基础,2005,19(5):89-90.

[168] 旺昕,刘誉,徐辉.沉渣对低应变曲线影响的仿真分析[J].土工基础,2009,23(3):74-76.

[169] 吴继敏,董志高,董平.钻孔灌注桩桩底沉渣对桩承载性状影响[J].解放军理工大学学报(自然科学版),2008,9(5):546-551.

[170] 刘煜洲,刘东甲,王英杰.嵌岩桩与含沉渣桩低应变动力检测曲线理论计算方法与特征研究[J].物探化探计算技术,2003,25(2):97-104.

[171] 中华人民共和国住房部和城乡建设部.建筑桩基技术规范:JGJ 94－2008[S].北京:中国建筑工业出版社,2008.

[172] 景胜.嵌岩桩桩底低应变反射波曲线特征及实例分析[J].岩土工程界,2008,11(2):65-66.

[173] 杨冬英.复杂非均质土中桩土竖向振动理论研究[D].杭州:浙江大学,2009.

[174] LIU W,NOVAK M. Dynamic response of single piles embedded in transversely isotropic layered media[J]. Earthquake Engineering and Structural Dynamics,1994,23(6):1239-1257.

[175] 陈镕,万春风,薛松涛,等.横观各向同性层状场地中的单桩横向动力阻抗函数[J].力学季刊,2003,24(2):205-210.

[176] 陈镕,万春风,薛松涛,等.横观各向同性层状场地中双桩横向动力阻抗[J].同济大学学报,2003,31(2):127-131.

[177] 张智卿,王奎华,靳建明.轴对称横观各向同性土体中桩的扭转振动响应研究[J].振动工程学报,2011,24(1):60-66.

[178] 丁皓江.横观各向同性弹性力学[M].杭州:浙江大学出版社,1997.

[179] 刘凯.考虑虚土桩扩散角时桩土动静特性分析[D].杭州:浙江大学,2011.

[180] 王奎华,刘凯,吴文兵,等.虚土桩扩散角对桩的纵向振动特性影响研究[J].工程力学,2011,28(9):129-136,142.

[181] MINDLIN R D. Force at a point in the interior of a semi-infinite soild[J]. Physics,1936,195(7):195-202.

[182] TAKASHI H,MADAN B K. Load tests on bored PHC nodular piles in different ground conditions and the bearing capacity based on simple soil parameters[J]. Journal of Architecture and Building Science,1995,12:89-94.

[183] MADAN B K,TOMOKO F,HITOSHI O. Considering group behavior of friction piles for settlement analysis of buildings[C]//Structural Engineers World congress,2002,Yokohama,Japan:1-8.

[184] KOBAYASHI K,HITOSHI O. Vertical bearing capacity of bored pre-cast pile with enlarged base considering diameter of the enlarged excavation around pile toe[J]. Advances in Deep Foundations,2007:277-283.

[185] 浙江省标准设计站.静钻根植先张法预应力混凝土竹节桩:浙 G37[S].杭州:浙江工商大学出版社,2012.